上海大学出版社

2005年上海大学博士学位论文 3

几类动力学系统的对称性和守恒量研究

● 作者：傅景礼

● 专业：一般力学与力学基础

● 导师：陈立群

2005年上海大学博士学位论文 3

几类动力学系统的对称性和守恒量研究

作　　者：傅景礼
专　　业：一般力学与力学基础
导　　师：陈立群

上海大学出版社
·上海·

Shanghai University Doctoral
Dissertation (2005)

Symmetries and Conserved Quantities for Several Dynamical Systems

Candidate: Fu Jingli
Major: General Mechanics
Supervisor: Prof. Chen Liqun

Shanghai University Press
· Shanghai ·

上 海 大 学

本论文经答辩委员会全体委员审查，确认符合上海大学博士学位论文质量要求.

答辩委员会名单：

主任：	梅凤翔	教授，北京理工大学应用力学系	100081
委员：	刘延柱	教授，上海交通大学工程力学系	200030
	李俊峰	教授，清华大学工程力学系	100084
	程昌钧	教授，上海大学力学系	200072
	郭兴明	教授，上海应用数学和力学研究所	200072
导师：	陈立群	教授，上海大学	200072

评阅人名单：

梅凤翔	教授，北京理工大学应用力学系	100081
陆启韶	教授，北京航空航天大学理学院	100083
张　伟	教授，北京工业大学机械工程学院	100022

评议人名单：

梅凤翔	教授，北京理工大学应用力学系	100081
陆启韶	教授，北京航空航天大学理学院	100083
张　伟	教授，北京工业大学机械工程学院	100022
王德石	教授，武汉海军工程大学兵器工程系	430033
金栋平	教授，南京航空航天大学振动所	210016
郭永新	教授，辽宁大学物理系	110036
罗绍凯	教授，浙江理工大学理学院	310018

答辩委员会对论文的评语

傅景礼同学的博士学位论文研究对称性和守恒量及其在机电系统分析力学和相对论性 Birkhoff 系统动力学中的应用,选题为分析力学的前沿课题,具有重要的理论意义.

主要创新工作包括:

1. 研究了非保守完整和非完整系统的非 Noether 对称性与非 Noether 守恒量;

2. 研究了有限自由度系统的定域 Lie 对称性并讨论了相应的守恒量;

3. 研究了机电耦合系统的 Noether 对称性、Lie 对称性、形式不变性和非 Noether 对称性,以及相应的 Noether 守恒量和非 Noether 守恒量理论;

4. 研究了相对论性 Birkhoff 系统的 Noether 对称性、Lie 对称性、对称性摄动与绝热不变量.

论文选题有相当难度,理论性强,工作量大,是一篇优秀博士论文. 论文反映出作者较全面地掌握了与本课题相关的国内外发展动态,显示了作者具有坚实宽广的基础理论和系统深入的专门知识,具有很强的独立科研能力.

在答辩中论述清楚,回答问题正确. 经答辩委员会投票表决全票(5 篇)通过博士学位论文答辩,并建议授予傅景礼同学博士学位.

答辩委员会表决结果

经答辩委员会表决，全票同意通过傅景礼同学的博士学位论文答辩，建议授予工学博士学位.

答辩委员会主席：梅凤翔

2004 年 6 月 25 日

摘要

本文研究约束力学系统、机电耦合系统和相对论性 Birkhoff 动力学系统的对称性和守恒量问题，包括 Noether 对称性、Lie 对称性、形式不变性、非 Noether 对称性、速度依赖对称性、动量依赖对称性及对称性摄动和绝热不变量等. 第一章 前言. 综述 Lie 群分析、对称性和守恒量研究的意义、历史与现状；概述机电分析力学理论和相对论性 Birkhoff 系统动力学理论. 第二章 完整力学系统的几种对称性和守恒量. 研究有限自由度系统的定域 Lie 对称性，给出该对称性的确定方程、结构方程和守恒量的形式以及逆问题，给出与定域 Noether 对称性的关系. 研究保守和非保守 Hamilton 正则系统的形式不变性，给出形式不变性的定义、判据以及与 Noether 对称性、Lie 对称性的关系等. 建立非保守系统的非 Noether 对称性和非 Noether 守恒量理论，包括系统的运动、非保守力和 Lagrange 函数之间的关系，直接导出非 Noether 守恒量，证明非 Noether 对称性导出 Noether 对称性的判据，指出非 Noether 守恒量是 Noether 守恒量的完全集. 建立保守和非保守 Hamilton 正则系统的动量依赖对称性理论，包括系统的动量依赖对称性的定义和结构方程，直接导出非 Noether 守恒量，并研究逆问题等. 第三章 非完整力学系统的几种对称性和守恒量. 研究非完整 Hamilton 正则系统的形式不变性，包括形式不变性的定义和判据，与 Noether 对称性、Lie 对称性之间的关系，给出相应的守恒量. 引入关于时间和准坐标的无限小变换,研究准坐标系下非完整系统的形式不变性、Noether 对称性和 Lie 对称性理论. 给出系统的形式不变性、Lie 对称性的定义和判据,给出系统的 Noether 定理,得到相应的守恒量,讨论三个对称性之间的关系. 研究非保守非完整系统的非 Noether 守恒量,包括系统的运动、非保守力、非完整约束力和 Lagrange 函数的关系,非保守力、非完整约束力满足的条件,系统的非 Noether 守恒量,非 Noether 对称性导出 Noether 对称性的判据等. 建立非完整系统的速度依赖对称性基本理论,包括正问题和逆问题. 给出非完整系统速度依赖对称性的定义、结构方程和确定方程,导出系统的非 Noether 守恒量等. 引入关于广义坐标和广义动量的无限小变换,建立非完整 Hamilton 正则系统的动量依赖对称性的基本理论,包括该对称性的定义、确定方程、结构方程和逆问题,给出系统的非 Noether 守恒量. 研究可控非线性非完整系统的 Lie 对称性和守恒量, 给出包含控制参数的确定方程,存在 Noether 守恒量的条件和 Noether 守恒量的形式以及逆问题等. 第四章　机电系统的对称性和守恒量. 给出机电系统的 Noether 对称性的基本理论,包括系统的变分原理,Noether 对称性变换、Noether 准对称性变换、广义 Noether 准对称性变换、Killing 方程、Noether 定理和守恒量的形式,并给出应用例子;介绍机电系统 Lie 对称性的基本理论,包括确定方程、结构方程和守恒量的形式;研究机电系统的形式不变性的基本理论,包括形式不变性的定义、判据,形式不变性与 Noether 对称性、Lie 对称性的关系以及导出 Noether 守恒量的条件和形式等. 建立 Lagrange 机电系统的非 Noether 对称性理论,包括定义、判据、运动和 Lagrange 函数的关系、非 Noether 守恒量、非 Noether 对称性和 Noether 对称性的关系等. 建立 Lagrange-Maxwell 机电系统的非 Noether 对称性理论,包括系统的运动、非势广义力和 Lagrange 函数的关系,非保守力和耗散力满足的条件,非 Noether 守恒量,非 Noether 对称性和 Noether 对称性的关系等. 第五章　相对论性 Birkhoff 系统的对称性和守恒量. 介绍相对论性 Birkhoff 系统的 Pfaff-Birkhoff 原理和 Birkhoff 方程. 基于相对论性 Birkhoff 系统的 Pfaff 作用量在无限小变换下的不变性,建立相对论性 Birkhoff 系统的 Noether 对称性理论,包括正问题和逆问题等. 基于相对论性 Birkhoff 方程在无限小变换下的不变性,建立相对论性 Birkhoff 系统的 Lie 对称性理论,包括正问题和逆问题等. 建立小扰动力作用下相对论性 Birkhoff 系统的对称性摄动理论,包括绝热不变量的定义和形式,对称性摄动的确定方程、结构方程,求解各阶摄动项等. 第六章　总结和展望. 给出本文的主要结果,提出未来研究的一些设想.

关键词　对称性和守恒量,约束力学系统,机电耦合系统,相对论性 Birkhoff 系统,对称性摄动

Abstract

This dissertation is devoted to the problems of symmetries and conserved quantities for constrained dynamical systems, mechanico-electrical coupling systems and relativistic Birkhoffian systems, including Noether symmetries, Lie symmetries, form invariance, non-Noether symmetries, velocity-dependent symmetries, momentum-dependent symmetries, perturbations of symmetry and adiabatic invariants of these systems. The first chapter reviews the significance, the history and the current state on studying Lie groups analysis, symmetries and conserved quantities, and summarizes the theory for the mechanico-electrical analysis mechanics and relativistic Birkhoffian dynamic system. The second chapter treats the symmetries and conserved quantities for holonomic mechanical systems. Firstly, the localized Lie symmetry for the finite degree freedom systems is investigated, including the determining equations, structural equation, conserved quantities and inverse problem, as well as the relationship between the localized Lie symmetry and localized Noether symmetry. Secondly, the form invariance for the conservative and the nonconservative Hamiltonian canonical systems are discussed, including the definitions and the criterions, the connections among form invariance and Noether as well as Lie symmetries of the systems. Thirdly, the theory of the non-Noether symmetry and non-Noether conserved quantity for the nonconservative system is developed, comprising the relation among the motion, nonconservatiye forces and Lagrangian, obtaining the non-Noether conserved quantities directly, and proving the condition of that non-Noether symmetry educe Noether symmetry, as well as pointing out that the non-Noether conserved quantity being a set of the Noether conserved quantities for the system. At the end of the chapter, we found the theory of momentum-dependent symmetry for the conservative and nonconservative Hamilton canonical systems. The author gives the definitions and structure equations of momentum-dependent symmetry, and draw the non-Noether conserved quantity directly, as well as studies inverse problem of the systems. The third chapter deals with the symmetries and conserved quantities of nonholonomic systems. First, the theory of form invariance for nonholonomic canonical systems is established, including the definition and criterion of form invariance, the connections among form invariance and Lie symmetry as well as Noether symmetry, and the conserved quantity associated with nonholonomic canonical systems. Second, the infinitesimal transformations are introduced with respect to time and quasi-coordinates, and then the definitions and criterions of form invariance and Lie symmetry as well as

Noether' theorem, and the conserved quantities, the relationships among the three symmetries for nonholonomic systems etc, are presented. Third, the non-Noether conserved quantities of nonconservative nonholonomic dynamical systems are studied in the respects of the connection among the motion, the nonconservative forces, the nonholonomic-constrained forces, as well as Lagrangian of the systems, and the condition being satisfied by the nonconservative forces and the nonholonomic-constrained forces. Further, the non-Noether conserved quantities are derived, and the criterion of that non-Noether symmetry is proven to deduces Noether symmetry of the system. Fourthly, we present the foundation theory of velocity-dependent symmetry is presented for nonholonomic system, including direct and inverse problem, the author gives the definition, structure equation and determining equations of the symmetry, and the non-Noether conserved quantities of the system. Fifthly, the infinitesimal transformations are introduced as respect to generalized coordinates and generalized momentums so that the foundation theory of the momentum-dependent symmetry for nonholonomic systems is developed, including the definition, the determining equation, the structure equation, the conserved quantities and inverse problem of the system. At the end of the chapter, Lie symmetries and conserved quantities of controllable non-linear nonholonomic systems are addressed on the determining equations with controlled parameters, the conditions of possessing the conserved quantity, the form of conserved quantity, and the inverse problem of the systems. In the fourth chapter tackles the symmetries and conserved of the mechanico-electrical systems. Firstly, the foundation theory of Noether symmetry is presented for the mechanico-electrical systems, comprising variation principle, Noether symmetry transformation, Noether quasi-symmetry transformation and generalized Noether quasi-symmetry transformation, Killing equations, Noether theorem and conserved quantities, and an application example. Secondly, the basic theory of Lie symmetry is developed for the mechanico-electrical systems, including the determining equations, structure equation and conserved quantities. Thirdly, the foundation theory of the form invariance is given for the mechanico-electrical systems, including the definition and criterion of the form invariance, the connections among form invariance and Noether symmetry as well as Lie symmetry, the form of the conserved quantity, the condition that form invariance educes Noether conserved quantities for the systems. Fourthly, the theory of non-Noether symmetry is established for the Lagrange mechanico-electrical systems, including the definition and criterion of non-Noether symmetry, the relation between motion and Lagrangian, obtains the non-Noether conserved quantity directly, and proof of the connection between non-Noether symmetry and

Noether symmetry etc. At the end of the chapter, the theory of non-Noether symmetry is obtained for the Lagrange-Maxwell mechanico-electrical systems, including the connection the motion, generalized non-potential forces and Lagrangian, the condition satisfied by the nonconservative forces and the dissipative forces, direct approach to locate the non-Noether conserved quantities, and the relationship between non-Noether symmetry and Noether symmetry associated with the Lagrange-Maxwell mechanico-electrical systems. The fifths chapteris concerned with the symmetries and conserved quantities of relativistic Birkhoffian systems. Firstly, the Pfaff-Birkhoffian principle and Birkhoffian equations of relativistic Birkhoffian systems is introduced. Secondly, based on the invariance of the Pfaff action of the systems under the infinitesimal transformation with respect to time and generalized coordinates, Noether symmetric theory of relativistic Birkhoffian systems is developed, including direct and inverse etc. Third, based on the invariance of the Birkhoffian equation of relativistic Birkhoffian systems under the infinitesimal transformation, Lie symmetric theory of the systems is founded, including direct and inverse issue etc. At the end of the chapter, the theory of the symmetry perturbation is studied for relativistic Birkhoffian systems, including the definition and form of the adiabatic invariant, the determining equations, structure equation of the symmetry perturbation, and all-order terms of the symmetry perturbation associated with relativistic Birkhoffian systems. The sixth chapter ends the dissertation by summarizing the important results and proposing some ideas for the future research.

Key words Symmetry and conserved quantity, constrained mechanical system, mechanico-electrical system, relativistic Birkhoffian system, and symmetry perturbation

目　录

第一章 前 言

1.1 对称性理论及其应用

对称性是自然界的一种基本属性.物质在不断的运动过程中包含某种对称性质,并且存在着相应的守恒量.物理系统、力学系统、经典和量子约束系统、机电系统等动态系统都存在着这样那样的对称性质和守恒量.研究动力学系统的某种对称性质,已成为解决实际问题的一种有效的方法.

我们研究的对称性质是指物理规律的对称性质,也就是研究物理现象在无限小的Lie群某种变换下的不变性质.根据得到的某种对称性质,寻找相应的守恒量(也称运动常量、不变量、守恒律或第一积分).我们熟知的能量守恒定律、动量守恒定律、角动量守恒定律、电荷守恒定律、宇称守恒定律等,并都成为解决理论问题和工程实际问题的重要工具.

动力学系统的对称性与守恒量之间有密切联系.(a) 空间均匀性.我们设想空间是均匀的,即在所有的位置 $\boldsymbol{r}$,空间具有相同的结构,这意味着给定的物理问题的解在平移下不变,此时系统的拉格朗日函数 $L(\boldsymbol{r},\dot{\boldsymbol{r}},t)$ 当粒子的坐标 $\boldsymbol{r}$ 以 $\boldsymbol{r}+\boldsymbol{c}$ 替代时保持不变,其中 $\boldsymbol{c}$ 是一任意的常矢量.平移不变性对一孤立系统意味着动量守恒.空间均匀性只要求在空间平移下运动方程的不变性.(b) 时间均匀性.时间均匀性和空间均匀性具有同样的重要性,它意味着在孤立体系中,相对于时间的平移,自然规律的不变性,即它们在时刻 $t+t_0$ 与时刻 t 具有相同的形式.此时系统的拉格朗日函数不显含时间 t,它导致系统的总能量(Hamilton 函数 H)守恒.(c) 空间各向同性.空间各向同性意味着沿所有的方向具有相同的结构.换句话说,一孤立体系当整个体系在空间中任意转动时,其力学性质保持不变,即拉格朗日函数在转动下是不变的,它导致系统的角动量守恒.

对称性理论在数学、力学、物理学、近代物理中占重要地位.现在许多研究领域已建立了系统的对称性理论.1993 年,Olver 的著作"Lie 群在微分方程中的应用"[1],被称为现代数学和经典力学的一本圣经.这部著作明确阐述了 Lie 群和 Lie 代数的概念,给出了各种运动的微分方程的对称性、守恒量和群不变量解的构造方法,研究了物理系统的微分方程的一般对称性质,对称群和守恒量之间的密切关系,Noether 理论等;介绍了有限维 Hamilton 系统的对称性质和积分方法.对称性和力学是一对伙伴关系,1994 年 Masden 和 Ratiu 系统地阐述了力学与对称性的关系[2].1989 年 Greiner 和 Muller 系统地研究了量子力学中的对称性[3].我们知道,量子力学中的空间平移、时间平移、么正算符平移、态在空间中的移动都具有对称性质.对称性研究在量子力学中占重要地位.1996 年 Ludwig 和 Falter 系统地研究了物理学中的对称性质[4].研究表明,一般的物理系统存在对称性质,群理论是物理系统对称性质描述的重要数学工具.在物理系统中关于时间和空间的对称性是 Lie 对称性(也叫动力学对称性)多粒子体系中同类粒子的交换、场的电荷对称性和场的规范对称性都属于 Lie 对称性.量子场论中在规范变换下的不变性将导出守恒量,其数目决定于变换中包含参数的数目.用 Lagrange 密度描述辐射场关于时间-空间定域规范变换下的不变性是 Lie 对称性,像电磁场、Yang-Mills 场以及重力场等.物理系统中还存在着特殊的对称性.在时空中的物理系统的不变性质和规范不变性定义了自然界的基本的守恒量,像我们可以观察的能量、动量、角动量和电荷都服从守恒定律.可见对称性研究在物理学中占重要地位.

1999 年,梅凤翔、赵跃宇教授系统地研究了 Lie 群 Lie 代数对约束力学系统的应用问题[5, 6],给出了 Lagrange 系统、完整与非完整动力学系统、Hamilton 动力学系统、广义经典力学系统、Birkhoff 动力学系统和 Poincare-Chetayev 方程的 Lie 代数结构、Lie 容许代数结构以及 Poisson 积分方法；基于 Hamilton 作用量和微分变分原理在广义坐标和时间的无限小变换下的不变性，给出了各种完整与非完整动力学系统的 Noether 对称性理论和守恒量；基于 Pfaff 作用量在广义坐标和时间无限小变换下的不变性，给出了 Birkhoff 系统的 Noether 对称性理论及其相应的守恒量；基于系统的微分方程在广义坐标和时间无限小变换下的不变性，给出了各种完整与非完整系统以及 Birkhoff 系统的 Lie 对称性理论及其相应的守恒量；应用微分几何的方法给出了动力学系统的 Noether 对称性和 Lie 对称性. 可见 Noether 对称性和 Lie 对称性的研究在现代约束力学系统的研究中占有重要地位. 1993～1999 年，李子平先生系统地研究了经典约束系统、量子约束系统以及约束 Hamilton 系统的对称性质[7, 8]. 给出了完整连续系统和非完整连续系统在有限连续 Lie 群下的 Noether 对称性质及其相应的守恒量；讨论了完整连续系统和非完整连续系统在无限连续 Lie 群变换下的定域变换性质，导出了 Noether 恒等式，研究了有限自由度奇异系统的 Noether 对称性变换，给出了奇异系统在相空间中的 Noether 定理及 Noether 恒等式，研究了场论中奇异系统的 Noether 对称性，给出了奇异正则形式的广义 Noether 定理及广义 Noether 恒等式；研究了量子力学、场论中的泛函积分量子化问题；阐述了路径积分形式中的对称性质；并进一步指出，经典物理到量子物理的发展，将连续对称性的研究扩充到了分立对称性的研究，微观领域的深入探讨，将对称性的分析扩充到了定域对称性的研究. 系统的对称性与系统存在的守恒量有密切联系；规范对称性（定域不变性）制约了基本粒子的几种基本相互作用形式. 可见对称性研究在经典场、量子约束系统和约束 Hamilton 系统的近代研究中占有重要地位.

利用对称性与守恒量理论可解如下问题：

（1）从已知解导出新解. 利用对称性往往可以从一个已知解求得新的解，且常常可以从平凡解，导出感兴趣的新解.

(2) 常微分方程的积分. 利用对称性可以约化常微分方程的解. 如将一个二阶常微分方程约化为一个一阶常微分方程.

(3) 微分方程的约化. 利用对称性可以约化偏微分方程的独立变量和非独立变量. 如将两个变量的偏微分方程约化为一个常微分方程.

(4) 偏微分方程的线性化. 利用对称性能够确定偏微分方程是否可以线性化,并在可线性化时构造出其表达式.

(5) 方程的分类. 利用对称性可以把微分方程分为一些等价类,并给出各等价类方程的简单表示.

(6) 偏微分方程的渐近性. 偏微分方程的解渐近趋向于一个由对称性约化得到的低维方程的解. 这些解中的一部分可以解释一些重要的物理现象. 实际上由对称性方法得到的精确解可以有效地应用于渐近性研究.

(7) 数值方法和计算机代码测试. 相应于偏微分方程的对称性,可以用于数值算法的设计、测试和评估,也可以提供积分器的准确性与可靠性的检验.

(8) 守恒定律. 利用对称性可以求得相应的守恒定律,每个守恒定律都对应一个对称性.

(9) 其它更进一步的应用. 对称性还可以应用于其它一些理论. 如分岔理论、控制理论、特殊函数理论、边值问题以及自由边界问题.

1.2 力学系统对称性与守恒量研究的历史与现状

力学系统的守恒量不仅具有数学重要性,而且表现为深刻的物理规律. 一般认为系统的守恒量在某一方面表现了作用在系统上的物理机制,有时在系统的运动微分方程不可积分的情况下,某个守恒量的存在可以使我们对所研究系统的局部物理状态有所了解. 寻求力学系统的守恒量有各种各样的方法. 在分析力学发展初期,主要是按物理定律导出能量守恒定律、动量守恒定律和角动量守恒定律,或者从系统的运动方程出发导出广义能量积分，循环积分等. Lie 群理论出现后，逐渐发展成为利用 Lie 群分析的方法，寻求系统存在的对称性，导出相应的守恒量. 像我们已经提到的物理问题中存在的能量守恒、动量守恒和角动量守恒等. 这些对称性的存在不是偶然的，它们是物理规律具有多种对称性的自然结果. 从系统的对称性来求系统存在的守恒量是十分有效的方法. 自 1918 年 Noether 揭示这种联系后，数学物理学家们非常重视力学系统的对称性与不变量理论的应用研究. 近年来，在 Lie 群变换下的对称性与守恒量的研究成为现代数理科学中一个非常活跃的领域.

1.2.1 Lie 群分析研究的历史与现状

19 世纪中叶，挪威数学家 Sophus Lie 在研究微分方程的积分方法时，发现微分方程在无限小连续群变换下是形式不变的，这一发现很快扩展成为一种新的积分方法，并且激发 Lie 投身于他的连续群数学理论发展和应用的事业中. 这个无限小连续群被称为 Lie 群，它在数学理论和应用、物理工程、数学及其它数学基础学科中，产生了深远的影响. Lie 连续对称群的应用包括变化的场、微分几何、不变量理论、分岔、特殊函数、数值分析、控制理论、经典力学、量子力学、相对论和连续力学等. 可见 Lie 对现代科学和数学的贡献怎样评价也不会过高. 然而在初始阶段 Lie 和 Noether 将 Lie 群应用于微分方程正像微分几何抽象的概念一样显得价值不高. 一直到 Birkhoff 注意到 Lie 群对流体力学微分方程的应用几乎停止了半个世纪. 后来，Ovsiannikov 和他的学派，制定了一个计划，将 Lie 连续对称群应用到广阔的物理重要的问题中. 研究集中在两个方面，一是 Lie 理论对有形的物理系统的应用，二是 Lie 群理论的应用范围和深度的扩展. 从此一个真正的研究活动爆发了. 但是许多问题仍无解，并且关于 Lie 群方法对微分方程的应用范围至今没有被确定.

Lie 的基本发现是对于连续群，系统在无限小群变换下的不变性的复杂的非线性条件被系统在群生成元的无限小不变性的等价且简单的线性条件来替代[9]. 对于所有重要的物理系统的微分方程,无限小对称性条件,被称为系统的对称性群的确定方程. 力学系统的 Lie 对称性正是基于这一发现.

对于常微分方程,在单参数对称群下的不变性意味着我们能用这种对称性方法使方程降阶,那么常微分方程的解能从这些低阶的方程用求积分的方法得到. 对于多参数对称群需要进一步降阶,除非这个群满足可积性条件,我们不能从降阶方程用求积分的方法找到常微分方程的解. 如果系统的常微分方程用变分原理导出,也就是系统的方程为 Lagrange 方程或者系统为 Hamilton 系统,那么这种对称群降阶的方法更是有效的. 对于偏微分方程的系统,对称群在确定一般解时通常没有帮助. 然而,我们能用一般的对称群去明确地确定在系统的完全对称性群的一些子群下面的特殊类型的解. 求这些群不量解是去解一个包括几个独立变量的简化的微分方程.

1.2.2 力学系统的 Noether 对称性研究的历史与现状

首先注意到守恒量与对称性之间联系的是 Jacobi, 然后是 Schütz. Engel 在经典力学领域中发现动量守恒、角动量守恒和质心速度不变与系统平移变换、空间转动、Galilean 变换的对称性之间分别有对应关系[10]. 德国女数学家 Noether 意识到,作用量的每一种连续对称性都对应一个守恒量. 1918 年她发表了关于 Euler-Lagrange 方程的积分变分性的对称群理论[11],提出了两个著名的定理,揭示了力学系统的守恒量与其内在的动力学对称性的关系. 在第一 Noether 定理中 Noether 指出, 每一个单参数变换群都对应一个守恒量,与之相应的对称性称为 Noether 对称性,如系统的作用量在时间平移变换群下的不变性对应能量守恒, 系统的作用量在空间平移变换下的不变性对应了动量守恒, 作用量在空间旋转变换下的不变性对应角动量守恒. Noether 第二定律表明, Lagrange 方程的非平凡对称性仅导出平凡的守恒量. 然而一旦找到守恒量, 不管是物理的或数学的,包括扩展的结果,将有许多重要的应用.

自从 Noether 的论文发表以来,关于 Noether 定理有大量研究,参见文献[12～16].它们或者包含了对 Noether 定理的推广,或者对某些特定的物理量,或者对动力学系统的应用. 1967～1978 年,Djukic, Vujanovic 将时空变换扩充为含速度的变换,将 Noether 理论推广到非保守系统[17, 18]. 此后 Noether 定理被进一步推广. 1981 年, Sarlet 和 Cantrijn 对 Noether 理论的推广作了综述[19],他们基于第一积分的结构保持经典 Noether 定理形式的思想,讨论了经典 Noether 理论推广的最广泛的框架,并比较了各种推广的方法. 他们用现代微分几何,流形和微分形式以及张量等现代数学工具,导出了 Lagrange 系统的高阶 Noether 对称性和相应的守恒量,揭示了新的对称性与守恒量的关系[20]. 1986 年 Vujanovic 在文献[18]的基础上,又进一步从 Jourdain 原理和 Gauss 原理出发,研究完整保守和非保守系统的守恒律[21]. 接着 Sarlet 等基于流形上微分形式的不变性,给出了拟对称性(Pseudo symmetry)和伴随对称性(adjoint symmetry)的概念[22]. 近几年关于 Noether 对称性的研究取得了许多结果[23-29].

我国在力学系统的 Noether 对称性研究方面起步较晚,但贡献突出. 1981 年李子平教授首先研究了线性非完整约束系统的 Noether 对称性[30],这个工作比国外 Bahar 的同类工作早了六年[31];近年来李子平教授致力于经典和量子约束系统,约束哈密顿系统及其对称性质的研究[7,8]. 在下面几个方面发展了 Noether 理论,基于非不变作用量在无限连续群下的变换性质得到了广义 Noether 恒等式,由此可导出系统的强守恒律和弱守恒律,并应用于 Yang-Mills 场[32];给出了非完整非保守正则和奇异系统的 Noether 定理以及相空间中的 Noether 定理和 Noether 恒等式[33, 34];研究了高阶约束系统高阶场论中的 Noether 定理[35-37]. 梅凤翔教授系统地研究了各种约束系统的 Noether 理论[5,38,39],并将 Noether 理论的研究推广到 Birkhoff 系统[40,41],产生了一定的国际影响. 1984 年以后我国许多学者对约束力学系统的Noether理论的发展作出了贡献[42-44]. 作者将Noether理论推广到高速运动的相对论性Birkhoff动力学系统[45].

综上所述，国际国内关于力学系统和物理系统、经典和量子约束系统、Hanulton系统等的Noether理论的研究非常广泛，理论已基本完善，Noether理论已经成为许多领域寻求守恒量的有力工具[46-51]，在未来的现代科学和工程实际中将发挥重要作用.

1.2.3 力学系统的Lie对称性研究的历史与现状

Noether基于作用量积分在时间和空间无限小变换下的不变性，给出了著名的Noether对称性理论. 数学家Sophus Lie基于微分方程在无限小变换下的不变性，将扩展群方法引入微分方程的不变性研究，得出了微分方程的不变性要导出某种对称性[52]. Lie对称性首先出自对常微分方程不变性的研究. Lie按照Galois和Abel的多项式分类理论，利用对称性把常微分方程的各种方法联系起来. Lie证明了一个常微分方程如果在点变换的单参数Lie群的作用下保持不变，则其阶数可以减少一，而对于离散系统，其运动方程是一组常微分方程. 半个世纪后Lie群在微分方程中的应用受到重视. Olver, Bluman and Ibragimov等的著作对Lie群在微分方程中的应用从数学方面做了详细的论述[1, 53-55]，并且对不变量与对称性做了重点讨论. Olver, Bluman, Ovsiannikov, Abraham-Shrauner, Aguirre and Krause, Leach 等对一些微分方程做了专门研究[56-61]. 1980年前后Lutzky[62, 63]，Prince和Eliezer[64]发现不变量所对应的对称性不一定是Noether型的，这对经典的Noether理论带来了较大的冲击，从而促使人们从不同角度去重新认识对称性，进而提出一系列新的对称性概念. Lutzky称动力系统的运动方程在坐标和时间变换下的不变性为Lie点对称性，并将数学家Sophus Lie研究微分方程的不变性扩展群方法引入力学领域，在无限小变换中引入速度，扩展变换后的坐标和时间依赖于旧的速度、坐标和时间，提出了力学系统的运动方程在此变换下的不变性质为Lie对称性的概念. 并指出Lie对称性不直接导出 Noether 型守恒量，当对称性满足一定条件(后来称该条件为结构方程)时导出相应的守恒量.之后力学系统的 Lie 对称性方法迅速发展[65-67]，并广泛应用于许多现代研究领域[68-83]，现在用 Lie 变换求解微分方程可以借助计算机操作.我国关于 Lie 对称性研究起步也较晚,但发展迅速.1992 年赵跃宇、梅凤翔教授介绍了 Lie 对称性的概念[84]，赵跃宇首先研究了非保守力学系统的 Lie 对称性[85].梅凤翔先生致力于约束力学系统的 Lie 对称性和守恒量的研究[5, 86]，在我国分析力学界产生了较大的影响,Lie 对称性研究成为我国力学领域的热门课题,取得了一系列新的成果[87-97].其中,文献[86，95]将 Lie 对称性研究推广到 Birkhoff 系统，文献[92,93]将 Lie 对称性研究从经典研究领域推广到高速运动的相对论情况，文献[94]讨论了非 Cheteav 型非完整系统的 Lie 对称性和守恒量.可见,近几年来我国学者在 Lie 对称性和守恒量研究方面做出了许多重要的贡献.

1.2.4 力学系统的非 Noether 守恒量研究的历史与现状

我们知道 Noether 对称性与守恒量是一一对应的,而 Lie 对称性导出 Noether 型守恒是有条件的.1980 年左右 Lutzky，Hojman 提出了力学系统的非 Noether 对称性,并直接给出了非 Noether 守恒量. Lutzuy 指出,当相应一个 Lagrange 系统的对称群不能保持作用量的积分不变时,而能使运动方程的形式不变,该对称性为非不变对称性(或 non-Noether Lie 对称性),并证明得到了非 Noether 的守恒量[98-100]；Hojman 等给出了非 Noether 对称性的一般的理论[101, 102]；Crampin, José and Luis 给出了非 Noether 对称性的微分几何形式[103, 104].1992 年后，关于非 Noether 对称性的研究比较活跃，Hojman 给出了一个定理，不利用 Lagrange 函数和 Hamilton 函数构造了非 Noether 对称性的守恒量[105]；Pillay and Leach 证明了对于 Noether 对称性,利用 Hojman 定理给出的非 Noether 守恒量都为零[106]；Lutzky 利用速度依赖对称性导出了非 Noether 守恒量[107, 108]，并且研究了不用 Lagrange 函数直接从非 Noether 对称性导出非 Noether 守恒量问题[109]. 最近我国开始了非 Noether 对称性的研究. 梅凤翔先生研究了相空间中 Hamilton 系统和广义 Hamilton 系统的非 Noether 守恒量[110, 111]; 张毅得到了一些结果[112, 113]. 关于非 Noether 对称性研究,本人做了一些工作,放在第二、三章详细讨论. 可以预言非 Noether 守恒量的研究在近段内还会得到一些有用的结果.

1.2.5 力学系统的形式不变性研究的历史与现状

2000 年梅凤翔先生对力学系统的一些物量(Lagrange 函数、非保守力、约束力等)作无限小 Lie 群变换,使变换后的物理量满足微分方程的形式保持不变,给出了一种新的对称性——形式不变性,也称 Mei 对称性. 梅先生研究了 Lagrange 系统的形式不变性[114], Appell 方程的形式不变性[115]以及形式不变性与 Noether 对称性,Lie 对称性之间的关系[116]. 形式不变性的提出, 立刻成为我国物理、力学领域的一个热门课题[117-124]. 其中陈向炜给出了 Birkhoff 系统和经典力学系统的形式不变性;王树勇等给出了 Nielsen 方程和非完整系统的形式不变性;张毅等给出了一般经典力学系统的形式不变性;方建会等给出了相对论力学系统的形式不变性;葛伟宽等给出了 Chaplygin 系统的形式不变性. 我们对于相空间中 Hamilton 系统的形式不变性研究放在本文的第二、三章. 形式不变性的研究将被进一步推广到其它研究领域.

1.2.6 力学系统的对称性摄动研究的历史与现状

近年来力学系统的对称性与不变量的研究越来越引起了人们的重视, 不断涌现的对称性方法和得到的新结果丰富了人们对力学系统本质特征的认识.

对于一般的动力学问题, 不仅要研究动力学系统的不变性质, 而且这种不变性受力学系统行为的影响也日益被引起重视. 对称性是力学系统的一种非常重要而又普遍的性质, 小扰动力作用下对称性的改变及其守恒量与动力学系统的可积性之间有密切联系. 力学系统对称性的改变称为对称性摄动,它与绝热不变量相关.

经典的绝热不变量(adiabatic invariant)是指在系统的某参数缓慢变化时,相对该参数的变化更慢的系统的物理量. 绝热不变量也被称为缓渐不变量和浸渐不变量.

1911 年, Einstein 曾就缓变长度的单摆中 E/ω 是否为一个绝热不变量给出了肯定的回答, 1917 年 Burgers 曾证明,对于非简谐振动, E/ω 不是绝热不变量, 其作用量变量仍是绝热不变量, 1962 年 Kruskal 对 Hamilton 系统进行讨论, 导出了该系统的绝热不变量[125]. 1981 年 Djukic 首先讨论了非保守小扰动力作用下的绝热不变量问题[126]. 关于绝热不变量在力学、原子与分子物理、天体物理、工程等许多领域都有研究[127-132]. 最近,赵跃宇、陈向炜、张毅、梅凤翔等对一般动力学系统、Birkhoff 系统、变质量系统、约束 Hamilton 系统和广义经典力学系统的对称性摄动问题展开了一系列的讨论[133-138]. 关于相对论性和转动相对论性 Birkhoff 系统的对称性摄动和绝热不变量问题,我们放在本文的第五章作详细讨论

1.3 机电分析力学研究的历史与现状

分析力学用统一的观点和方法研究力学问题,开辟了解决受约束的物体和更复杂的物体系统运动问题的新途径. 占社会总动力能源 90%以上的旋转电机,各种机电换能装置、磁流体动力变换装置,高速磁浮列车,高速磁浮轴承等,这些机电装置都是进行机电能量转换的. 机电分析动力学是研究机电耦联问题的最有效的工具,它从能量的观点出发,研究运动物体在电磁场中发生相互作用的规律,并作为统一的方法,用于建立力学问题与电路、电磁场问题机电耦合的微分方程组,从而去研究机电耦联的相互作用规律.

1.3.1 Lagrange-Maxwell 方程

1873 年麦克斯韦在他的电与磁的论文中，应用 Lagrange 方法，第一次描述了机电系统的问题，后人称所得的方程为 Lagrange-Maxwell 方程. 文献[139～142]介绍了 Lagrange-Maxwell 方程的一般形式.

$$\frac{\mathrm{d}}{\mathrm{d}t}\left(\frac{\partial L}{\partial \dot{e}_k}\right)-\frac{\partial L}{\partial e_k}+\frac{\partial F}{\partial \dot{e}_k}=v_k,$$
$$\frac{\mathrm{d}}{\mathrm{d}t}\left(\frac{\partial L}{\partial \dot{q}_s}\right)-\frac{\partial L}{\partial q_s}+\frac{\partial F}{\partial \dot{q}_s}=Q_s(s=1,\cdots,n;\ k=1,\cdots,m). \tag{1.3.1}$$

Lagrange-Maxwell 方程揭示了电的与机械的量之间的定量关系，该方程在机电工程中有重要应用. 像磁电仪表(电流计)、电动式扬声器、电容器、传声器、电磁悬浮列车都可以用 Lagrange-Maxwell 方程来描述.

1.3.2 电磁系统与力学系统中的变分原理

对于电磁系统引入矢势 A，标势 φ，将 Lagrange 函数写成用矢势 A，标势 φ，电流和电荷、电场和磁场表示的形式，然后取变分，结合外电动势耗散力的虚功，得到了时变电磁场的变分原理.

对于准稳态电动力学的情况，即准稳态近似的情况下，导出了准稳态近似的时变电磁场的变分原理. 用变分原理导出了时变和准稳态时变的电磁场方程.

1.3.3 非完整机电分析动力学

(1) 非完整机电系统的例子——巴尔罗圆环

当所研究的机电系统是完整系统时，其运动方程可用 Lagrange-Maxwell 方程(或第二类 Lagrange 方程)的形式，然而在存在容积导体及滑动摩擦的条件下，应用 Lagrange-Maxwell 方程时，会产生明显的错误结果.

历史上第一个不能写成为拉格朗日方程形式的机电系统是巴尔罗圆环. 因为巴尔罗圆环所建立的拉格朗日第二类方程式不能阐明它在磁场中发生的转动，以及圆环转动所感应的电动力. 与此相关，产生了一系列关于巴尔罗圆环运动方程不大明确的结论，这些结论引起了很长时间激烈的争论. 结论表明，在具有滑动接触及容积导体的系统中存在非完整约束.

(2) 非完整机电系统的格波罗瓦方程

具有滑动接触及容积导体的机电系统属于 Chaplygin 非完整动力学系统. 然而 Chaplygin 方程应用到可数集非完整约束的机电系统中是困难的，在格波罗瓦的论文中曾研究了一些方程式，这些方程式用到机电系统，特别是包含有滑动摩擦及容积式导体的机电系统中具有很多的优越性.

假设机电系统的位形由 n 个广义坐标 $q_s (s=1, \cdots, n)$ 来确定，它的运动受有非完整约束.

$$\dot{q}_{n+1} = \sum_{j=l}^{n} a_{ij}(q_1, q_2, \cdots, q_n)\dot{q}_j \quad (i=1, 2, \cdots) \tag{1.3.2}$$

系统的 Lagrange 函数为：

$$L = L(q_1, q_2, \cdots, q_n; \dot{q}_1, \dot{q}_2, \cdots, \dot{q}_n, \dot{q}_{n+1}, \dot{q}_{n+2}, \cdots) \tag{1.3.3}$$

利用 D'Alembert-Lagrange 方程可写出格波罗瓦方程

$$\frac{\mathrm{d}}{\mathrm{d}t}\left(\frac{\partial L^*}{\partial \dot{q}_l}\right) - \frac{\partial L^*}{\partial q_l} - \frac{1}{\dot{q}_l}\sum_{i=1}^{n}\frac{\partial L^*}{\partial u_{ij}}\dot{u}_{ij} = 0 \ (j=1, \cdots, n) \tag{1.3.4}$$

这里 L^* 为从 L 中消除广义速度 $\dot{q}_{n+1}, \dot{q}_{n+2}, \cdots$ 而得到的函数. 方程(1.3.4)由格波罗瓦在 1953 年得到.

机电非完整系统的动力学方程也可由 Chaplygin 方程和 Appell

方法来建立.

关于直流电机的非完整系统,包括半激发电机的运动方程,分别独立激磁的整流子电机的运动方程,推斥电动机的运动方程,两个串激电机的串联连接下的运动方程问题和交流同步发电机的机电分析动力学见参考文献[143].

1980年以后,邱家俊教授带领的课题组对机电耦合动力系统的振动和非线性振动进行了深入的研究,取得了一系列的重要成果[144-150].

将Lie群理论引入机电耦合动力系统,给出该系统的对称性理论有重要意义.

1.4 相对论性Birkhoff系统动力学研究的历史与现状

Birkhoff系统动力学的诞生是力学史上的一件大事.1927年,美国著名数学家Birkhoff G. D.在其名著《动力系统》中给出比Hamilton方程更为一般的一类新型动力学方程,并给出比Hamilton原理更为普遍的一类新型积分变分原理[151].1978年,美国物理学家Santilli R. M.建议将这个新方程命名为Birkhoff方程,这个新型的原理可称为Pfaff-Birkhoff原理[152].1989年,前苏联学者Галиуллин A C指出[153],对Birkhoff方程的研究是近代分析力学的一个重要发展方向.我国力学家梅凤翔教授对Birkhoff方程作了系统的研究,构筑了Birkhoff系统动力学的基本框架[154, 155],宣告了一门新力学的诞生.近几年我们将Birkhoff系统动力学的研究推广到高速运动的相对论情况,构筑了相对论性Birkhoff系统动力学的基本框架.

1.4.1 相对论性Birkhoff方程和相对论性Pfaff-Birkhoff原理

文献[156~158]考虑相对论的质量变化效应,采取嵌入相对论性质量的方法，利用 Santill 方法和 Hojman 方法构造了相对论性系统的 Birkhoff 函数和 Birkhoff 函数组的具体形式. 定义相对论性系统的 Pfaff 作用量；然后取变分，提出相对论性的 Pfaff-Birkhoff 原理和相对论性的 Pfaff-Birkhoff-D'Alembert 原理；建立了相对论性系统的 Birkhoff 方程的一般形式，自治形式和半自治形式. 同时指出相对论性 Hamilton 正则方程是相对论性 Birkhoff 方程的特殊情形，而相对论性 Hamilton 原理是相对论性 Pfaff-Birkhoff 原理的特殊情形. 在经典近似的情况下相对论性 Birkhoff 方程退化为经典的 Birkhoff 方程.

1.4.2 相对论性完整 Birkhoff 系统动力学

包括特殊相对论性完整 Birkhoff 系统动力学和一般相对论性完整 Birkhoff 系统动力学. 可以用完整保守相对论性 Lagrange 方程来描述的完整系统称为特殊相对论性完整保守力学系统，包括相对论性完整保守系统，有广义势的相对论性完整系统和相对论性 Lagrange 力学逆问题. 因为相对论性完整保守系统的 Lagrange 方程有相对论性 Hamilton 方程的形式，它自然有相对论性 Birkhoff 方程的形式. 并且，一般相对论性完整系统的运动方程总由 Birkhoff 表示[156-158].

1.4.3 相对论性非完整 Birkhoff 系统动力学

对于有 n 个广义坐标 $q_s(s=1, \cdots, n)$ 确定的相对论性力学系统，运动受到理想的双面的 Cheteav 型非完整约束，系统的运动可表为相对论性 Routh 方程的形式，进一步将相对论性 Routh 方程表成显形式. 即是与相对论性非完整系统相应的相对论性完整系统的运动方程，如果相对论系统的运动初始条件满足约束方程，那么相应相对论性完整系统的运动方程的解给出所论非完整系统的运动[159]. 则相对论性非完整系统运动方程的 Birkhoff 化问题转化为相应相对论性完整系统运动方程的 Birkhoff 化问题. 因此一阶相对论性非完整系统的运动方程都由 Birkhoff 表示.

关于相对论性 Chaplygin 方程的 Birkhoff 表示问题,参见文献[160].

1.4.4 相对论性 Birkhoff 系统的几何理论

文献[161]给出了相对论性 Birkhoff 系统动力学的几何描述,相对论性 Birkhoff 方程的自伴随性、自治形式、半自治形式和非自治形式相对论性 Birkhoff 方程的全局特性,相对论性 Birkhoff 系统能量变化的几何特性和相对论性 Birkhoff 系统的代数结构等.

1.4.5 相对论性 Birkhoff 系统的稳定性

相对论性 Birkhoff 系统的稳定性包括平衡稳定性和运动稳定性. 我们给出了相对论性 Birkhoff 系统的平衡位置,系统的受扰运动方程、一次近似方程和特征方程. 利用 Lyapunov 一次近似理论和直接方法得到[162]:如果 $a^\mu = a_0^\mu(\mu = 1, \cdots, 2n)$ 是自治相对论性 Birkhoff 系统的平衡位置,若 Birkhoff 函数满足 $B(a_0^\mu) = 0$,且 B 在 $a^\mu = a_0^\mu$ 的领域内为定号函数,则系统的平衡位置是稳定的. 自治相对论性 Birkhoff 系统一次近似方程的特征方程的根总是成对互为反号出现的;如有实数不为零的根,则平衡是不稳定的. 对于相对论性 Birkhoff 系统,如果系统的平衡位置不是孤立的,而是组成流形时,文献[163]给出:对于相对论性 Birkhoff 系统的受扰运动方程,如果相对论性 Birkhoff 函数 B 在流形 $\mathcal{L}$ 上相对流形 Ξ 为定号函数,那么相对论性 Birkhoff 自治系统平衡状态流形 Ξ 在 $\mathcal{L}$ 上是稳定的;如果存在一个流形 $\mathcal{L}$ 上相对 Ξ 的定号函数 $V(a^\mu)$,它沿受扰方程对时间的全导数 $\dot{V}$ 在 $\mathcal{L}$ 上相对 Ξ 为与 $V(a^\mu)$ 异号的常号函数或恒等于零,那么平衡状态流形 Ξ 在 $\mathcal{L}$ 上是稳定的;如果存在一个流形 $\mathcal{L}$ 上相对 Ξ 的非常负(非常正)函数 $V(a^\mu)$,它沿受扰运动方程对时间的全导数 $\dot{V}$ 在 $\mathcal{L}$ 上相对 Ξ 为常正(常负)函数,那么平衡状态流形 Ξ 在 $\mathcal{L}$ 上是不稳定的. 对于相对论性 Birkhoff 系统的运动稳定性问题亦可进行类似的讨论.

1.4.6 相对论性 Birkhoff 系统的积分理论

相对论性 Birkhoff 系统的积分理论包括 Poisson 积分理论、场方法、对称性理论等.

(1) 相对论性 Birkhoff 系统的代数结构和 Poisson 积分方法. 文献[164]给出：自治和半自治形式的相对论性 Birkhoff 系统具有相容代数结构和 Lie 代数结构，非自治相对论性 Birkhoff 系统没有代数结构，并给出一类特殊非自治形式的相对论性 Birkhoff 系统具有相容代数结构和 Lie 容许代数结构. 根据相对论性 Birkhoff 系统所具有的代数结构，可采用相应的 Poisson 积分方法. 对于具有 Lie 代数结构的自治和半自治形式的相对论性 Birkhoff 系统，积分完整保守系统的 Poisson 理论可全部应用于这类系统，而对于具有相容代数结构的一类特殊非自治相对论性 Birkhoff 系统，关于积分完整保守系统的 Poisson 理论只能部分应用于这类系统，其中 Poisson 定理不成立.

(2) 积分相对论性 Birkhoff 系统的场方法. 文献[165]将应用于积分振动系统的场方法[166]推广到积分相对论性 Birkhoff 系统，给出了相对论性 Birkhoff 方程的第一积分.

(3) 相对论性 Birkhoff 系统的对称性理论

将 Lie 群分析应用于相对论性 Birkhoff 系统，我们可以得到该系统的 Noether 对称性理论、Lie 对称性理论、非 Noether 对称性理论以及对称性摄动理论. 这部分内容我们放在第五章给以详细论述.

1.4.7 转动相对论性 Birkhoff 系统动力学

引入相对论性转动惯量，构造转动相对论性 Birkhoff 函数和 Birkhoff 函数组，定义转动相对论性 Pfaff 作用量，可给出转动相对论性 Birkhoff 系统动力学的基本理论，包括：

(1) 转动相对论性 Birkhoff 方程和转动相对论性 Pfaff-Birkhoff 原理[171].

(2) 转动相对论性完整 Birkhoff 系统动力学[167].

(3) 转动相对论性非完整 Birkhoff 系统动力学[167].

(4) 转动相对论性 Birkhoff 系统的几何描述[168].

(5) 转动相对论性 Birkhoff 系统的平衡稳定性[169].

(6) 转动相对论性 Birkhoff 系统的积分理论[170].

1.5 本文研究内容的概述

力学系统对称性和守恒量的研究虽已取得丰硕成果，但仍有一些问题值得进一步研究，将力学系统的对称性研究推广到其他动力学系统有重要的理论和实际意义. 本文基于对称性和守恒量的研究基础，在约束力学系统，机电耦合系统和相对论性 Birkhoff 系统的 Noether 对称性、Lie 对称性、形式不变性和非 Noether 对称性，对称性摄动及其相应的守恒量的研究方面做些尝试，得到一些有意义的结果.

第一章　前言. 综述了对称性原理及其应用，力学系统对称性和守恒量研究的历史与现状. 概述了机电分析动力学、相对论性 Birkhoff 系统动力学的历史与现状. 提出了本文的研究安排.

第二章　完整系统的对称性和守恒量若干问题. 引入微分形式的无限小变换生成元算符，研究有限自由度系统的定域 Lie 对称性和守恒量[171]. 在相空间中研究完整 Hamilton 系统的 Noether 对称性、Lie 对称性、形式不变性及其相应的守恒量[172]. 研究非保守系统的非 Noether 对称性，直接导出了非 Noether 型守恒量，表明非 Noether 守恒量是相应的 Noether 守恒量的完全集[173]. 研究了完整 Hamilton 正则系统的动量依赖对称性，直接导出了非 Noether 型守恒量[174].

第三章　非完整系统的对称性和守恒量的若干问题. 研究相空

间中非完整 Hamilton 系统的 Noether 对称性、Lie 对称性、形式不变性及其相应的守恒量[172]. 引入准坐标，给出准坐标下 Hamilton 系统的 Noether 对称性和 Lie 对称性. 基于微分方程在时间和空间无限小变换下的不变性，我们给出了非完整力学系统的非 Noether 对称性、速度依赖对称性并直接导出了相应的非 Noether 守恒量[175]. 基于微分方程在关于广义坐标和广义动量的无限小变换下的不变性，我们给出非完整系统的动量依赖对称性，并直接导出了相应的非 Noether 守恒量. 将 Lie 对称性研究引入带有控制参数的力学系统，给出了可控非完整系统的 Lie 对称性和守恒量[176].

第四章　机电系统的对称性质及其守恒量. 将无限小 Lie 群分析方法引入机电系统，基于机电系统 Hamilton 作用量在无限小变换下的不变性质给出系统的 Noether 对称性和相应的守恒量. 基于机电系统的微分方程在无限小变换下的不变性质，给出系统的 Lie 对称性确定方程、结构方程和相应的守恒量[177]. 对机电系统的 Lagrange 函数，非保守力，约束力等作无限小变换，然后使它们满足的运动方程的形式保持不变，得到系统的形式不变性和相应的守恒量[178]. 给出机电系统的广义加速度，Lagrange 函数和广义力之间的关系，基于系统的 Lie 对称性直接导出 Lagrange 机电系统、Lagrange-Maxwell 机电系统的非 Noether 守恒量. 给出例子，说明此方法的应用[179, 180]. 在该方面的研究得到了河南省自然科学基金的资助(机电系统的现代数学方法. 批准号：0311011400).

第五章　相对论性 Birkhoff 系统动力学及其对称性质. 本章内容是相对论性 Birkhoff 系统动力学研究的一部分，同时也是 Lie 群理论对相对论力学的应用实例. 引入关于时空的无限小连续变换，研究相对论性 Birkhoff 系统的 Noether 对称性、Lie 对称性，并给出相应的 Noether 型守恒量[181, 182]. 引入含有各阶摄动项的时空的无限小变换和规范函数，给出相对论性含有各阶摄动项的结构方程和相应的绝热不变量. 研究相对论性 Birkhoff 系统对称性摄动逆问题，给出高阶对称性摄动项之间的迭代关系[183, 184]. 在该方面的研究得到了河南省自然科学基金的资助(相对论性 Birkhoff 系统动力学研究. 批准号：984053100).

第六章　总结与展望,说明本文所得到的主要结果以及未来研究的想法.

第二章　完整系统的对称性和守恒量若干问题

2.1　引言

力学系统的对称性与守恒律不仅有着数学上的重要性，同时也常常揭示了深刻的物理规律. 寻求力学系统的守恒律有多种方法，分析力学的传统方法是根据系统的运动微分方程求系统的循环积分和广义能量积分[141, 185]. 寻求守恒量的现代方法是：基于系统的Hamilton作用量在无限小变换下的不变性的Noether方法；基于系统的微分方程在无限小变换下的不变性的Lie方法；对确定系统的物理量取无限小变换，保持变换后的物理量满足的微分方程形式不变的Mei方法；保持系统的微分方程在无限小变换下的不变性，但不能同时保持系统的Hamilton作用量不变的非Noether方法.

对约束力学系统的Noether对称性的理论研究已趋于完善[5, 7, 17, 19, 32, 35, 43, 47]，应用研究在不断扩展[12, 34, 35, 39, 46, 48, 49]，特别是Noether对称性研究已从有限Lie群扩展到无限Lie群[7]. Noether对称性理论的核心是两个重要的定理[11]. Noether第一定理是关于作用量的积分在有限连续群(包含r个任意小参数ε)的无限小变换下的不变性. Noether第二定理是关于作用量的积分在无限连续群(包含r个任意小函数$\varepsilon(t)$和$\varepsilon(t)$的各阶导数)的无限小变换下的不变性. 如果作用量的积分在无限连续群的无限小变换下是不变的，那么存在r个Noether恒等式，称这个对称性为定域Noether对称性. 现在，定域Noether对称性已经在规范场、Yang-Milles场和量子力学等现代研究领域得到应用[186-189].

Lie方法始于挪威数学家Sophus Lie，他基于微分方程在无限小变换下的不变性,将扩展群方法引入微分方程的不变性研究,得出了微分方程的不变性要导出某种对称性[52].半个世纪后Lie群在微分方程中的应用受到重视. Olver，Bluman and Ibragimov等的著作对Lie群在微分方程中的应用从数学方面做了详细的论述[1,53-55]，并且对不变量与对称性做了重点讨论. Bluman，Ovsiannikov，Abraham-Shrauner，Aguirre and Krause，Leach等对一些微分方程做了专门研究[56-61].1979年Lutzky等人将数学家Sophus Lie研究微分方程的不变性扩展群方法引入力学领域，在无限小变换中引入速度，扩展变换后的坐标和时间依赖于旧的速度、坐标和时间，提出了力学系统的运动方程在此变换下的不变性质为Lie对称性的概念[62-64].之后力学系统的Lie对称性方法迅速发展[65-67]，并广泛应用于许多现代研究领域[68-74]，现在用Lie变换求解微分方程可以借助计算机操作.我国关于Lie对称性研究起步较晚,但发展迅速，1992年赵跃宇、梅凤翔先生介绍了Lie对称性的概念[85]，梅凤翔先生致力于约束力学系统的Lie对称性和守恒量的研究[5],在我国分析力学界产生了较大的影响,Lie对称性研究成为我国力学领域的热门课题,取得了一系列新的成果[86-97].然而,最近关于力学系统的Lie对称性研究是基于微分方程在有限连续群的无限小变换下的不变性,可称为全域Lie对称性.基于微分方程在无限连续群的无限小变换下的不变性称为定域Lie对称性[171].研究系统的定域Lie对称性常常是用来寻找连续动力系统或物理系统的守恒量.这个对称性理论可应用于电动力学、广义相对论、流体力学和规范场等研究领域.

1980年左右Lutzky，Hojman提出了力学系统的非Noether对称性,并直接给出了非Noether的守恒量. Lutzuy指出,当相应一个Lagrange系统的对称群不能保持作用量的积分不变时,而能使运动方程的形式不变,该对称性为非不变对称性(或non-Noether对称性），并得到了非 Noether 的守恒量[98-100]；Hojman 等给出了非 Noether 对称性的一般的理论[101, 102]；Crampin，José and Luis 给出了非 Noether 对称性的微分几何形式[103, 104]. 1992 年后，关于非 Noether 对称性的研究比较活跃，Hojman 给出了一个定理，不利用 Lagrange 函数和 Hamilton 函数构造了非 Noether 对称性的守恒量[105]；Pillay and Leach 证明了对于 Noether 对称性，利用 Hojman 定理给出的非 Noether 守恒量都为零[106]；Lutzky 利用速度依赖对称性导出了非 Noether 守恒量[107, 108]，并且研究了不用 Lagrange 函数直接从非 Noether 对称性导出非 Noether 守恒量问题[109]. 然而这些研究大都限于自由系统. 最近，约束力学系统的非 Noether 对称性研究在我国受到重视. 梅凤翔先生研究了相空间中 Hamilton 系统和相空间中广义 Hamilton 系统的非 Noether 守恒量[110, 111]，张毅对非 Noether 对称性作了一些研究，得到了一些结果[112, 113]. 研究约束力学系统的非 Noether 守恒量有重要意义.

形式不变性由梅凤翔先生提出. 2000 年他对力学系统的一些物理量（Lagrange 函数、非保守力、约束力等）作无限小 Lie 群变换，使变换后的物理量满足微分方程的形式保持不变，给出了一种新的对称性——形式不变性，也称 Mei 对称性. 梅先生研究了 Lagrange 系统的形式不变性[114]，Appell 方程的形式不变性[115]以及形式不变性与 Noether 对称性，Lie 对称性的关系[116]. 形式不变性的提出，立刻成为我国物理、力学领域的一个热门课题，并取得了一系列结果[117-124].

本章研究完整系统的几个对称性和守恒量问题，包括有限自由度系统的定域 Lie 对称性和守恒量[171]，Hamilton 正则系统的形式不变性，非保守 Hamilton 正则系统的形式不变性[172]，非保守系统的非 Noether 守恒量[173]，Hamilton 正则系统的动量依赖对称性和非 Noether 守恒量以及非保守 Hamilton 正则系统的动量依赖对称性和非 Noether 守恒量[174].

2.2 有限自由度系统的定域 Lie 对称性和守恒量

2.2.1 系统的运动方程

Lagrange 函数为 $L = L(t, \boldsymbol{q}, \dot{\boldsymbol{q}})(\boldsymbol{q} = q_1, q_2, \cdots, q_n)$ 的 n 维自由度力学系统,受到非势广义力 $Q'_s(t, \boldsymbol{q}, \dot{\boldsymbol{q}})$ 的作用,系统的运动方程为

$$\frac{\mathrm{d}}{\mathrm{d}t}\frac{\partial L}{\partial \dot{q}_s} - \frac{\partial L}{\partial q_s} = Q'_s(s = 1, \cdots, n). \tag{2.2.1}$$

假定方程(2.2.1)非奇异,即

$$\det\left(\frac{\partial^2 L}{\partial \dot{q}_s \partial \dot{q}_k}\right) \neq 0, \tag{2.2.2}$$

运动方程(2.2.1)能表示成显形式

$$\ddot{q}_s = h_s(t, \boldsymbol{q}, \dot{\boldsymbol{q}}). \tag{2.2.3}$$

2.2.2 定域 Noether 对称性

假定有限自由度系统的 Hamilton 作用量为

$$I = \int_{t_1}^{t_2} L(t, \boldsymbol{q}, \dot{\boldsymbol{q}})\mathrm{d}t, \tag{2.2.4}$$

引入关于时间和广义坐标的单参数无限连续群的无限小变换

$$\begin{cases} t^* = t + \Delta t = t + R\varepsilon(t), \\ q_s^*(t) = q_s(t) + \Delta q_s(t) = q_s(t) + S^s\varepsilon(t), \end{cases} \tag{2.2.5}$$

这里 $\varepsilon(t)$ 是一个任意的小参数, R 和 S^s 是线性微分算符,形式写成为

$$\begin{cases} R = a_k D^k = a_0 + a_1 D + a_2 D^2 + \cdots + a_K D^K \\ S^s = b_l^s D^l = b_0^s + b_1^s D + b_2^s D^2 + \cdots + b_L^s D^L \end{cases} \left(D = \frac{\mathrm{d}}{\mathrm{d}t}\right). \tag{2.2.6}$$

这里，$a_k = a_k(t, \boldsymbol{q}, \dot{\boldsymbol{q}})(k = 0, 1, \cdots, K)$，$b^s = b^s(t, \boldsymbol{q}, \dot{\boldsymbol{q}})(l = 0, 1, \cdots, L)$ 是无限小生成元. 当任意小函数 $\varepsilon(t)$ 退化为一个小参数时，方程(2.2.5) 给出系统的有限连续群的无限小变换，此时 $R = a_0$，$S^s = b_0^s$.

假设在无限小变换(2.2.5)下，系统的作用量是不变的(或 Lagrange 函数改变一个时间的全微分项 $\mathrm{d}\Omega/\mathrm{d}t$)，并且 Ω 是一个线性微分算符

$$\Omega = e_j^s D^j = e_0^s + e_1^s D + e_2^s D^2 + \cdots + e_J^s D^J, \qquad (2.2.7)$$

在变换(2.2.5)下，我们能得到[7]

$$\widetilde{S}^s\left(\frac{\delta I}{\delta q_s}\right) - \widetilde{R}\left(\dot{q}_s \frac{\delta I}{\delta q_s}\right) = 0 \quad (s = 1, \cdots, n), \qquad (2.2.8)$$

这里 $\widetilde{R}$ 和 $\widetilde{S}^s$ 分别表示关于 R 和 S^s 的伴随算符，定义为

$$\int_{t_1}^{t_2} f(t) R g(t) \mathrm{d}t = \int_{t_1}^{t_2} g(t) \widetilde{R} f(t) \mathrm{d}t + [\cdots]_{t_1}^{t_2}, \qquad (2.2.9)$$

式中 $f(t)$ 和 $g(t)$ 是区间$[t_1, t_2]$上的光滑函数，并且$[\cdots]_{t_1}^{t_2}$ 表示端点函数，方程中 $\delta I/\delta q_s$ 是 Euler-Lagrange 方程，即

$$\frac{\delta I}{\delta q_s} = \frac{\partial L}{\partial q_s} - D\left(\frac{\partial L}{\partial \dot{q}_s}\right). \qquad (2.2.10)$$

方程(2.2.8)为系统在无限小变换 (2.2.5)下的广义 Noether 恒等式. 那么，有限自由度系统的第二 Noether 定理表示为：

定理 1　如果有限自由度系统的 Hamilton 作用量在含有任意函数 $\varepsilon_s(t)(s = 1, \cdots, n)$ 的变换式(2.2.5)下是不变的，那么，此时存在含泛函微商 $\delta I/\delta q_s$ 的 n 个微分恒等式 (2.2.8). 并称(2.2.8)式为有限自由度系统的 Noether 恒等式.

对于上述的不变系统，Noether 恒等式表明，作用量 I 关于 q_s 的泛函微商(或 Euler-Lagrange 表达式)不是独立的，它们之间应受到

Noether 恒等式的限制.

2.2.3 定域 Lie 对称性的正问题

我们给出有限自由度系统定域 Lie 对称性的定义.

定义 如果方程(2.2.3)在无限小变换(2.2.5)下保持不变性,那么,变换(2.2.5)被称作有限自由度系统的定域 Lie 对称性变换.

我们指出无限连续群的无限小变换包含一个任意函数和它的 k 阶导数.

首先,我们研究系统定域 Lie 对称性的正问题. 引入关于时间和坐标的无限小变换(2.2.5)的微分矢量算符为

$$X^{(0)*} = R\varepsilon \frac{\partial}{\partial t} + S_k\varepsilon \frac{\partial}{\partial q^k}(k = 1, \cdots, n), \tag{2.2.11}$$

它的一次扩展形式

$$X^{(1)*} = X^{(0)*} + (D(S_k\varepsilon) - \dot{q}^k D(R\varepsilon)) \frac{\partial}{\partial \dot{q}^k}, \tag{2.2.12}$$

和它的二次扩展为

$$X^{(2)*} = X^{(1)*} + [D(D(S_k\varepsilon) - \dot{q}^k D(R\varepsilon)) - \ddot{q}^k D(R\varepsilon)]\frac{\partial}{\partial \ddot{q}^k}. \tag{2.2.13}$$

微分矢量算符 $X^{(0)}$, $X^{(1)}$ 和 $X^{(2)}$ 包含任意小函数 $\varepsilon(t)$ 和它的导数.

基于微分方程(2.2.3)在无限小变换(2.2.5)下的不变性,即

$$X^{(2)*}[\ddot{q}_k - h_k(t, \boldsymbol{q}, \dot{\boldsymbol{q}})]_{\ddot{q}_k = h_k(t, q, \dot{q})} = 0, \tag{2.2.14}$$

我们得到

$$D^2(S_k\varepsilon) - \dot{q}_k D^2(R\varepsilon) - 2h_k D(R\varepsilon) = X^{(1)*}(h_k)(k = 1, \cdots, n). \tag{2.2.15}$$

如果微分算符 R 和 $S_k(k=1, \cdots, n)$ 满足无限小变换(2.2.5)，称方程(2.2.15)为有限自由度系统定域 Lie 对称性的确定方程.

判据 如果线性微分算符 R 和 S_k 满足确定方程(2.2.15)，那么变换(2.2.5)为有限自由度系统的定域 Lie 对称性变换.

在变换(2.2.5)中，如果任意小函数 $\varepsilon(t)=\varepsilon$ 退化为一个小参数，称方程(2.2.15)为系统在有限连续群下无限小变换的 Lie 对称性确定方程.

定理 2 对于有限自由度系统，如果无限小变换(2.2.5)的线性微分算符 R 和 S_k 满足确定方程(2.2.15)，并且存在一个规范函数 $G^*=\varepsilon G$ (线性微分算符)满足结构方程

$$X^{(1)*}(L)+D(R\varepsilon)L+(S_k\varepsilon-\dot{q}^k R\varepsilon)Q'_k+ \\ DG^*=0\ (k=1, \cdots, n), \tag{2.2.16}$$

相应有限自由度系统的定域 Lie 对称，系统存在 Noether 型守恒量

$$I^*=R\varepsilon L+(S_k\varepsilon-\dot{q}^k R\varepsilon)\frac{\partial L}{\partial \dot{q}^k}+G^*=\text{const.} \tag{2.2.17}$$

守恒量(2.2.17)不同于通常的 Noether 型守恒量. 他表示系统的物理参数和守恒量之间的关系，在守恒量里面包含任意的函数和它的各阶导数.

证明:

$$\frac{\mathrm{d}I^*}{\mathrm{d}t}=D(R\varepsilon)L+R\varepsilon\left(\frac{\partial L}{\partial t}+\frac{\partial L}{\partial q_k}\dot{q}_k+\frac{\partial L}{\partial \dot{q}_k}\ddot{q}_k\right)+ \\ (S_k\varepsilon-\dot{q}_k R\varepsilon)\frac{\mathrm{d}}{\mathrm{d}t}\left(\frac{\partial L}{\partial \dot{q}_k}\right)+[D(S_k\varepsilon)- \\ \dot{q}_k D(R\varepsilon)-\ddot{q}_k R\varepsilon]\frac{\partial L}{\partial \dot{q}_k}-X^{(1)}(L)- \\ D(R\varepsilon)L-(S_k\varepsilon-\dot{q}_k R\varepsilon)Q'_k=(S_k\varepsilon-$$

$$\dot{q}_k R\varepsilon)\left(D\frac{\partial L}{\partial \dot{q}_k}-\frac{\partial L}{\partial q_k}-Q'_k\right)=0.$$

如果无限连续群的无限小变换(2.2.5)中的任意小函数 $\varepsilon(t)=\varepsilon$ 退化一个小参数,这个工作给出有限连续群无限小变换下的 Lie 对称性. 并且方程(2.2.14)、(2.2.16)和(2.2.17)分别表示有限连续群无限小变换下的 Lie 对称性的确定方程、结构方程和守恒量.

然而,我们从方程(2.2.14)和(2.2.16)求得线性微分算符 S_k,R 和 G 是相当困难的,为此我们给出系统定域 Lie 对称性的 Killing 方程.

展开结构方程(2.2.16),挑出含有 $\ddot{q}_k$ 的项和不含 $\ddot{q}_k$ 的项,我们能得到比方程(2.2.16)简单,包含线性微分算符 S_k,R 和 G Killing 方程. 系统的定域 Lie 对称性的 Killing 方程的形式为

$$L\left(\frac{\partial(R\varepsilon)}{\partial t}+\frac{\partial(R\varepsilon)}{\partial q_l}\dot{q}_l\right)+R\varepsilon\frac{\partial L}{\partial t}+S_k\varepsilon\frac{\partial L}{\partial q_k}+(S_k\varepsilon-$$
$$\dot{q}_k R\varepsilon)Q'_k+\frac{\partial L}{\partial \dot{q}_k}\left(\frac{\partial(S_k\varepsilon)}{\partial t}+\frac{\partial(S_k\varepsilon)}{\partial q_l}\dot{q}_l-\right.$$
$$\left.\dot{q}_k\frac{\partial(R\varepsilon)}{\partial t}-\dot{q}_k\frac{\partial(R\varepsilon)}{\partial q_l}\dot{q}_l\right)$$
$$=-\frac{\partial(G\varepsilon)}{\partial t}-\frac{\partial(G\varepsilon)}{\partial q_k}\dot{q}_k,\ L\frac{\partial(R\varepsilon)}{\partial \dot{q}_k}+$$
$$\frac{\partial L}{\partial \dot{q}_k}\left(\frac{\partial(S_k\varepsilon)}{\partial \dot{q}_l}-\dot{q}_k\frac{\partial(R\varepsilon)}{\partial \dot{q}_l}\right)=-\frac{\partial(G\varepsilon)}{\partial \dot{q}_k}. \tag{2.2.18}$$

一般来说定域 Lie 对称性不总是导出守恒量. 如果我们能从结构方程中找出规范函数的导数 $\dot{G}$ 等于零或者是某个函数的全微分,那么,系统的定域 Lie 对称性将导出 Noether 型守恒量.

2.2.4 定域 Lie 对称性的逆问题

第二,我们研究定域 Lie 对称性的逆问题. 从已知的守恒量找定

域 Lie 对称性称为定域 Lie 对称性逆问题.

假定有限自由度系统的守恒量为

$$I^* = I^*(t, \boldsymbol{q}, \dot{\boldsymbol{q}}) = \text{const}, \tag{2.2.19}$$

那么,我们有

$$\frac{\mathrm{d}I^*}{\mathrm{d}t} = \frac{\partial I^*}{\partial t} + \frac{\partial I^*}{\partial q_k}\dot{q}_k + \frac{\partial I^*}{\partial \dot{q}_k}\ddot{q}_k = 0, \tag{2.2.20}$$

用

$$\overline{S_k} = S_k\varepsilon - \dot{q}_k R\varepsilon, \tag{2.2.21}$$

乘方程(2.2.1)的两边并且对 k 求和得到

$$\overline{S_k\varepsilon}\left(\frac{\mathrm{d}}{\mathrm{d}t}\frac{\partial L}{\partial \dot{q}_k} - \frac{\partial L}{\partial q_k} - Q''_k\right) = 0. \tag{2.2.22}$$

方程(2.2.20)和(2.2.22)两边相加并展开，然后令 $\ddot{q}_k$ 的系数等于零，得到

$$\overline{S_k}\frac{\partial^2 L}{\partial \dot{q}_k \partial \dot{q}^l} - \frac{\partial I^*}{\partial \dot{q}^l} = 0 \quad (l = 1, \cdots, n), \tag{2.2.23}$$

和

$$\overline{S_k} = \bar{h}_{kl}\frac{\partial I^*}{\partial \dot{q}_l}, \tag{2.2.24}$$

这里 $h_{kl} = \partial^2 L/\partial \dot{q}_k \partial \dot{q}_l$ 被称作 Hess 矩阵，满足

$$\bar{h}_{kl} h_{lj} = \delta_{kj}. \tag{2.2.25}$$

令方程(2.2.17)等于守恒量 (2.2.19)，即

$$LR\varepsilon + \frac{\partial L}{\partial \dot{q}^k}(S_k\varepsilon - \dot{q}^k R\varepsilon) + G^* = I^*. \tag{2.2.26}$$

从方程(2.2.24)和方程(2.2.26)我们能求得线性微分算符 R 和 S_k. 当线性微分算符 R 和 S_k 满足确定方程(2.2.15)时,有限自由度系统的定域 Lie 对称性被确定.

定理 3 如果无限小变换(2.2.5)的线性微分算符 R 和 S_k 满足方程(2.2.24)和(2.2.26)以及确定方程(2.2.15),称这个对称性为有限自由度系统的定域 Lie 对称性.

当给出系统的守恒量时,有限自由度系统不一定有定域 Lie 对称性. 也就是说有限自由度系统的定域 Lie 对称性的逆问题可能有解也可能无解.

当我们取任意的小函数 $\varepsilon(t)$ 等于小参数 ε 时, 从系统的定域 Lie 对称性的逆问题可以导出在有限连续群无限小变换下的 Lie 对称性的逆问题.

2.2.5 定域 Noether 对称性和定域 Lie 对称性之间的关系

现在我们给出定域 Noether 对称性和定域 Lie 对称性之间的关系.

定理 4 一个有限自由度系统有定域 Lie 对称性,如果线性微分算符 R 和 S_k 是自伴随的,并且满足广义 Noether 恒等式(2.2.8),那么,这个系统也存在定域 Noether 对称性.

定理 5 一个有限自由度系统有定域 Noether 对称性,如果线性微分算符 R 和 S_k 满足确定方程(2.2.15),那么,这个系统也存在定域 Lie 对称性.

定理 4 和定理 5 的证明是显然的.

2.2.6 例子

假定系统的位形由广义坐标 q_1 和 q_2 来确定,系统的 Lagrange 函数为

$$L=\frac{1}{2}(\dot{q}^1)^2+\dot{q}^1q^2+\frac{1}{2}(q^1-q^2)^2. \tag{2.2.27}$$

我们能得到系统的运动方程

$$\begin{aligned}\ddot{q}^1&=q^1-q^2-\dot{q}^2=h_1,\\ \dot{q}^1&=q^1-q^2=h_2.\end{aligned} \tag{2.2.28}$$

将方程(2.2.28)代入确定方程(2.2.15),得到

$$\begin{cases}D^2(S_1\varepsilon)-\dot{q}_1D^2(R\varepsilon)-2(q^1-q^2-\dot{q}^2)DR\varepsilon\\ \quad=S_1\varepsilon-S_2\varepsilon-(D(S_2\varepsilon)-\dot{q}^2DR\varepsilon),\\ DS_1\varepsilon-\dot{q}^1DR\varepsilon=S_1\varepsilon-S_2\varepsilon.\end{cases} \tag{2.2.29}$$

方程(2.2.29)有解

$$R=0,\ S_1=1,\ S_2=1-D. \tag{2.2.30}$$

将方程(2.2.30)和(2.2.27)代入方程(2.2.16),得到

$$\varepsilon(q^1-q^2)+(1-D)\varepsilon(\dot{q}^1-(q^1-q^2))+\dot{\varepsilon}(\dot{q}^1+q^2)+DG^*=0, \tag{2.2.31}$$

从方程(2.2.31)得到

$$G^*=\varepsilon q^1. \tag{2.2.32}$$

将方程(2.2.30)和(2.2.32)代入方程(2.2.17)给出

$$I^*=\varepsilon(\dot{q}^1+q^2)-\varepsilon q^1=\varepsilon(\dot{q}^1-q^1+q^2)=a\varepsilon, \tag{2.2.33}$$

那么,这个系统存在 Noether 型守恒量

$$I=\dot{q}^1-q^1+q^2=\text{const}. \tag{2.2.34}$$

将方程(2.2.27)和(2.2.30)代入方程(2.2.8)得到

$$\frac{\delta I}{\delta q^1}+\frac{\delta I}{\delta q^2}+\frac{\mathrm{d}}{\mathrm{d}t}\left(\frac{\delta I}{\delta q^2}\right)=q^1-q^2-\ddot{q}^1-$$

$$\dot{q}^2 + \dot{q}^1 + q^2 - q^1 + \ddot{q}^1 + \dot{q}^2 - \dot{q}^1 = 0. \tag{2.2.35}$$

也就是说,方程(2.2.30)满足系统的广义 Nother 恒等式,那么,无限小变换(2.2.30)既是系统的定域 Lie 对称性变换也是系统的定域 Noether 对称性变换,并且该有限自由度系统存在 Noether 型守恒量(2.2.34).

2.2.7 主要结论

主要贡献:引入关于时间和广义坐标的无限连续群的无限小变换和矢量微分算符;给出系统定域 Lie 对称性的确定方程、结构方程和守恒量的形式. 讨论定域 Lie 对称性和定域 Noether 对称性之间的关系. 研究该系统定域 Lie 对称性的逆问题.

创新之处:给出有限自由度系统较全域 Lie 对称性更为一般的定域 Lie 对称性,将有限连续群的 Lie 对称性研究提高到无限连续群的定域 Lie 对称性研究,使 Lie 对称性研究上了一个新台阶.

2.3 Hamilton 正则系统的形式不变性、Noether 对称性和 Lie 对称性

本节研究 Hamilton 正则方程的形式不变性,给出完整保守 Hamilton 系统的形式不变性与 Noether 对称性和 Lie 对称性之间的关系.

2.3.1 Hamilton 正则方程的形式不变性

设力学系统的位形由 n 个广义坐标 q_1, q_2,…, q_n 确定,系统的 Lagrange 函数为 L. 引入系统的广义动量和 Hamilton 函数

$$p_s = \frac{\partial L}{\partial \dot{q}_s} \quad (s = 1, \cdots, n), \tag{2.3.1}$$

$$H = p_s \dot{q}_s - L, \tag{2.3.2}$$

完整系统的 Hamilton 正则方程为

$$\dot{q}_s = \frac{\partial \widetilde{H}}{\partial p_s},\ \dot{p}_s = -\frac{\partial \widetilde{H}}{\partial q^s} \quad (s = 1, \cdots, n). \tag{2.3.3}$$

这里

$$\widetilde{H}(t, \boldsymbol{q}, p) = H(t, q, \dot{q}(t, q, p)),$$

$$\widetilde{Q}_s(t, q, p) = Q_s(t, q, \dot{q}(t, q, p)).$$

引入关于时间,广义坐标和广义动量的无限小变换

$$t = t + \varepsilon\xi_0(t, \boldsymbol{q}, \boldsymbol{p}),\ q_s^* = q_s + \varepsilon\xi_s(t, \boldsymbol{q}, \boldsymbol{p}), \tag{2.3.4}$$

$$p_s^* = p_s + \varepsilon\eta(t, \boldsymbol{q}, \boldsymbol{p}),$$

这里 ε 是小参数, ξ_0, ξ_s 和 η_s 是无限小生成元. 在无限小变换(2.3.4)下系统的 Hamilton 函数 $H = H(t, \boldsymbol{q}, \boldsymbol{p})$ 变为 $H^* = H(t^*, q^*, \boldsymbol{p}^*)$. 如果 H^* 保持 Hamilton 正则方程的形式,即

$$\dot{q}_s = \frac{\partial \widetilde{H}^*}{\partial p_s},\ \dot{p}_s = -\frac{\partial \widetilde{H}^*}{\partial q^s} \quad (s = 1, \cdots, n), \tag{2.3.5}$$

那么,这个不变性称为 Hamilton 正则方程的形式不变性. 展开 H^*,得到

$$\widetilde{H}^* = \widetilde{H}(t, \boldsymbol{q}^*, \boldsymbol{p}^*) = \widetilde{H}(t, \boldsymbol{q}, \boldsymbol{p}) +$$

$$\varepsilon\left[\frac{\partial \widetilde{H}}{\partial t}\xi_0 + \frac{\partial \widetilde{H}}{\partial q_s}\xi_s + \frac{\partial \widetilde{H}}{\partial p_s}\eta_s\right] + O(\varepsilon^2). \tag{2.3.6}$$

判据 1 如果存在常数 k 和规范函数 $G = G(t, \boldsymbol{q}, \boldsymbol{p})$, 并且无限小变

换生成元 ξ_0，ξ_s 和 η_s 满足方程

$$\frac{\partial \widetilde{H}}{\partial t}\xi_0+\frac{\partial \widetilde{H}}{\partial q_s}\xi_s+\frac{\partial \widetilde{H}}{\partial p_s}\eta_s=k(\widetilde{H}-G), \qquad (2.3.7)$$

和

$$k\frac{\partial(\widetilde{H}-G)}{\partial p_s}=0,\ k\frac{\partial(\widetilde{H}-G)}{\partial q_s}=0. \qquad (2.3.8)$$

那么，Hamilton 正则方程在无限小变换 (2.3.4)下是形式不变的.

证明：将方程(2.3.6)、(2.3.7)和(2.3.8)代入方程(2.3.5)得证.

2.3.2 Hamilton 正则系统的形式不变性和 Noether 对称性

Noether 理论指出：如果一个系统由 Hamilton 函数来决定，无限小变换生成元满足 Noether 恒等式

$$p_s\dot{\xi}_s-\frac{\partial \widetilde{H}}{\partial t}\xi_0-\frac{\partial \widetilde{H}}{\partial q_s}\xi_s-\widetilde{H}\dot{\xi}_0=-\dot{G}_N, \qquad (2.3.9)$$

这里 $G_N=G_N(t,\boldsymbol{q},\boldsymbol{p})$，那么，称这个对称性为 Noether 对称性，并且导出守恒量

$$I=p_s\xi_s-\widetilde{H}\xi_0+G_N=\text{const.} \qquad (2.3.10)$$

Hamilton 正则方程的形式不变性是否导出 Noether 对称性，我们给出：

命题 1 如果 Hamilton 正则方程在无限小变换(2.3.4)下是形式不变的，规范函数 $G_N=G_N(t,\boldsymbol{q},\boldsymbol{p})$ 存在且满足 Noether 恒等式

$$p_s\dot{\xi}_s-k(\widetilde{H}-G)+\frac{\partial \widetilde{H}}{\partial p_s}\eta_s-\widetilde{H}\dot{\xi}_0=-\dot{G}_N, \qquad (2.3.11)$$

那么，形式不变性将导出 Noether 对称性和相应的 Noether 型守恒量 (2.3.10). 否则不能.

证明：将方程(2.3.7)和(2.3.8)代入方程(2.3.9)，我们得到式(2.3.11).

2.3.3 Hamilton 正则方程的形式不变性和 Lie 对称性

Hamilton 正则方程的 Lie 理论指出：与无限小变换(2.3.4)相应的无限小生成元向量为[5, 89]

$$X^{(0)} = \xi_0 \frac{\partial}{\partial t} + \xi_s \frac{\partial}{\partial q_s} + \eta_s \frac{\partial}{\partial p_s}, \tag{2.3.12}$$

它的一次扩展

$$X^{(1)} = X^{(0)} + (\dot{\xi}_s - \dot{q}_s \dot{\xi}_0) \frac{\partial}{\partial \dot{q}_s} + (\dot{\eta}_s - \dot{p}_s \dot{\xi}_0) \frac{\partial}{\partial \dot{p}_s}. \tag{2.3.13}$$

基于 Hamilton 正则方程在无限小变换(2.3.4)下的不变性，我们能得到相空间中 Hamilton 系统 Lie 对称性的确定方程

$$\dot{\xi}_s - \dot{\xi}_0 h_s = X^{(0)}(h_s),\ \dot{\eta}_s - \dot{\xi}_0 \alpha_s = X^{(0)}(\alpha_s). \tag{2.3.14}$$

如果无限小生成元 ξ_0，ξ_s 和 η_s 满足确定方程(2.3.14)，那么，无限小变换(2.3.4)是 Lie 对称性变换.

Lie 理论还指出：对于满足确定方程(2.3.14)的无限小生成元 ξ_0，ξ_s 和 η_s，如果规范函数 G_L 存在并满足结构方程[5]

$$p_s \dot{\xi}_s - \frac{\partial \widetilde{H}}{\partial t}\xi_0 - \frac{\partial \widetilde{H}}{\partial q_s}\xi_s - \widetilde{H}\dot{\xi}_0 = -\dot{G}_L, \tag{2.3.15}$$

那么，Hamilton 正则系统存在守恒量为

$$I = -\widetilde{H}\xi_0 + p_s\xi_s + G_L = \text{const}. \tag{2.3.16}$$

Hamilton 正则方程的形式不变性是否导出 Lie 对称性，我们

给出：

命题 2 对于 Hamilton 正则系统，如果无限小生成元 ξ_0，ξ_s 和 η_s 满足条件(2.3.7)、(2.3.8)和确定方程(2.3.14)，那么，系统的形式不变性将导出 Lie 对称和相应的守恒量(2.3.16). 否则不能.

命题 3 对于 Hamilton 正则系统，如果无限小变换生成元 ξ_0，ξ_s 和 η_s 满足条件(2.3.7)、(2.3.8)和确定方程(2.3.14)，规范函数 $G=G(t, \boldsymbol{q})$ 存在 ($\dot{G}=0$ 或者 G 是某个函数关于 t, $\boldsymbol{q}$, $\boldsymbol{p}$ 的全微分)并且满足 Noether 恒等式(2.3.11)，那么，Hamilton 正则方程的形式不变性既能导出 Noether 对称性也能导出 Lie 对称性，并且存在守恒量(2.3.16).

2.3.4　例子

二阶自由度系统的 Lagrange 函数为

$$L=\frac{1}{2}\dot{q}_1^2+\frac{1}{2}\dot{q}_2^2-q_2. \tag{2.3.17}$$

研究这个系统的形式不变性、Noether 对称性和 Lie 对称性.

这里

$$p_1=\frac{\partial L}{\partial \dot{q}_1}=\dot{q}_1,\ p_2=\frac{\partial L}{\partial \dot{q}_2}=\dot{q}_2,$$
$$H=p_1\dot{q}_1+p_2\dot{q}_2-L=\widetilde{H}=\frac{1}{2}(p_1^2+p_2^2)+q_2. \tag{2.3.18}$$

我们取无限小生成元

$$\xi_0=1,\ \xi_1=\xi_2=0,\ \eta_1=\eta_2=0, \tag{2.3.19}$$

$$\xi_0=0,\ \xi_1=1,\ \xi_2=0,\ \eta_1=\eta_2=0. \tag{2.3.20}$$

将无限小生成元(2.3.19)、(2.3.20)代入方程(2.3.7)和(2.3.8)，得到

$$0 = k(\widetilde{H} - G), \tag{2.3.21}$$

即

$$G = \widetilde{H}, \tag{2.3.22}$$

因此,无限小生成元(2.3.19)、(2.3.20)相应 Hamilton 正则方程的形式不变性.将生成元(2.3.19)、(2.3.20)代入方程(2.3.11),得到

$$G_N = 0, \tag{2.3.23}$$

那么,系统的形式不变性将导出 Noether 对称性,相应的守恒量为

$$I_1 = -\widetilde{H} = \text{const}, \tag{2.3.24}$$

$$I_2 = p_1 = \text{const}. \tag{2.3.25}$$

无限小生成元(2.3.19)、(2.3.20)满足确定方程(2.3.14),Hamilton 正则方程是形式不变的.因此,这个系统的形式不变性,既导出 Noether 对称性也导出 Lie 对称性,并且存在守恒量(2.3.24)和(2.3.25).

2.3.5 主要结论

主要贡献:给出 Hamilton 正则系统的形式不变性,讨论形式不变性与 Noether 对称性、Lie 对称性的关系和存在守恒量的条件.

创新之处:将形式不变性的研究扩展到 Hamilton 正则系统,给出该系统形式不变性的判据(2.3.7)和(2.3.8).

2.4 非保守 Hamilton 正则系统的形式不变性、Noether 对称性和 Lie 对称性

本节研究广义 Hamilton 正则方程的形式不变性,给出非保守

Hamilton 系统的形式不变性与 Noether 对称性和 Lie 对称性之间的关系.

2.4.1 非保守 Hamilton 正则方程的形式不变性

设力学系统的位形由 n 个广义坐标 $q_s(s=1, \cdots, n)$ 来确定，受到非保守力 $Q'_s(s=1, \cdots, n)$ 的作用，系统的 Lagrange 函数为 L

引入系统的广义动量和 Hamilton 函数

$$p_s=\frac{\partial L}{\partial \dot{q}_s}, H=p_s \dot{q}_s-L \quad (s=1, \cdots, n), \tag{2.4.1}$$

系统的广义 Hamilton 正则方程为

$$\dot{q}_s=\frac{\partial H}{\partial p_s}, \dot{p}_s=-\frac{\partial H}{\partial q_s}+Q'_s \quad (s=1, \cdots, n) \tag{2.4.2}$$

这里 $H(t, \boldsymbol{q}, \dot{q})$ 是系统的 Hamilton 函数. 将 H, Q_s 表示成形式

$$\widetilde{H}(t, \boldsymbol{q}, p)=H(t, q, \dot{q}(t, q, p)),$$

$$\text{Hamilton } \widetilde{Q}_s(t,q,p)=Q_s(t,q,\dot{q}(t,q,p)),$$

方程(2.4.2)表示为

$$\dot{q}_s=\frac{\partial \widetilde{H}}{\partial p_s}, \dot{p}_s=-\frac{\partial \widetilde{H}}{\partial q_s}+\widetilde{Q}_s \quad (s=1, \cdots, n), \tag{2.4.3}$$

方程(2.4.3)是非保守 Hamilton 系统的广义 Hamilton 正则方程.

引入关于时间、广义坐标和广义动量的无限小变换

$$t^*=t+\varepsilon \xi_0(t, \boldsymbol{q}, \boldsymbol{p}), \ q_s^*=q_s+\varepsilon \xi_s(t, \boldsymbol{q}, \boldsymbol{p}),$$

$$p_s^*=p_s+\varepsilon \eta_s(t, \boldsymbol{q}, \boldsymbol{p}), \tag{2.4.4}$$

这里 ε 是一个小参数，ξ_0，ξ_s 和 η_s 是无限小生成元. 在变换(2.4.4)下 Hamilton 函数 $\widetilde{H}=\widetilde{H}(t, \boldsymbol{q}, \boldsymbol{p})$、非势力 $\widetilde{Q}'_s$ 变为

$$
\begin{aligned}
\widetilde{H}^* &= \widetilde{H}(t^*, \boldsymbol{q}^*, \boldsymbol{p}^*) \\
&= \widetilde{H}(t, \boldsymbol{q}, \boldsymbol{p}) + \varepsilon\left(\frac{\partial \widetilde{H}}{\partial t}\xi_0 + \frac{\partial \widetilde{H}}{\partial q_s}\xi_s + \frac{\partial \widetilde{H}}{\partial p_s}\eta_s\right) + O(\varepsilon^2), \\
\widetilde{Q}_s^* &= \widetilde{Q}_s(t^*, \boldsymbol{q}^*, \boldsymbol{p}^*) \\
&= \widetilde{Q}_s(t, \boldsymbol{q}, \boldsymbol{p}) + \varepsilon\left(\frac{\partial \widetilde{Q}_s}{\partial t}\xi_0 + \frac{\partial \widetilde{Q}_s}{\partial q_s}\xi_s + \frac{\partial \widetilde{Q}_s}{\partial p_s}\eta_s\right) + O(\varepsilon^2).
\end{aligned} \tag{2.4.5}
$$

如果 $\widetilde{H}(t, \boldsymbol{q}^*, \boldsymbol{p}^*)$，$\widetilde{Q}_s(t, \boldsymbol{q}^*, \boldsymbol{p}^*)$ 满足广义 Hamilton 正则方程

$$
\dot{q}_s = \frac{\partial \widetilde{H}^*}{\partial p_s},\ \dot{p}_s = -\frac{\partial \widetilde{H}^*}{\partial q^s} + \widetilde{Q}_s^* \quad (s = 1, \cdots, n). \tag{2.4.6}
$$

那么,广义 Hamilton 正则方程是形式不变的. 对于这个形式不变性，我们给出：

判据 如果这里存在一个常数 k 和一个规范函数 $G = G(t, \boldsymbol{q}, \boldsymbol{p})$，无限小生成元 ξ_0，ξ_s 和 η_s 满足关系

$$
\begin{aligned}
&\frac{\partial \widetilde{H}}{\partial t}\xi_0 + \frac{\partial \widetilde{H}}{\partial q_s}\xi_s + \frac{\partial \widetilde{H}}{\partial p_s}\eta_s = k(\widetilde{H} - G), \\
&\frac{\partial \widetilde{Q}_s}{\partial t}\xi_0 + \frac{\partial \widetilde{Q}_s}{\partial q_k}\xi_k + \frac{\partial \widetilde{Q}_s}{\partial p_k}\eta_k = k\widetilde{Q}_s + k\frac{\partial G}{\partial q_s},
\end{aligned} \tag{2.4.7}
$$

并且

$$
k\frac{\partial}{\partial p_s}(\widetilde{H} - G) = 0, \quad k\frac{\partial}{\partial q_s}(\widetilde{H} - 2G) + k\widetilde{Q}_s = 0. \tag{2.4.8}
$$

那么,非保守 Hamilton 正则系统(2.4.3)在无限小变换(2.4.4)下是形式不变的.

证明：

$$\dot{q}_s - \frac{\partial \widetilde{H}}{\partial p_s} - \varepsilon k \frac{\partial \widetilde{H}}{\partial p_s} + \varepsilon k \frac{\partial G}{\partial p_s}$$

$$= \dot{q}_s - \frac{\partial \widetilde{H}}{\partial p_s} - \varepsilon k \frac{\partial}{\partial p_s}(\widetilde{H} - G)$$

$$= -\varepsilon k \frac{\partial}{\partial p_s}(\widetilde{H} - G) = 0,$$

$$\dot{p}_s + \frac{\partial \widetilde{H}}{\partial q_s} + \varepsilon k \frac{\partial \widetilde{H}}{\partial q_s} - \varepsilon k \frac{\partial G}{\partial q_s} - \widetilde{Q}_s - \varepsilon k \widetilde{Q}_s - \varepsilon k \frac{\partial G}{\partial q_s} = 0,$$

$$\dot{p}_s - \frac{\partial \widetilde{H}}{\partial q_s} - \widetilde{Q}_s - \varepsilon k \left[\widetilde{Q}_s + \frac{\partial}{\partial q_s}(\widetilde{H} - 2G) \right]$$

$$= -\varepsilon k \left[\widetilde{Q}_s + \frac{\partial}{\partial q_s}(\widetilde{H} - 2G) \right] = 0.$$

我们指出保守 Hamilton 系统的形式不变性可作为非保守 Hamilton 系统形式不变性的特例. 容易证明，当系统的非保守力 $Q'_s = 0$ 时，这个研究给出保守 Hamilton 系统的形式不变性.

2.4.2 非保守 Hamilton 正则方程的形式不变性和 Noether 对称性

从相空间中的非保守 Hamilton 系统的广义 Noether 定理我们知道：对于 Hamilton 函数为 H，受到非保守力为 Q'_s 的动力学系统，如果无限小变换生成元 ξ_0，ξ_s 满足 Noether 恒等式

$$p_s \dot{\xi}_s - \frac{\partial \widetilde{H}}{\partial t}\xi_0 - \frac{\partial \widetilde{H}}{\partial q_s}\xi_s - \widetilde{H}\dot{\xi}_0 + \widetilde{Q}_s(\xi_s - \dot{q}_s \xi_0) = -\dot{G}_N, \tag{2.4.9}$$

这里 $G_N = G_N(t, \boldsymbol{q}, \boldsymbol{p})$ 是规范函数，那么，这个对称性被称为广义

Noether 对称性,并且存在如下守恒量

$$I = p_s \xi_s - \widetilde{H} \xi_0 + G_N = \text{const.} \tag{2.4.10}$$

广义 Hamilton 正则方程(2.4.3)的形式不变性是否导出广义 Noether 对称性,我们给出下面的:

命题 1 对于广义 Hamilton 正则系统(2.4.3),如果无限小变换生成元 ξ_0, ξ_s 和 η_s 具有形式不变性,并且保持作用量的积分不变,那么这个形式不变性将导出一个广义 Noether 对称性,系统存在 Noether 守恒量(2.4.10). 否则不能.

2.4.3 非保守 Hamilton 正则方程的形式不变性和 Lie 对称性

从相空间中的非保守 Hamilton 系统的 Lie 理论知道:将广义 Hamilton 正则方程(2.4.3)表成显形式

$$\dot{q}_s = h_s(t, \boldsymbol{q}, \boldsymbol{p}), \ \dot{p}_s = \alpha_s(t, \boldsymbol{q}, \boldsymbol{p}). \tag{2.4.11}$$

基于微分方程(2.4.11)在无限小变换(2.4.4)下的不变性,我们给出这个对称性的确定方程

$$\dot{\xi}_s - h_s \dot{\xi}_0 = X^{(0)}(h_s), \ \dot{\eta}_s - \alpha_s \dot{\xi}_0 = X^{(0)}(\alpha_s), \tag{2.4.12}$$

如果无限小生成元 ξ_0, ξ_s 和 η_s 满足确定方程(2.4.12),这个对称性称为广义 Hamilton 正则方程的 Lie 对称性. Lie 理论指出,如果无限小生成元 ξ_0, ξ_s 和 η_s 满足确定方程(2.4.12),并且规范函数 G_L 满足结构方程[5, 89]

$$p_s \dot{\xi}_s - \frac{\partial \widetilde{H}}{\partial t} \xi_0 - \frac{\partial \widetilde{H}}{\partial q_s} \xi_s - \widetilde{H} \dot{\xi}_0 + \widetilde{Q}_s (\xi_s - \dot{q}_s(t, \boldsymbol{q}, \boldsymbol{p})_s \xi_0) = -\dot{G}_L, \tag{2.4.13}$$

那么,非保守 Hamilton 系统存在守恒量的形式为

$$I = -\widetilde{H}\xi_0 + p_s\xi_s + G_L = \text{const.} \tag{2.4.14}$$

广义 Hamilton 正则方程(2.4.3)的形式不变性是否导出 Lie 对称性,我们给出下面的:

命题 2 对于广义 Hamilton 正则系统,如果无限小变换生成元 ξ_0, ξ_s 和 η_s 满足确定方程(2.4.12),如果规范函数 G 存在,满足结构方程(2.4.13),那么,这个形式不变性将导出一个 Lie 对称性,系统存在一个 Noether 守恒量(2.4.14).否则不能.

命题 3 对于广义 Hamilton 正则系统,如果无限小变换(2.4.4)是形式不变的,当无限小生成元 ξ_0, ξ_s 和 η_s 满足确定方程(2.4.12)并且保持 Hamilton 作用量的积分不变,结构方程中的规范函数 $\dot{G}=0$ 或 $\dot{G}$ 是某个 t, q_s, p_s 函数的全微分,那么,这个形式不变性既能导出 Lie 对称性也能导出 Noether 对称性,系统存在守恒量(2.4.14).否则不能.

2.4.4 例子

Hamilton 系统的 Lagrange 函数为

$$L = \frac{1}{2m}(\dot{q}_1^2 + \dot{q}_2^2) + \frac{1}{2}J\,\dot{q}_3^2 - \frac{1}{2}aq_3^2, \tag{2.4.15}$$

受到的非保守力为

$$\widetilde{\Lambda}_1 = \frac{1}{J}p_1p_3(-\tan q_3),\ \widetilde{\Lambda}_2 = \frac{1}{J}p_1p_3,\ \widetilde{\Lambda}_3 = 0 \tag{2.4.16}$$

这里 m, J 和 a 是常数.研究系统的形式不变性、Noether 对称性和 Lie 对称性.

系统的 Hamilton 函数为

$$\widetilde{H}(t,\boldsymbol{q},\boldsymbol{p}) = p_s\dot{q}_s - L = \frac{1}{2m}(p_1^2 + p_2^2) + \frac{1}{2J}p_3^2 + \frac{1}{2}aq_3^2, \tag{2.4.17}$$

利用方程(2.4.3)、(2.4.16)和(2.4.17),我们得到系统的广义

Hamilton 正则方程为

$$\dot{q}_1=\frac{1}{m}p_1=h_1,\ \dot{q}_2=\frac{1}{m}p_2=h_2,\ \dot{q}_3=\frac{1}{m}p_3=h_3,$$

$$\dot{p}_1=-\frac{1}{J}p_1p_3\tan q_3=\alpha_1,\ \dot{p}_2=\frac{1}{J}p_1p_3=\alpha_2,\tag{2.4.18}$$

$$\dot{p}_3=-aq_3=\alpha_3.$$

在无限小变换下，$\widetilde{H}$，$\widetilde{Q}_s$ 满足

$$aq_3\xi_3+\frac{p_1}{m}\eta_1+\frac{p_2}{m}\eta_2+\frac{p_3}{J}\eta_3=k(\widetilde{H}-G),\tag{2.4.19}$$

$$-\frac{1}{J}p_1p_3\frac{1}{\cos^2 q_3}\xi_3-\frac{1}{J}p_3\tan q_3\eta_1-\frac{1}{J}p_1\tan q_3\eta_3$$

$$=k\left(-\frac{1}{J}p_1p_3\tan q_3+\frac{\partial G}{\partial q_1}\right),\tag{2.4.20}$$

$$\frac{1}{J}p_3\eta_1+\frac{1}{J}p_1\eta_3=k\left(\frac{1}{J}p_1p_3+\frac{\partial G}{\partial q_2}\right),\tag{2.4.21}$$

$$0=k\left(\frac{1}{J}p_1p_3+\frac{\partial G}{\partial q_3}\right),\tag{2.4.22}$$

并且规范函数 G 满足方程

$$k\frac{\partial}{\partial p_1}(\widetilde{H}-G)=0,k\frac{\partial}{\partial p_2}(\widetilde{H}-G)=0,k\frac{\partial}{p_3}(\widetilde{H}-G)=0,$$

$$k\frac{\partial}{\partial q_1}(\widetilde{H}-2G)-\frac{k}{J}p_1p_3\tan q_3=0,$$

$$k\frac{\partial}{\partial q_2}(\widetilde{H}-2G)+\frac{k}{J}p_1p_3=0,\ k\frac{\partial}{\partial q_3}(\widetilde{H}-2G)=0.\tag{2.4.23}$$

方程(2.4.19)～(2.4.23)有下面的解

$$k=0,\ \xi_0=1,\ \xi_1=0,\ \xi_2=0,\ \xi_3=0,\ \eta_1=p_1,$$

$$\eta_2=\frac{m}{J}\frac{p_3^2}{p_2}-\frac{p_1^2}{p_2},\ \eta_3=-p_3, \tag{2.4.24}$$

$$k=0,\ \xi_0=1,\ \xi_1=0,\ \xi_2=0,\ \xi_3=0,\ \eta_s=0, \tag{2.4.25}$$

$$k=0,\ \xi_0=0,\ \xi_1=1,\ \xi_2=0,\ \xi_3=0,\ \eta_s=0. \tag{2.4.26}$$

它们对应系统的形式不变性. 当取 $k=1,\ \xi_1=0,\ \xi_2=0$，从方程(2.4.19)～(2.4.22)得到

$$k=1,\ \xi_1=0,\ \xi_2=0,\ \xi_3=0,\ \eta_1=p_1,$$

$$\eta_2=-\frac{ma}{2}\frac{q_2^3}{p_2}+\frac{1}{J}\frac{p_1p_3q_3}{p_2},\ \eta_3=0, \tag{2.4.27}$$

$$G=-\frac{1}{J}p_1p_3q_3-\frac{1}{2m}p_1^2+\frac{1}{2m}p_2^2+\frac{1}{2J}p_3^2.$$

然而,方程(2.4.27)不能满足方程(2.4.23)，它不对应系统的形式不变性.

将方程(2.4.24)代入方程(2.3.9)得到

$$\begin{aligned}&\frac{p_1^2}{m}+\frac{p_2}{m}\left(\frac{m}{J}\frac{p_3^2}{p_2}-\frac{p_1^2}{p_2}\right)+\frac{p_3}{J}(-)p_3+\\&\frac{1}{J}p_1p_3\tan q_3\ \frac{p_1}{m}-\frac{1}{J}p_1p_3\ \frac{p_2}{m}=-\dot{G}_N,\end{aligned} \tag{2.4.28}$$

即

$$\dot{G}_N=-\frac{1}{Jm}p_1^2p_3\tan q_3+\frac{1}{Jm}p_1p_2p_3=\frac{1}{m}\dot{p}_1p_1+\frac{1}{m}\dot{p}_2p_2, \tag{2.4.29}$$

那么

$$G_N=\frac{1}{2m}(p_1^2+p_2^2), \tag{2.4.30}$$

此时，这个形式不变性导出 Noether 对称性，并且积分(2.4.10)给出

$$I=\frac{1}{2J}p_3^2+\frac{1}{2}aq_3^2=\text{const.} \tag{2.4.31}$$

它是系统的形式不变性(2.4.24)对应的守恒量.

将方程(2.4.18)代入方程(2.4.12)，得到系统的确定方程

$$\dot{\xi}_1-\dot{q}_1\dot{\xi}_0=\frac{1}{m}\eta_1,\ \dot{\xi}_2-\dot{q}_2\dot{\xi}_0=\frac{1}{m}\eta_2,\ \dot{\xi}_3-\dot{q}_3\dot{\xi}_0=\frac{1}{J}\eta_3;$$

$$\dot{\eta}_1-\dot{p}_1\dot{\xi}_0=-\frac{p_1p_3}{J\cos^2 q_3}\xi_3-\frac{p_3}{J}\tan q_3\eta_1-\frac{p_1}{J}\tan q_3\eta_2;$$

$$\dot{\eta}_2-\dot{p}_2\dot{\xi}_0=\frac{p_3}{J}\eta_1+\frac{p_1}{J},\ \dot{\eta}_3-\dot{p}_3\dot{\xi}_0=-a\xi_3. \tag{2.4.32}$$

将方程(2.4.25)代入(2.4.9)，我们得到方程(2.4.29)～(2.4.31)，那么，这个形式不变性将导出 Noether 对称性.

当方程(2.4.25)代入确定方程(2.4.32)能够满足，这个形式不变性也导出 Lie 对称性.

方程(2.4.26)代入方程(2.4.9)得到

$$-\frac{1}{J}p_1p_3\tan q_3=\dot{p}_1=-\dot{G}_N, \tag{2.4.33}$$

那么

$$G_N=p_1, \tag{2.4.34}$$

在这种情况下，系统的形式不变性将导出 Noether 对称性. 积分(2.4.10)给出相应的守恒量

$$I = p_1 - p_1 = 0. \tag{2.4.35}$$

那么,这个变换对于 Noether 对称性是平凡的. 无限小生成元(2.4.26)代入确定方程(2.4.32)满足,形式不变性(2.4.26)也具有 Lie 对称性.

2.4.5 主要结论

主要贡献:给出非保守 Hamilton 正则系统的形式不变性的定义和判据. 讨论形式不变性与 Noether 对称性、Lie 对称性的关系和存在守恒量的条件.

创新之处:将形式不变性的研究扩展到非保守 Hamilton 正则系统.

2.5 非保守力学系统的非 Noether 守恒量

本节我们研究非保守力学系统的非 Noether 对称性和非 Noether 守恒量. 基于系统的运动、非保守力和 Lagrange 函数之间的关系,我们给出非保守力学系统的非 Noether 对称性的守恒律. 研究系统的非 Noether 对称性和 Noether 对称性、非 Noether 对称性和 Lie 点对称性之间的关系. 并给出了一个例子.

2.5.1 非保守力学系统的非 Noether 对称性

Lagrange 函数为 $L(t, \boldsymbol{q}, \dot{\boldsymbol{q}})$ 的 n 维自由度的力学系统受到非保守力 $Q'_s(t, \boldsymbol{q}, \dot{\boldsymbol{q}})$ 的作用,系统的运动方程为

$$\frac{\mathrm{d}}{\mathrm{d}t}\frac{\partial L}{\partial \dot{q}_s} - \frac{\partial L}{\partial q_s} = Q'_s \quad (s = 1, \cdots, n). \tag{2.5.1}$$

将运动方程表成显形式

$$\ddot{q}_s = \alpha_s(t, \boldsymbol{q}, \dot{\boldsymbol{q}}). \tag{2.5.2}$$

引入关于时间和坐标的无限小变换

$$t^{*}=t+\varepsilon\xi_{0}(t,\boldsymbol{q}),\ q_{s}^{*}=q_{s}+\varepsilon\xi_{s}(t,\boldsymbol{q}),\qquad(2.5.3)$$

这里 ε 是一个小参数，ξ_0，ξ_s 是无限小变换生成元.

方程(2.5.2)在无限小变换(2.5.3)下的不变性导出 Lie 点对称性的确定方程

$$\ddot{\xi}_{s}-\dot{q}_{s}\ddot{\xi}_{0}-2\alpha_{s}\dot{\xi}_{0}=X^{(1)}(\alpha_{s}),\qquad(2.5.4)$$

对于非保守系统，无限小变换生成元 $\xi_0(t,\boldsymbol{q})$ 和 $\xi_s(t,\boldsymbol{q})$ 形成一个完全集. 矢量场 $X^{(1)}$ 是一次扩展群生成函数，由下式给出[62]

$$X^{(1)}=\xi_{0}\frac{\partial}{\partial t}+\xi_{s}\frac{\partial}{\partial q_{s}}+(\dot{\xi}_{s}-\dot{q}_{s}\dot{\xi}_{0})\frac{\partial}{\partial\dot{q}_{s}},\qquad(2.5.5)$$

并且矢量场

$$\frac{\mathrm{d}}{\mathrm{d}t}=\frac{\partial}{\partial t}+\dot{q}_{s}\frac{\partial}{\partial q_{s}}+\alpha_{s}\frac{\partial}{\partial\dot{q}_{s}},\qquad(2.5.6)$$

表示沿着方程(2.5.2)的曲线的全导数. 那么，对于任意函数 ϕ

$$\dot{\phi}=\frac{\partial\phi}{\partial t}+\dot{q}_{s}\frac{\partial\phi}{\partial q_{s}}+\alpha_{s}\frac{\partial\phi}{\partial\dot{q}_{s}}.\qquad(2.5.7)$$

如果方程(2.5.2)在连续群(2.5.3)下保持不变，满足非保守系统方程(2.5.4)的无限小变换生成元 $\xi_0(t,\boldsymbol{q})$ 和 $\xi_s(t,\boldsymbol{q})$ 形成一个完全集，这个不变性称为非保守力学系统的非 Noether 对称性.

方程(2.5.4)可作为非 Noether 对称性的一个判据，即

判据　如果无限小变换生成元 ξ_0 和 ξ_s 和它们的完全集满足确定方程(2.5.4)，那么，这个对称性被称为非保守力学系统的非 Noether 对称性.

为了得到系统的非 Noether 守恒量，非保守动力学系统的两个关系是需要的.

首先，n 维非保守力学系统的运动方程(2.5.1)表成形式

$$\frac{\partial^2 L}{\partial \dot{q}_s \partial \dot{q}_k}\ddot{q}_k = \frac{\partial L}{\partial q_s} - \frac{\partial^2 L}{\partial \dot{q}_s \partial t} - \frac{\partial^2 L}{\partial \dot{q}_s \partial q_k}\dot{q}_k + Q'_s. \tag{2.5.8}$$

我们能够证明系统的运动 α_s，非保守力 Q'_s 和 Lagrange 函数 L 之间的关系[189]

$$\frac{\partial \alpha_s}{\partial \dot{q}_s} - \frac{\partial}{\partial \dot{q}_k}\left(\frac{M_{ks}}{D}Q'_s\right) + \frac{\mathrm{d}}{\mathrm{d}t}(\ln D) = 0, \tag{2.5.9}$$

这里

$$D = \det\left[\frac{\partial^2 L}{\partial \dot{q}_s \partial \dot{q}_k}\right]. \tag{2.5.10}$$

M_{ks} 是二阶导数矩阵 $\partial^2 L/\partial \dot{q}_k \partial \dot{q}_s$ 的余因子式.

第二，我们注意到，如果无限小变换生成元 ξ_0 和 ξ_s 满足方程(2.5.4)，它能表示成[98]

$$\dot{X}^{(1)}(\phi) = X^{(1)}(\dot{\phi}) + \dot{\xi}\dot{\phi} \tag{2.5.11}$$

对于任意的函数 $\phi(t, \boldsymbol{q}, \dot{\boldsymbol{q}})$ 满足. 利用这些结果我们能证明:

定理 1 如果无限小变换生成元 ξ_0 和 ξ_s 满足方程(2.5.4)，函数 $f = f(t, \boldsymbol{q}, \dot{\boldsymbol{q}})$ 满足方程

$$\frac{\mathrm{d}f}{\mathrm{d}t} = \frac{\partial}{\partial \dot{q}_k}\left(\frac{M_{ks}}{D}Q'_s\right), \tag{2.5.12}$$

那么，非保守力学系统(2.5.2)存在守恒量

$$I = 2\left(\frac{\partial \xi_s}{\partial q_s} - \dot{q}_s\frac{\partial \xi_0}{\partial q_s}\right) - N\dot{\xi}_0 + X^{(1)}(\ln D) - X^{(1)}(f). \tag{2.5.13}$$

证明: 将方程(2.5.4)的右边移动到左边，用 Π_s 来表示，并对它

取 $\dot{q}_s$ 的偏导数

$$\frac{\partial \Pi_s}{\partial \dot{q}_s}=\frac{\mathrm{d}}{\mathrm{d}t}\left[2\left(\frac{\partial \xi_s}{\partial q_s}-\dot{q}_s\frac{\partial \xi_0}{\partial q_s}\right)-N\dot{\xi}_0\right]-X^{(1)}\left(\frac{\partial \alpha_s}{\partial \dot{q}_s}\right)-\frac{\partial \alpha_s}{\partial \dot{q}_s}\dot{\xi}_0. \tag{2.5.14}$$

如果 ξ_0 和 ξ_s 满足方程(2.5.4)，从方程(2.5.9)和(2.5.11)，得到

$$\frac{\mathrm{d}}{\mathrm{d}t}X^{(1)}(\ln D)=-X^{(1)}\left(\frac{\partial \alpha_s}{\partial \dot{q}_s}-\frac{\partial}{\partial \dot{q}_k}\left(\frac{M_{ks}}{D}Q'_s\right)\right)-\dot{\xi}_0\frac{\partial \alpha_s}{\partial \dot{q}_s}-\dot{\xi}_0\frac{\partial}{\partial \dot{q}_k}\left(\frac{M_{ks}}{D}Q'_s\right), \tag{2.5.15}$$

方程(2.5.14)能进一步写成形式

$$\frac{\partial \Pi_s}{\partial \dot{q}_s}=\frac{\mathrm{d}}{\mathrm{d}t}\left[2\left(\frac{\partial \xi_s}{\partial q_s}-\dot{q}_s\frac{\partial \xi_0}{\partial q_s}\right)-N\dot{\xi}_0+X^{(1)}(\ln D)\right]-X^{(1)}\left(\frac{\partial}{\partial \dot{q}_k}\left(\frac{M_{ks}}{D}Q'_s\right)\right)-\dot{\xi}_0\frac{\partial}{\partial \dot{q}_k}\left(\frac{M_{ks}}{D}Q'_s\right), \tag{2.5.16}$$

如果存在一个函数 G 满足方程(2.5.12)，将方程(2.5.11)代入方程(2.5.16)导出

$$\frac{\partial \Pi_s}{\partial \dot{q}_s}=\frac{\mathrm{d}}{\mathrm{d}t}\left[2\left(\frac{\partial \xi_s}{\partial q_s}-\dot{q}_s\frac{\partial \xi_0}{\partial q_s}\right)-N\dot{\xi}_0+X^{(1)}(\ln D)-X^{(1)}(f)\right]. \tag{2.5.17}$$

此外，如果无限小生成元 ξ_0 和 ξ_s 满足 $\Pi_s=0$ 和它的偏导数 $\partial \Pi_s/\partial \dot{q}_s=0$ 从方程(2.5.13)得到的 I 应是一个守恒量. 这是本文的主要结果. 我们注意到，为了得到这个守恒量，需假定运动方程从系统的 Lagrange 函数和非保守力导出. 但是没有保证系统的作用量的积分不变.

定理 1 可以作为得到非保守系统的非 Noethers 守恒量的一个判据. 这里方程(2.5.12)是对非保守力的限制条件,方程(2.5.13)给出非保守系统的非 Noether 守恒量.

非保守系统的非 Noether 对称性(2.5.3)不需要是一个"新"的对称性, 它的生成元 ξ_0 和 ξ_s 可用系统 Lie 点对称性的项来表示. 事实上,对于一个非保守力学系统 Lie 点对称性生成元形成一个完全集,其它的运动对称性必定是这些 Lie 点对称性生成元的函数.

2.5.2 从非 Noether 对称性导出 Noether 对称性

方程(2.5.13)给出了非保守系统的非 Noether 守恒量. 然而,在下面的条件下它能导出 Noether 守恒量.

定理 2 如果系统的非 Noether 对称性对应非 Noether 守恒量的形式为

$$\widetilde{I}=-X^{(1)}(f)-\frac{\partial^2}{\partial\dot{q}_k\partial\dot{q}_l}\left[\frac{M_{kl}}{D}(\dot{\xi}_s-\dot{q}_s\dot{\xi}_0)Q'_s\right]. \qquad (2.5.18)$$

那么,这个对称性群保护作用量,这个非 Noether 对称性导出 Noether 对称性,并且存在 Noether 守恒量的形式为

$$I=\xi_0 L+(\xi_s-\dot{q}_s\xi_0)\frac{\partial L}{\partial\dot{q}_s}+G_N=\text{const.} \qquad (2.5.19)$$

这里 f 由方程(2.5.12)给出.

证明: 对于任意的函数 ξ_0 和 ξ_s, 利用直接计算,我们容易证明下面的方程:

$$X^{(1)}\left(\frac{\partial^2 L}{\partial\dot{q}_k\partial\dot{q}_s}\right)=\frac{\partial^2 X^{(1)}(L)}{\partial\dot{q}_k\partial\dot{q}_s}-\frac{\partial L}{\partial\dot{q}_l}\frac{\partial(A_{ls})}{\partial\dot{q}_k}-$$

$$A_{ls}\frac{\partial^2 L}{\partial\dot{q}_l\partial\dot{q}_k}-A_{lk}\frac{\partial^2 L}{\partial\dot{q}_l\partial\dot{q}_s}, \qquad (2.5.20)$$

这里

$$A_{lk}=\frac{\partial \xi_l}{\partial q_k}-\dot{q}_l\frac{\partial \xi_0}{\partial q_k}-\dot{\xi}_0\delta_{lk}. \tag{2.5.21}$$

Noether 理论指出如果 ξ_0 和 ξ_s 确定一个非保守力学系统的 Noether 对称性，这里存在一个函数 $G_N(t,\boldsymbol{q})$ 满足[5]

$$X^{(1)}(L)+\dot{\xi}_0L+(\xi_s-\dot{q}_s\xi_0)Q'_s=-\dot{G}_N. \tag{2.5.22}$$

因为方程(2.5.22)右边的项是速度的线性项，我们给出

$$\frac{\partial^2 X^{(1)}(L)}{\partial \dot{q}_k\partial \dot{q}_s}=-\frac{\partial^2(\dot{\xi}_0L)}{\partial \dot{q}_k\partial \dot{q}_s}-\frac{\partial^2}{\partial \dot{q}_k\partial \dot{q}_l}[(\dot{\xi}_s-\dot{q}_s\dot{\xi}_0)Q'_s]. \tag{2.5.23}$$

方程(2.5.22)代入方程(2.5.20)，得到

$$X^{(1)}\left(\frac{\partial^2 L}{\partial \dot{q}_k\partial \dot{q}_s}\right)=\dot{\xi}_0\frac{\partial^2 L}{\partial \dot{q}_k\partial \dot{q}_s}-B_{ls}\frac{\partial^2 L}{\partial \dot{q}_l\partial \dot{q}_k}-B_{lk}\frac{\partial^2 L}{\partial \dot{q}_l\partial \dot{q}_s}-\frac{\partial^2}{\partial \dot{q}_k\partial \dot{q}_l}[(\dot{\xi}_s-\dot{q}_s\dot{\xi}_0)Q'_s], \tag{2.5.24}$$

这里

$$B_{ls}=\frac{\partial \xi_l}{\partial q_s}-\dot{q}_s\frac{\partial \xi_0}{\partial q_s}. \tag{2.5.25}$$

令 M_{ms} 是矩阵形式中二阶导数 $\partial^2 L/\partial \dot{q}_m\partial \dot{q}_s$ 的余因子式；它满足

$$M_{ms}\frac{\partial^2 L}{\partial \dot{q}_m\partial \dot{q}_l}=D\delta_{sl}, \tag{2.5.26}$$

和

$$M_{ms}\frac{\partial}{\partial \rho}\frac{\partial^2 L}{\partial \dot{q}_m\partial \dot{q}_s}=\frac{\partial D}{\partial \rho}, \tag{2.5.27}$$

这里 D 由式(2.5.10)给出，ρ 可以是 $q_s, \dot{q}_s$ 或 t 中的一个. 用 M_{ms} 乘方程(2.5.24)，重复的下标表示求和，用方程(2.5.26)和(2.5.27)，我们得到

$$X^{(1)}(\ln D) = \dot{\xi}_0 N - 2B_{ll} - \frac{\partial^2}{\partial \dot{q}_k \partial \dot{q}_l}\left[\frac{M_{kl}}{D}(\dot{\xi}_s - \dot{q}_s \dot{\xi}_0) Q_s\right]. \tag{2.5.28}$$

如果这个对称群保持作用量不变，利用方程(2.5.28)和(2.5.13)，我们能证明 $\tilde{I}$ 是一个守恒量. 在这种情况下，非保守系统存在经典的 Noether 守恒量(2.5.19). 因此，我们得到了相应非保守力学系统的更一般的守恒量.

我们指出当非保守系统的非势广义力变为零时，现在的研究将导出 Lagrange 系统的非 Noether 对称性. 相应 Lagrange 系统的非 Noether 守恒量为[98]

$$I = 2\left(\frac{\partial \xi_s}{\partial q_s} - \dot{q}_s \frac{\partial \xi_0}{\partial q_s}\right) - N\dot{\xi}_0 + X^{(1)}(\ln D), \tag{2.5.29}$$

这与参考文献[181]的结果相同. 进而，如果这个对称性保持系统的作用量不变，并且 I 变为零，我们得到一个 Lagrange 系统的 Noether 对称性，并且存在一个经典的 Noether 守恒量(2.5.19).

我们应该指出对于 Lagrange 系统，Lie 点对称性生成元 ξ_0 和 ξ_s 形成一个完全集，称为系统的非 Noether 对称性. 事实上，Lie 不变量形成一个完全集，称为系统的非 Noether 守恒量.

2.5.3 例子

考虑一个 Lagrange 函数为 $L = \dot{q}^2/2$ 系统，受到一个非保守力 $Q' = \dot{q}^2$，系统的运动方程是

$$\ddot{q}_s = \dot{q}^2, \tag{2.5.30}$$

在无限小变换(2.5.3)下，方程(2.5.30)的非 Noether 对称性的确定方程为

$$\xi_{tt}+2\dot{q}\xi_{tq}+\dot{q}^2\xi_{qq}+\dot{q}^2\xi_q-\dot{q}\xi_{0tt}-2\dot{q}^2\xi_{0tq}-\dot{q}^3\xi_{0qq}-$$
$$\dot{q}^3\xi_{0q}-2\dot{q}^2\xi_{0t}-2\dot{q}^3\xi_{0q}$$
$$=2\dot{q}\xi_t+2\dot{q}^2\xi_q-2\dot{q}^2\xi_{0t}-2\dot{q}^3\xi_{0q}. \quad (2.5.31)$$

在方程(2.5.31)中

$$\xi_{tt}=0; \quad (2.5.32a)$$

$$2\xi_{tq}-\xi_{0tt}-2\xi_t=0; \quad (2.5.32b)$$

$$\xi_{qq}-2\xi_{0tq}-\xi_q=0; \quad (2.5.32c)$$

$$-\xi_{0qq}-\xi_{0q}=0. \quad (2.5.32d)$$

方程(2.5.32)有解

$$\xi_0=-c_6te^{-q}+c_8e^{-q}+c_1t+c_2,$$
$$\xi=c_3e^qt+c_6e^{-q}+c_5. \quad (2.5.33)$$

Q'代入方程(2.5.12)导出

$$f=2q, \quad (2.5.34)$$

将方程(2.5.33)代入方程(2.5.13)导出非 Noether 守恒量

$$I=2(c_3e^qt-c_6e^{-q}-c_6t\dot{q}e^{-q}+c_8\dot{q}e^{-q})+c_6e^{-q}-$$
$$c_6t\dot{q}e^{-q}+c_8\dot{q}e^{-q}+c_1-2c_3te^q-2c_6e^{-q}-2c_5$$
$$=-3c_6e^{-q}-3c_6t\dot{q}e^{-q}+3c_8\dot{q}e^{-q}+c_1-2c_5. \quad (2.5.35)$$

实际上，在系统中方程(2.5.32)和(2.5.13)有下面的解：

$$\xi_0=1,\ \xi=1,\ I=-2; \quad (2.5.36a)$$

$$\xi_0=t,\ \xi=0,\ I=0; \quad (2.5.36b)$$

$$\xi_0 = 0,\ \xi = te^q,\ I = 0; \tag{2.5.36c}$$

$$\xi_0 = e^{-q},\ \xi = 0,\ I = 2\dot{q}e^{-q}; \tag{2.5.36d}$$

$$\xi_0 = -te^{-q},\ \xi = e^{-q},\ I = -3e^{-q} - 3t\dot{q}e^{-q}. \tag{2.5.36e}$$

这里 Lie 点对称性(2.5.36a)～(2.5.36c)是平庸的，而 Lie 点对称性(2.5.36d)和(2.5.36e)存在非 Noether 守恒量. 这表明对于非保守系统的确定方程(2.5.31)，Lie 点对称性的完全集构成非 Noether 对称性；非 Noether 守恒量也是一个 Lie 点对称性守恒量的完全集.

将 $Q' = \dot{q}^2$ 代入方程(2.5.18)，如果这个系统存在非 Noether 守恒量的形式为

$$I = -X^{(1)}(2q) - \frac{\partial^2}{\partial \dot{q}^2}(\dot{\xi} - \dot{q}\,\dot{\xi}_0)\,\dot{q}^2, \tag{2.5.37}$$

此时，这个系统将导出一个 Noether 对称性. 当存在一个规范函数 $G_N(t, \boldsymbol{q})$ 满足

$$X^{(1)}\left(\frac{1}{2}\dot{q}^2\right) + \frac{1}{2}\dot{\xi}_0\,\dot{q}^2 + (\xi - \dot{q}\xi_0)\,\dot{q}^2 = -\dot{G}_N, \tag{2.5.38}$$

系统存在 Noether 守恒量

$$I = \frac{1}{2}\xi_0\,\dot{q}^2 + (\xi - \dot{q}\xi_0)\,\dot{q} + G_N. \tag{2.5.39}$$

这里无限小变换生成元 ξ_0 和 ξ_s 相应于系统的 Noether 对称性.

2.5.4 主要结论

主要贡献：得到非保守力学系统的非 Noether 对称性和非 Noether 守恒量，给出非 Noether 对称性导出 Noether 对称性的条件；指出非 Noether 对称性是 Lie 点对称性的完全集，非 Noether 守恒量是 Noether 守恒量的完全集.

创新之处：给出非保守系统的运动、非保守力和 Lagrange 函数

之间的关系，研究该系统非保守力满足的条件以及存在守恒量的形式，将非 Noether 对称性的研究从 Lagrange 系统提高到非保守力学系统.

2.6 Hamilton 正则系统的动量依赖对称性和非 Noether 守恒量

本节基于广义坐标和广义动量的无限小变换，研究 Hamilton 正则系统的动量依赖对称性和非 Noether 守恒量. 给出 Hamilton 正则系统的动量依赖对称性的定义、确定方程和结构方程. 直接导出系统的非 Noether 守恒量.

2.6.1 系统的动量依赖对称性和非 Noether 守恒量

我们研究 n 个广义坐标 $q_s(s=1, \cdots, n)$ 和 n 个广义动量 $p_s(s=1, \cdots, n)$ 确定的系统，Hamilton 函数为 $H(t, \boldsymbol{q}, \boldsymbol{p})$，系统的 Hamilton 正则方程为

$$\dot{q}_s=\frac{\partial H}{\partial p_s}, \dot{p}_s=-\frac{\partial H}{\partial q_s} \quad (s=1, \cdots, n), \tag{2.6.1}$$

将方程(2.6.1)表为显形式

$$\dot{q}_s=h_s(t, \boldsymbol{q}, \boldsymbol{p}), \dot{p}_s=g_s(t, \boldsymbol{q}, \boldsymbol{p}). \tag{2.6.2}$$

引入关于广义坐标和广义动量的无限小变换

$$q_s^*(t)=q_s(t)+\varepsilon\xi_s(t, \boldsymbol{q}, \boldsymbol{p}), p_s^*(t)=p_s(t)+\varepsilon\eta_s(t, \boldsymbol{q}, \boldsymbol{p}), \tag{2.6.3}$$

这里 ε 是一个小参数，ξ_s 和 η_s 是无限小变换生成元.

如果方程(2.6.2)在单参数 Lie 群无限小变换下保持不变，那么，无限小生成元 $\xi_s(t, \boldsymbol{q}, \boldsymbol{p})$ 和 $\eta_s(t, \boldsymbol{q}, \boldsymbol{p})$ 满足确定方程

$$\dot{\xi}_s = X^{(0)}(h_s),\ \dot{\eta}_s = X^{(0)}(g_s) \tag{2.6.4}$$

算符 $X^{(0)}$ 是对称群的生成元，形式为

$$X^{(0)} = \xi_s \frac{\partial}{\partial q_s} + \eta_s \frac{\partial}{\partial p_s}, \tag{2.6.5}$$

它的一次扩展形式

$$X^{(1)} = X^{(0)} + \dot{\xi}_s \frac{\partial}{\partial \dot{q}_s} + \dot{\eta}_s \frac{\partial}{\partial \dot{p}_s}, \tag{2.6.6}$$

和矢量场

$$\frac{\mathrm{d}}{\mathrm{d}t} = \frac{\partial}{\partial t} + h_s \frac{\partial}{\partial q_s} + g_s \frac{\partial}{\partial p_s}, \tag{2.6.7}$$

表示沿着方程(2.6.1)曲线的全导数.则，对于任意的函数 ϕ

$$\dot{\phi} = \frac{\partial \phi}{\partial t} + h_s \frac{\partial \phi}{\partial q_s} + g_s \frac{\partial \phi}{\partial p_s}. \tag{2.6.8}$$

基于微分方程(2.6.1)在无限小变换(2.6.3)下的不变性，我们给出：

定义1 如果方程(2.6.2)在连续 Lie 群的无限小变换(2.6.3)下保持不变，那么，这个不变性称为 Hamilton 正则系统的动量依赖对称性.

方程(2.6.4)可作为动量依赖对称性的判据，即

判据1 当无限小变换生成元 ξ_s 和 η_s 满足确定方程(2.6.4)时，这个对称性称为 Hamilton 正则系统的动量依赖对称性.

证明：方程(2.6.2)在无限小变换(2.6.3)下的不变性表示为

$$\begin{aligned} &X^{(1)}(\dot{q}_s - h_s(t, \boldsymbol{q}, \boldsymbol{p})) = 0, \\ &X^{(1)}(\dot{p}_s - g_s(t, \boldsymbol{q}, \boldsymbol{p})) = 0. \end{aligned} \tag{2.6.9}$$

在方程(2.6.9)中用公式(2.6.2)，(2.6.5)和(2.6.6)，得到方

程(2.6.4).

动量依赖对称性不总是对应守恒量,我们给出下面的:

定理 1 对于 Hamilton 正则系统(2.6.2),规范函数 $G(t, \boldsymbol{q}, \boldsymbol{p})$ 能从

$$\frac{\partial h_s}{\partial q_s} + \frac{\partial g_s}{\partial p_s} + \dot{G} = \psi, \tag{2.6.10}$$

中找到.这里 ψ 是一个对称群的不变量.如果无限小变换生成元 $\xi_s(t, \boldsymbol{q}, \boldsymbol{p})$ 和 $\eta_s(t, \boldsymbol{q}, \boldsymbol{p})$ 是方程(2.6.2)的动量依赖对称性,那么,存在一个守恒量

$$I = X^{(0)}[G] + \frac{\partial \xi_s}{\partial q_s} + \frac{\partial \eta_s}{\partial p_s}. \tag{2.6.11}$$

我们称方程(2.6.10)为 Hamilton 正则系统的结构方程,并且系统存在非 Noether 守恒量(2.6.11).

证明:对于这个定理,我们表明 $X^{(0)}(\psi) = 0$ 意味着 $\dot{I} = 0$.这可以通过对 I 求导数来证明

$$\frac{\mathrm{d}I}{\mathrm{d}t} = \frac{\mathrm{d}}{\mathrm{d}t}[X^{(0)}(G)] + \frac{\mathrm{d}}{\mathrm{d}t}\left[\frac{\partial \xi_s}{\partial q_s} + \frac{\partial \eta_s}{\partial \dot{q}_s}\right]. \tag{2.6.12}$$

对于任意的函数 $f = f(t, \boldsymbol{q}, \boldsymbol{p})$,我们能直接证明

$$\frac{\mathrm{d}}{\mathrm{d}t}\frac{\partial f}{\partial q_s} = \frac{\partial \dot{f}}{\partial q_s} - \frac{\partial f}{\partial q_k}\frac{\partial h_k}{\partial q_s} - \frac{\partial f}{\partial p_k}\frac{\partial g_k}{\partial q_s}, \tag{2.6.13}$$

$$\frac{\mathrm{d}}{\mathrm{d}t}\frac{\partial f}{\partial p_s} = \frac{\partial \dot{f}}{\partial p_s} - \frac{\partial f}{\partial q_k}\frac{\partial h_k}{\partial p_s} - \frac{\partial f}{\partial p_k}\frac{\partial g_k}{\partial p_s}, \tag{2.6.14}$$

$$X^{(0)}\left(\frac{\partial f}{\partial q_s}\right) = \frac{\partial}{\partial q_s}X^{(0)}(f) - \frac{\partial f}{\partial q_k}\frac{\partial \xi_k}{\partial q_s} - \frac{\partial f}{\partial p_k}\frac{\partial \eta_k}{\partial q_s}, \tag{2.6.15}$$

$$X^{(0)}\left(\frac{\partial f}{\partial p_s}\right)=\frac{\partial}{\partial p_s}X^{(0)}(f)-\frac{\partial f}{\partial q_k}\frac{\partial \xi_k}{\partial p_s}-\frac{\partial f}{\partial p_k}\frac{\partial \eta_k}{\partial p_s}. \tag{2.6.16}$$

对于 Hamilton 正则系统 $\dot{q}_s=h_s$, $\dot{p}_s=g_s$,无限小生成元 ξ_s 和 η_s 定义一个对称性(2.6.9)的条件由 $\xi_s=X^{(0)}(h_s)$, $\dot{\eta}_s=X^{(0)}(g_s)$ 给出. 由此,我们能表明,如果 $X^{(0)}$ 是一个对称性, 那么

$$\frac{\mathrm{d}}{\mathrm{d}t}X^{(0)}(f)=X^{(0)}(\dot{f}). \tag{2.6.17}$$

将方程(2.6.17)代入(2.6.12),得到

$$\frac{\mathrm{d}I}{\mathrm{d}t}=X^{(0)}(\dot{G})+\frac{\mathrm{d}}{\mathrm{d}t}\left(\frac{\partial \xi_s}{\partial q_s}+\frac{\partial \eta_s}{\partial p_s}\right). \tag{2.6.18}$$

用方程(2.6.13)和(2.6.14)能证明

$$\frac{\mathrm{d}}{\mathrm{d}t}\left(\frac{\partial \xi_s}{\partial q_l}+\frac{\partial \eta_s}{\partial p_s}\right)=\frac{\partial \dot{\xi}_s}{\partial q_s}-\frac{\partial \xi_s}{\partial q_k}\frac{\partial h_k}{\partial q_s}-\frac{\partial \xi_s}{\partial p_k}\frac{\partial g_k}{\partial q_s}+\frac{\partial \dot{\eta}_s}{\partial p_s}-\frac{\partial \eta_s}{\partial q_k}\frac{\partial h_k}{\partial p_s}-\frac{\partial \eta_s}{\partial p_k}\frac{\partial g_k}{\partial p_s}, \tag{2.6.19}$$

此外, 从方程(2.6.15)和(2.6.16)得到

$$X^{(0)}\left(\frac{\partial h_s}{\partial q_s}+\frac{\partial g_s}{\partial p_s}\right)=\frac{\partial X^{(0)}(h_s)}{\partial q_s}-\frac{\partial \xi_s}{\partial q_k}\frac{\partial h_k}{\partial q_s}-\frac{\partial \eta_s}{\partial q_k}\frac{\partial h_k}{\partial p_s}+\frac{\partial X^{(0)}(g_s)}{\partial p_s}-\frac{\partial \xi_s}{\partial p_k}\frac{\partial g_k}{\partial q_s}-\frac{\partial \eta_s}{\partial p_k}\frac{\partial g_k}{\partial p_s}, \tag{2.6.20}$$

考虑方程(2.6.4)知, 方程(2.6.19)和(2.6.20)的右边相等,则

$$X^{(0)}\left(\frac{\partial h_s}{\partial q_s}+\frac{\partial g_s}{\partial p_s}\right)=\frac{\mathrm{d}}{\mathrm{d}t}\left[\frac{\partial \xi_s}{\partial q_s}+\frac{\partial \eta_s}{\partial p_s}\right], \tag{2.6.21}$$

在方程(2.6.14)中用方程(2.6.21)导出

$$\frac{\mathrm{d}I}{\mathrm{d}t}=X^{(0)}\left(\frac{\partial h_s}{\partial q_s}+\frac{\partial g_s}{\partial p_s}+\dot{G}\right)=X^{(0)}(\psi) \qquad (2.6.22)$$

这里ψ只需是一个对称群的不变量. 定理得证.

2.6.2 例子

系统的 Lagrange 函数是

$$L=\frac{1}{2}m(\dot{q}_1^2+\dot{q}_2^2)+\frac{1}{2}J\dot{q}_3^2-\frac{1}{2}kq_3^2. \qquad (2.6.23)$$

这里m, J和k是常数. 那么,系统的 Hamilton 函数为

$$H(t,\boldsymbol{q},\boldsymbol{p})=p_s\dot{q}_s-L=\frac{1}{2m}(p_1^2+p_2^2)+\frac{1}{2J}p_3^2+\frac{1}{2}kq_3^2. \qquad (2.6.24)$$

用方程(2.6.1)和(2.6.2),我们得到 Hamilton 正则方程的形式

$$\dot{q}_1=\frac{1}{m}p_1=h_1,\ \dot{q}_2=\frac{1}{m}p_2=h_2,$$

$$\dot{q}_3=\frac{1}{J}p_3=h_3;\ \dot{p}_3=-kq_3=g_3. \qquad (2.6.25)$$

方程(2.6.25)在无限小变换$\xi_s=\xi_s(t,\boldsymbol{q},\boldsymbol{p})$, $\eta_s=\eta_s(t,\boldsymbol{q},\boldsymbol{p})$下动量依赖对称性的确定方程是

$$\dot{\xi}_1=\frac{1}{m}\eta_1,\dot{\xi}_2=\frac{1}{m}\eta_2,\dot{\xi}_3=\frac{1}{J}\eta_3;$$

$$\dot{\eta}_1=0,\dot{\eta}_2=0,\dot{\eta}_3=-k\xi_3. \qquad (2.6.26)$$

方程(2.6.26)有下面的解

$$\xi_1 = \frac{c_1}{2m}t^2 + \frac{c_2}{m}t + c_5, \ \xi_2 = \frac{c_3}{2m}t^2 + \frac{c_4}{m}t + c_6,$$

$$\xi_3 = 0, \ \eta_1 = c_1 t + c_2, \ \eta_2 = c_3 t + c_4, \ \eta_3 = 0. \tag{2.6.27}$$

方程(2.6.25)代入方程(2.6.10)得到

$$\dot{G} = \psi \tag{2.6.28}$$

在方程(2.6.28)中，当取

$$\psi = \frac{\mathrm{d}}{\mathrm{d}t}(q_1 p_2) - \frac{\mathrm{d}}{\mathrm{d}t}(q_2 p_1) \tag{2.6.29}$$

那么，$X^{(0)}(\psi) = 0$，并且我们能找到规范函数

$$G = q_1 p_2 - q_2 p_1 \tag{2.6.30}$$

将无限小生成元(2.6.27)和规范函数(2.6.30)代入方程(2.6.11)，导出非 Noether 守恒量的形式为

$$I = \frac{c_1}{2m}t^2 p_2 + \frac{c_2}{m}t p_2 + c_5 p_2 - \frac{c_3}{2m}t^2 p_1 - \frac{c_4}{m}t p_1 - c_6 p_1 +$$

$$c_1 t q_1 + c_2 q_1 - c_3 t q_2 + c_4 q_2 = \text{const.} \tag{2.6.31}$$

当取 $c_1 = c_2 = c_3 = c_4 = 0$ 时，生成元(2.6.27)给出

$$\xi_1 = c_5, \ \xi_2 = c_6, \ \xi_3 = 0; \ \eta_1 = \eta_2 = \eta_3 = 0, \tag{2.6.32}$$

那么守恒量(2.6.31)给出

$$I = c_5 p_1 + c_6 p_2 = \text{const.} \tag{2.6.33}$$

方程(2.6.33)表示沿着 q_1 和 q_2 的轨迹动量守恒. 至此，我们得

到了相应 Hamilton 正则系统(2.6.25)的动量依赖对称性的守恒量.它是一个非 Noether 守恒量.

现在,我们指出动量依赖对称性能直接导出非 Noether 守恒量;这个守恒量不同于系统的 Noether 守恒量,在守恒量用式(2.6.11)得到之前,动量依赖对称性的规范函数用方程(2.6.10)并且通过选择对称群的不变量 ψ 来得到;而 Noether 对称性的规范函数和守恒量由 Noether 定理给出.系统的动量依赖对称性也不同于 Lie 对称性,Lie 对称性的规范函数和守恒量分别由结构方程和相应 Noether 型对称性的守恒量公式得到. Hamilton 正则系统的非 Noether 守恒量是 Lie 对称性守恒量的完全集.

2.6.3 主要结论

主要贡献:给出 Hamilton 正则系统的动量依赖对称性的定义和结构方程,直接导出系统的新型的非 Noether 守恒量,指出非 Noether 守恒量(2.6.11)是 Noether 型守恒量的完全集.

创新之处:给出 Hamilton 正则系统的动量依赖对称性的更一般形式的规范函数 G(与 $\ln u$ 比较),将动量依赖对称性的研究提高一个新台阶,即是将(2.6.10)中前人给出的 $\psi=0$[110],提高到 $X^{(0)}(\psi)=0$,也就是 ψ 只需要是无限小对称群的不变量.

2.7 非保守 Hamilton 正则系统的动量依赖对称性和非 Noether 守恒量

本节基于广义坐标和广义动量的无限小变换,建立非保守 Hamilton 正则系统的动量依赖对称性和非 Noether 守恒量的基本理论.给出非保守 Hamilton 正则系统的动量依赖对称性的定义、确定方程和结构方程.直接导出系统的非 Noether 守恒量.研究非保守 Hamilton 正则系统的动量依赖对称性的逆问题.并给出例子.

2.7.1 系统的动量依赖对称性和非 Noether 守恒量的正问题

n 维自由度系统的 Hamilton 函数是 $H(t, \boldsymbol{q}, \boldsymbol{p})$，受到非保守广义力 $Q_s(t, \boldsymbol{q}, \boldsymbol{p})$ 的作用，系统的广义 Hamilton 正则方程为

$$\dot{q}_s = \frac{\partial H}{\partial p_s}, \dot{p}_s = -\frac{\partial H}{\partial q_s} + Q_s \quad (s = 1, \cdots, n), \tag{2.7.1}$$

这里 $\boldsymbol{q} = \{q_1, \cdots, q_n\}$，$\boldsymbol{p} = \{p_1, \cdots, p_n\}$ 分别表示广义坐标和广义动量. 方程(2.7.1)表成显形式

$$\dot{q}_s = h_s(t, \boldsymbol{q}, \boldsymbol{p}), \dot{p}_s = g_s(t, \boldsymbol{q}, \boldsymbol{p}). \tag{2.7.2}$$

引入关于广义坐标和广义动量的无限小变换

$$\begin{aligned} q_s^*(t) &= q_s(t) + \varepsilon \xi_s(t, \boldsymbol{q}, \boldsymbol{p}), \\ p_s^*(t) &= p_s(t) + \varepsilon \eta_s(t, \boldsymbol{q}, \boldsymbol{p}). \end{aligned} \tag{2.7.3}$$

这里 ε 是一个小参数，ξ_s 和 η_s 是无限小变换生成元.

类似于(2.6.1)讨论，我们给出广义 Hamilton 正则系统(2.7.2)在无限小变换(2.7.3)下动量依赖对称性的确定方程

$$\dot{\xi}_s = X^{(0)}(h_s), \ \dot{\eta}_s = X^{(0)}(g_s). \tag{2.7.4}$$

算符 $X^{(0)}$ 是对称群的生成元，由(2.6.5)式给出.

基于微分方程(2.7.2)在无限小变换(2.7.3)下的不变性，我们给出：

定义 1 如果方程(2.7.2)在连续 Lie 群的无限小变换(2.7.3)下保持不变，那么，这个不变性称为非保守 Hamilton 正则系统的动量依赖对称性.

方程(2.7.4)可作为动量依赖对称性的判据，即

判据 1 当无限小变换生成元 ξ_s 和 η_s 满足确定方程(2.7.4)时，称这个对称性为非保守 Hamilton 正则系统的动量依赖对称性.

证明：方程(2.7.2)在无限小变换(2.7.3)下的不变性表示为

$$\begin{aligned} X^{(1)}(\dot{q}_s - h_s(t, \boldsymbol{q}, \boldsymbol{p})) &= 0, \\ X^{(1)}(\dot{p}_s - g_s(t, \boldsymbol{q}, \boldsymbol{p})) &= 0. \end{aligned} \tag{2.7.5}$$

在方程(2.7.5)中用公式(2.6.2)、(2.6.5)和(2.6.6)，得到方程(2.7.4).

动量依赖对称性不总是对应守恒量，那么，我们给出下面的：

定理 对于非保守 Hamilton 正则系统(2.7.2)，规范函数 $G(t, \boldsymbol{q}, \boldsymbol{p})$ 能从

$$\frac{\partial h_s}{\partial q_s} + \frac{\partial g_s}{\partial p_s} + \dot{G} = \psi \tag{2.7.6}$$

中找到. 这里 ψ 是一个对称群的不变量. 如果无限小变换生成元 $\xi_s = \xi_s(t, \boldsymbol{q}, \boldsymbol{p})$ 和 $\eta_s = \eta_s(t, \boldsymbol{q}, \boldsymbol{p})$ 是方程(2.7.2)的动量依赖对称性，那么，存在一个守恒量

$$I = X^{(0)}[G] + \frac{\partial \xi_s}{\partial q_s} + \frac{\partial \eta_s}{\partial p_s}. \tag{2.7.7}$$

我们称方程(2.7.6)为非保守 Hamilton 正则系统的结构方程，并且系统存在非 Noether 守恒量(2.7.7).

证明：对于这个定理，我们表明 $X^{(0)}(\psi) = 0$ 意味着 $\dot{I} = 0$. 这可以通过对 I 求导数来证明

$$\frac{\mathrm{d}I}{\mathrm{d}t} = \frac{\mathrm{d}}{\mathrm{d}t}[X^{(0)}(G)] + \frac{\mathrm{d}}{\mathrm{d}t}\left[\frac{\partial \xi_s}{\partial q_s} + \frac{\partial \eta_s}{\partial \dot{q}_s}\right]. \tag{2.7.8}$$

对于任意的函数 $f = f(t, \boldsymbol{q}, \boldsymbol{p})$，我们已经证明了关系(2.6.13)～(2.6.16).

对于非保守 Hamilton 正则系统(2.7.2)，无限小生成元 ξ_s，η_s 定义一个对称性(2.7.5)的条件由(2.7.4)给出. 由此，我们能表明，如

果 $X^{(0)}$ 是一个对称性，那么

$$\frac{\mathrm{d}}{\mathrm{d}t}X^{(0)}(f)=X^{(0)}(\dot{f}). \tag{2.7.9}$$

将方程(2.7.9)代入(2.7.8)，得到

$$\frac{\mathrm{d}I}{\mathrm{d}t}=X^{(0)}(\dot{G})+\frac{\mathrm{d}}{\mathrm{d}t}\left(\frac{\partial \xi_s}{\partial q_s}+\frac{\partial \eta_s}{\partial p_s}\right) \tag{2.7.10}$$

类似于用方程(2.6.19)和(2.6.20)的讨论，我们能证明

$$X^{(0)}\left(\frac{\partial h_s}{\partial q_s}+\frac{\partial g_s}{\partial p_s}\right)=\frac{\mathrm{d}}{\mathrm{d}t}\left[\frac{\partial \xi_s}{\partial q_s}+\frac{\partial \eta_s}{\partial p_s}\right], \tag{2.7.11}$$

在方程(2.7.8)中用方程(2.7.11)导出

$$\frac{\mathrm{d}I}{\mathrm{d}t}=X^{(0)}\left(\frac{\partial h_s}{\partial q_s}+\frac{\partial g_s}{\partial p_s}+\dot{G}\right)=X^{(0)}(\psi). \tag{2.7.12}$$

这里 ψ 只需是一个对称群的不变量. 定理得证.

2.7.2 系统的动量依赖对称性逆问题

从给出的守恒量找动量依赖对称性称为对称性的逆问题. 用下面的步骤.

首先，我们从知道的守恒量找出动量依赖对称性. 假定非保守系统存在守恒量

$$I=I(t,\boldsymbol{q},\boldsymbol{p})=\mathrm{const}, \tag{2.7.13}$$

那么

$$\frac{\mathrm{d}I}{\mathrm{d}t}=\frac{\partial I}{\partial t}+\frac{\partial I}{\partial q_s}\dot{q}_s+\frac{\partial I}{\partial p_s}\dot{p}_s=0. \tag{2.7.14}$$

即

$$\frac{\partial I}{\partial t}+\frac{\partial I}{\partial q_s}\frac{\partial H}{\partial p_s}+\frac{\partial I}{\partial p_s}\dot{p}_s=0 \tag{2.7.15}$$

用 ξ_s 乘方程(2.7.2),然后求和得到

$$\left(-\dot{p}_s-\frac{\partial H}{\partial q_s}+Q_s\right)\xi_s=0, \tag{2.7.16}$$

方程(2.7.15)和(2.7.16)相加，并且令 $\dot{p}_s$ 的系数等于零,得到

$$\xi_s=\frac{\partial I}{\partial p_s}. \tag{2.7.17}$$

令方程(2.7.7)中的守恒量等于方程(2.7.13),即

$$X^{(0)}(G)+\frac{\partial \xi_s}{\partial q_s}+\frac{\partial \eta_s}{\partial p_s}=I. \tag{2.7.18}$$

从方程(2.7.17)、(2.7.18)和结构方程(2.7.6),我们能得到生成元 ξ_s，η_s 和规范函数 G.

其次，将生成元 ξ_s，η_s 和规范函数 G 代入系统非 Noether 对称性的确定方程(2.7.4)成立. 至此我们确定了非保守系统的动量依赖对称性.

定义 2 当用(2.7.17)和(2.7.18)确定的无限小变换生成元 ξ_s，η_s 满足确定方程(2.7.4)时,称这个对称性为非保守力学系统的动量依赖对称性.

2.7.3 例子

系统的 Lagrange 函数是

$$L=\frac{1}{2}m(\dot{q}_1^2+\dot{q}_2^2)+\frac{1}{2}J\dot{q}_3^2-\frac{1}{2}kq_3^2, \tag{2.7.19}$$

受到的非保守广义力为

$$Q_1 = -\frac{1}{J}p_1 p_3 \tan q_3, Q_2 = \frac{1}{J}p_1 p_3, Q_3 = 0, \qquad (2.7.20)$$

这里m, J和k是常数.系统的Hamilton函数为

$$H(t, \boldsymbol{q}, \boldsymbol{p}) = p_s \dot{q}_s - L = \frac{1}{2m}(p_1^2 + p_2^2) + \frac{1}{2J}p_3^2 + \frac{1}{2}kq_3^2. \qquad (2.7.21)$$

系统的广义Hamilton正则方程写成

$$\dot{q}_1 = \frac{1}{m}p_1 = h_1, \dot{q}_2 = \frac{1}{m}p_2 = h_2, \dot{q}_3 = \frac{1}{m}p_3 = h_3;$$
$$\dot{p}_1 = -\frac{1}{J}p_1 p_3 \tan q_3 = g_1, \dot{p}_2 = \frac{1}{J}p_1 p_3 = g_2, \qquad (2.7.22)$$
$$\dot{p}_3 = -kq_3 = g_3.$$

在无限小变换 $\xi_s = \xi_s(t, \boldsymbol{q}, \boldsymbol{p})$ 和 $\eta_s = \eta_s(t, \boldsymbol{q}, \boldsymbol{p})$ 下方程(2.7.22)导出确定方程

$$\dot{\xi}_1 = \frac{1}{m}\eta_1, \dot{\xi}_2 = \frac{1}{m}\eta_2, \dot{\xi}_3 = \frac{1}{J}\eta_3;$$

$$\dot{\eta}_1 = -\frac{p_1 p_2}{J\cos^2 q_3}\xi_3 - \frac{p_3}{J}\tan q_3\,\eta_1 - \frac{p_1}{J}\tan q_3\,\eta_2;$$

$$\dot{\eta}_2 = \frac{p_3}{J}\eta_1 + \frac{p_1}{J}\eta_3, \dot{\eta}_3 = -k\xi_3. \qquad (2.7.23)$$

方程(2.7.23)有解

$$\xi_1 = c_1, \xi_2 = c_2, \xi_3 = 0, \eta_1 = \eta_2 = \eta_3 = 0. \qquad (2.7.24)$$

将方程(2.7.22)代入方程(2.7.6)得到结构方程

$$-\frac{1}{J}p_3 \tan q_3 + \dot{G} = \psi. \qquad (2.7.25)$$

在方程(2.7.25)中，我们取

$$\psi=-\frac{1}{J}p_3\tan q_3+\frac{\mathrm{d}}{\mathrm{d}t}(q_1p_1)-\frac{\mathrm{d}}{\mathrm{d}t}\left(q_1\int\frac{1}{J}p_1p_3\tan q_3\,\mathrm{d}t\right),\tag{2.7.26}$$

满足 $X^{(0)}(\psi)=0$，能找到规范函数为

$$G=q_1p_1-q_1\int\frac{1}{J}p_1p_3\tan q_3\,\mathrm{d}t,\tag{2.7.27}$$

将方程(2.7.25)和(2.7.27)代入方程(2.7.6)得到非 Noether 守恒量

$$I=c_1p_1-c_1\int\frac{1}{J}p_1p_3\tan q_3\,\mathrm{d}t=\mathrm{const.}\tag{2.7.28}$$

方程(2.7.28)表明，在无限小变换(2.7.24)下，沿着 q_1 方向系统的动量 p_1 不是不变量，关系 $p_1-\int\frac{1}{J}p_1p_3\tan q_3\,\mathrm{d}t$ 是一个守恒量.

对于方程(2.7.25)，我们取

$$\psi=-\frac{1}{J}p_3\tan q_3+\frac{\mathrm{d}}{\mathrm{d}t}(q_1p_2)-\frac{\mathrm{d}}{\mathrm{d}t}\left(q_1\int\frac{1}{J}p_1p_3\,\mathrm{d}t\right),\tag{2.7.29}$$

满足 $X^{(0)}(\psi)=0$，我们能得到规范函数为

$$G=q_1p_2-q_1\int\frac{1}{J}p_1p_2\,\mathrm{d}t.\tag{2.7.30}$$

将方程(2.7.24)和(2.7.30)代入方程(2.7.6)得到非 Noether 守恒量

$$I=p_2-\int\frac{1}{J}p_1p_3\,\mathrm{d}t=\mathrm{const.}\tag{2.7.31}$$

结果表明，对于无限小变换(2.7.24)，非保守 Hamilton 正则系

统沿着 q_2 的方向的动量不是一个守恒量，而关系 $p_2 - \int \frac{1}{J} p_1 p_3 \mathrm{d}t$ 是一个不变量. 至此我们得到了相应非保守 Hamilton 正则系统(2.7.22)的动量依赖对称性的守恒量，且它是一个非 Noether 守恒量.

现在我们指出：非保守 Hamilton 正则系统的动量依赖对称性能直接导出非 Noether 守恒量；系统的动量依赖对称性不同于 Noether 对称性，除了二者定义不同外，Noether 对称性的规范函数和守恒量由 Noether 定理确定，而动量依赖对称性的规范函数由方程(2.7.6)和选择对称性的不变量 ψ 来确定，非 Noether 守恒量由式(2.7.6)来确定；系统的动量依赖对称性也不同于 Lie 对称性，Lie 对称性的规范函数和守恒量分别由 Lie 对称性的结构方程和 Noether 型守恒量来确定. 非保守 Hamilton 正则系统的非 Noether 守恒量是 Noether 型守恒量的完全集.

2.7.4 主要结论

主要贡献：给出非保守 Hamilton 正则系统的动量依赖对称性的定义、确定方程和结构方程，直接导出非 Noether 守恒量的形式. 研究该系统的动量依赖对称性的逆问题. 指出结构方程(2.7.6)中的 ψ 只需要是无限小对称群的不变量.

创新之处：一是给出非保守 Hamilton 正则系统的动量依赖对称性结构方程和守恒量的形式，二是给出非保守 Hamilton 正则系统的动量依赖对称性的逆问题.

2.8 小结

本章研究完整保守和完整非保守力学系统的对称性和守恒量的几个问题，分为六个部分：① 引入关于时间和广义坐标的无限连续群的无限小变换，给出矢量微分算符及其一次扩展和二次扩展形式；

给出有限自由度系统定域 Lie 对称性的确定方程、结构方程和守恒量的形式；讨论定域 Lie 对称性和定域 Noether 对称性之间的关系；研究该系统定域 Lie 对称性的逆问题. 当变换中的小函数变成小参数时，这个研究给出通常的 Lie 对称性. 这个研究将有限连续群的 Lie 对称性研究提高到无限连续群的定域 Lie 对称性研究. ② 给出 Hamilton 正则系统的形式不变性的定义和判据；讨论形式不变性与 Noether 对称性、Lie 对称性的关系和存在守恒量的条件；将形式不变性的研究扩展到 Hamilton 正则系统. ③ 给出非保守 Hamilton 正则系统的形式不变性；讨论该系统形式不变性与 Noether 对称性、Lie 对称性的关系和存在守恒量的条件；将形式不变性的研究扩展到非保守 Hamilton 正则系统. ④ 给出非保守系统的运动、非保守力和 Lagrange 函数之间的关系以及非保守力满足的条件，得到非保守力学系统的非 Noether 对称性和非 Noether 守恒量；证明非 Noether 对称性和 Noether 对称性的关系；指出非 Noether 对称性是 Lie 点对称性的完全集，非 Noether 守恒量是 Noether 守恒量的完全集. 将非 Noether 守恒量的研究从完整保守系统提高到完整非保守系统. ⑤ 给出 Hamilton 正则系统的动量依赖对称性的定义和结构方程；直接导出系统的非 Noether 守恒量；证明结构方程中的函数 ψ 只需是一个对称群的不变量的重要结论，我们选择适当的 ψ，得到寻找 Hamilton 正则系统的非 Noether 守恒量的新方法. 将该对称性的研究提高一个新台阶. ⑥ 给出非保守 Hamilton 正则系统的动量依赖对称性的定义，确定方程和结构方程，直接导出非 Noether 守恒量的形式. 研究该系统的动量依赖对称性的逆问题；证明结构方程中的函数 ψ 只需是一个对称群的不变量的重要结论，我们选择适当的 ψ，得到寻找 Hamilton 正则系统的非 Noether 守恒量的新方法. 给出以上问题的应用例子.

第三章　非完整系统的对称性和守恒量若干问题

3.1　引言

我们知道,动力学系统的对称性与守恒量之间有密切联系.通过研究动力学系统的某种对称性质给出系统的第一积分成为解决动力学问题的一个重要手段.数学、物理、力学家们非常重视动力学系统的对称性和守恒量的理论和应用研究. Noether 揭示了力学系统的对称性和守恒量之间的关系——Noether 定理[11];Sophus Lie 利用扩展群方法研究了微分方程在无限小变换下的不变性——Lie 对称性[9],Olver, Blumen, Ibragimov 从数学角度发展了 Lie 理论[153, 190],Lutzky 将 Lie 的扩展群方法方法引入力学系统. Lutzky, Hojman 研究力学系统的微分方程在无限小变换下保持不变,但不保证作用量的积分不变的非 Noether 对称性.梅凤翔提出了对物理量作无限小变换,使满足的微分方程保持不变的形式不变性.近年来这几种对称性研究已从完整约束系统扩展到非完整约束力学系统[5, 41, 90, 96, 111].从而大大丰富了动力学系统的对称性理论.

本章研究非完整约束力学系统的 Noether 对称性、Lie 对称性、非 Noether 对称性和形式不变性以及守恒量的几个问题.包括非完整 Hamilton 正则系统的 Noether 对称性、Lie 对称性和形式不变性及其相应的守恒量[172];准坐标下广义 Hamilton 正则系统的 Noether 对称性和 Lie 对称性及其守恒量;非完整力学系统的非 Noether 守恒量;非完整力学系统的速度依赖对称性和非 Noether 守恒量[175];非完整力学系统的动量依赖对称性和非 Noether 守恒量.可控非线性非完整系统的 Lie 对称性和守恒量[176].

3.2 非完整 Hamilton 正则系统的形式不变性

本节研究非完整 Hamilton 正则系统的形式不变性. 给出广义 Hamilton 正则方程的形式不变性的定义和判据;研究形式不变性、Noether 对称性和 Lie 对称性之间的关系.

3.2.1 系统的形式不变性

广义坐标 $q_s(s=1, \cdots, n)$ 和广义动量 $p_s(s=1, \cdots, n)$ 确定的力学系统,Hamilton 函数 $H(t, \boldsymbol{q}, \boldsymbol{p})$, 受到的非保守广义力 $Q_s(s=1, \cdots, n)$ 和非线性非完整约束为

$$f_\beta(t, \boldsymbol{q}, \dot{\boldsymbol{q}})=0 \quad (\beta=1, \cdots, g), \tag{3.2.1}$$

系统的广义 Hamilton 正则方程为

$$\dot{q}_s=\frac{\partial H}{\partial p_s}, \dot{p}_s=-\frac{\partial H}{\partial q_s}+Q_s+\lambda_\beta \frac{\partial f_\beta}{\partial \dot{q}_s} \quad (s=1, \cdots, n). \tag{3.2.2}$$

这里 $H(t, \boldsymbol{q}, \boldsymbol{p})$ 是系统的 Hamilton 函数, λ_β 是约束乘子. $Q_s, \lambda_\beta, f_\beta$ 可表示为

$$\widetilde{Q}_s=Q_s(t, \boldsymbol{q}, \dot{\boldsymbol{q}}(t, \boldsymbol{q}, \boldsymbol{p})), \widetilde{\lambda}_\beta=\lambda_\beta(t, \boldsymbol{q}, \dot{\boldsymbol{q}}(t, \boldsymbol{q}, \boldsymbol{p}))$$

$$\widetilde{f}_\beta=f_\beta(t, \boldsymbol{q}, \dot{\boldsymbol{q}}(t, \boldsymbol{q}, \boldsymbol{p})), (s=1, \cdots, n; \beta=1, \cdots, g), \tag{3.2.3}$$

方程(3.2.2)可表示为

$$\dot{q}_s=\frac{\partial H}{\partial p_s}, \dot{p}_s=-\frac{\partial H}{\partial q_s}+\widetilde{Q}_s+\widetilde{\Lambda}_s \quad (s=1, \cdots, n), \tag{3.2.4}$$

这里 $\widetilde{\Lambda}_s(t, \boldsymbol{q}, \boldsymbol{p}) = \Lambda_s(t, \boldsymbol{q}, \dot{\boldsymbol{q}}(t, \boldsymbol{q}, \boldsymbol{p}))$ 是广义非完整约束力

$$\Lambda_s = \lambda_\beta \frac{\partial f_\beta}{\partial \dot{q}_s} \quad (s = 1, \cdots, n). \tag{3.2.5}$$

在方程(3.2.1)积分之前，方程(3.2.1)和(3.2.2)解出 λ_B .

方程(3.2.4)称为非完整系统(3.2.1)和(3.2.2)的广义 Hamilton 正则方程. 非完整系统(3.2.1)和(3.2.2)的积分能从相应完整系统(3.2.4)的积分中找到.

引入关于时间,广义坐标和广义动量的无限小变换

$$t^* = t + \varepsilon\xi_0(t, \boldsymbol{q}, \boldsymbol{p}),\ q_s^* = q_s + \varepsilon\xi_s(t, \boldsymbol{q}, \boldsymbol{p}),$$
$$p_s^* = p_s + \varepsilon\eta_s(t, \boldsymbol{q}, \boldsymbol{p}), \tag{3.2.6}$$

这里 ε 是一个小参数，ξ_0，ξ_s 和 η_s 是无限小生成元. 在无限小变换(3.2.6)下，Hamilton 函数 $H = H(t, \boldsymbol{q}, \boldsymbol{p})$，非势力 $\widetilde{Q}_s$ 和广义约束力 $\widetilde{\Lambda}_s$ 变为

$$H^* = H(t^*, \boldsymbol{q}^*, \boldsymbol{p}^*) = H(t, \boldsymbol{q}, \boldsymbol{p}) + \varepsilon\left(\frac{\partial H}{\partial t}\xi_0 + \frac{\partial H}{\partial q_s}\xi_s + \frac{\partial H}{\partial p_s}\eta_s\right) + O(\varepsilon^2),$$

$$\widetilde{Q}_s^* = \widetilde{Q}_s(t^*, \boldsymbol{q}^*, \boldsymbol{p}^*) = \widetilde{Q}_s(t, \boldsymbol{q}, \boldsymbol{p}) + \varepsilon\left(\frac{\partial \widetilde{Q}_s}{\partial t}\xi_0 + \frac{\partial \widetilde{Q}_s}{\partial q_s}\xi_s + \frac{\partial \widetilde{Q}_s}{\partial p_s}\eta_s\right) + O(\varepsilon^2),$$

$$\widetilde{\Lambda}_s^* = \widetilde{\Lambda}_s(t^*, \boldsymbol{q}^*, \boldsymbol{p}^*) = \widetilde{\Lambda}_s(t, \boldsymbol{q}, \boldsymbol{p}) + \varepsilon\left(\frac{\partial \widetilde{\Lambda}_s}{\partial t}\xi_0 + \frac{\partial \widetilde{\Lambda}_s}{\partial q_s}\xi_s + \frac{\partial \widetilde{\Lambda}_s}{\partial p_s}\eta_s\right) + O(\varepsilon^2). \tag{3.2.7}$$

定义 1 如果变换后的物理量 $H(t, \boldsymbol{q}^*, \boldsymbol{p}^*)$,$\widetilde{Q}_s(t, \boldsymbol{q}^*, \boldsymbol{p}^*)$ 和 $\widetilde{\Lambda}_s(t, \boldsymbol{q}^*, \boldsymbol{p}^*)$ 仍满足广义 Hamilton 正则方程

$$\dot{q}_s = \frac{\partial H^*}{\partial p_s},\ \dot{p}_s = -\frac{\partial H^*}{\partial q^s} + \widetilde{Q}_s^* + \widetilde{\Lambda}_s^* \quad (s = 1, \cdots, n). \tag{3.2.8}$$

那么,这个不变性称为广义 Hamilton 正则系统的形式不变性.

判据 1 如果存在常数 k 和规范函数 $G = G(t, \boldsymbol{q}, \boldsymbol{p})$, 无限小生成元 ξ_0, ξ_s, η_s 满足关系

$$\begin{aligned}
&\frac{\partial H}{\partial t}\xi_0 + \frac{\partial H}{\partial q_s}\xi_s + \frac{\partial H}{\partial p_s}\eta_s = k(H - G),\\
&\frac{\partial \widetilde{Q}_s}{\partial t}\xi_0 + \frac{\partial \widetilde{Q}_s}{\partial q_k}\xi_k + \frac{\partial \widetilde{Q}_s}{\partial p_k}\eta_k = k\widetilde{Q}_s + k\frac{\partial G}{\partial q_s},\\
&\frac{\partial \widetilde{\Lambda}_s}{\partial t}\xi_0 + \frac{\partial \widetilde{\Lambda}_s}{\partial q_k}\xi_k + \frac{\partial \widetilde{\Lambda}_s}{\partial p_k}\eta_k = k\widetilde{\Lambda}_s + k\frac{\partial G}{\partial q_s},
\end{aligned} \tag{3.2.9}$$

和

$$k\frac{\partial}{\partial p_s}(H - G) = 0,\ k\frac{\partial}{\partial q_s}(H - 3G) + k(\widetilde{Q}_s + \widetilde{\Lambda}_s) = 0, \tag{3.2.10}$$

并且 ξ_0, ξ_s 和 η_s 满足限制方程

$$X^{(0)}(\widetilde{f}_\beta(t, \boldsymbol{q}, \boldsymbol{p})) = 0. \tag{3.2.11}$$

那么,非完整 Hamilton 正则系统(3.2.1)和(3.2.2)在无限小变换(3.2.6)下是形式不变的.

证明:

$$\dot{q}_s - \frac{\partial H}{\partial p_s} - \varepsilon k \frac{\partial H}{\partial p_s} + \varepsilon k \frac{\partial G}{\partial p_s} = \dot{q}_s - \frac{\partial H}{\partial p_s} - \varepsilon k \frac{\partial}{\partial p_s}(H - G)$$

$$= -\varepsilon k \frac{\partial}{\partial p_s}(H - G) = 0,$$

$$\dot{p}_s + \frac{\partial H}{\partial q_s} + \varepsilon k \frac{\partial H}{\partial q_s} - \varepsilon k \frac{\partial G}{\partial q_s} - \widetilde{Q}_s - \varepsilon k \widetilde{Q}_s - \varepsilon k \frac{\partial G}{\partial q_s} -$$

$$\widetilde{\Lambda}_s - \varepsilon k \widetilde{\Lambda}_s - \varepsilon k \frac{\partial G}{\partial q_s} = \dot{p}_s + \frac{\partial H}{\partial q_s} - \widetilde{Q}_s - \widetilde{\Lambda}_s -$$

$$\varepsilon k \left[(\widetilde{Q}_s + \widetilde{\Lambda}_s) + \frac{\partial}{\partial q_s}(H - 3G) \right]$$

$$= -\varepsilon k \left[(\widetilde{Q}_s + \widetilde{\Lambda}_s) + \frac{\partial}{\partial q_s}(H - 3G) \right] = 0.$$

当(3.2.10)和(3.2.11)满足时,得证.

我们指出,当系统不遭受非完整约束时,这个研究给出完整 Hamilton 正则系统的形式不变性.

3.2.2 系统的形式不变性与 Noether 对称性

广义 Noether 定理指出:对于非完整 Hamilton 正则系统,如果无限小生成元 ξ_0, ξ_s 满足

$$p_s \dot{\xi}_s - \frac{\partial H}{\partial t}\xi_0 - \frac{\partial H}{\partial q_s}\xi_s - H\dot{\xi}_0 + (\widetilde{Q}_s + \widetilde{\Lambda}_s)(\xi_s - \dot{q}_s \xi_0) = -\dot{G}_N, \tag{3.2.12}$$

这里 $G_N = G_N(t, \boldsymbol{q}, \boldsymbol{p})$ 是规范函数,那么,这个对称性称为广义 Noether 对称性,并且存在 Noether 守恒量

$$I = p_s \xi_s - H\xi_0 + G_N = \text{const.} \tag{3.2.13}$$

非完整 Hamilton 正则系统的形式不变性是否为 Nother 对称性，我们给出：

命题 1 如果非完整广义 Hamilton 正则方程(3.2.4)在无限小变换(3.2.6)下是形式不变的，并且存在规范函数 $G_N = G_N(t, \boldsymbol{q}, \boldsymbol{p})$ 满足 Noether 等式(3.2.12)，那么，这个形式不变性将导出广义 Noether 对称性，并且存在守恒量(3.2.13).

3.2.3 系统的形式不变性和 Lie 对称性

方程(3.2.4)表成显形式

$$\dot{q}_s = h_s(t, \boldsymbol{q}, \boldsymbol{p}), \ \dot{p}_s = \alpha_s(t, \boldsymbol{q}, \boldsymbol{p}). \tag{3.2.14}$$

Lie 理论指出，如果系统(3.2.14)和(3.2.1)在无限小变换(3.2.6)下分别满足确定方程

$$\dot{\xi}_s - h_s \dot{\xi}_0 = X^{(0)}(h_s), \ \dot{\eta}_s - \alpha_s \dot{\xi}_0 = X^{(0)}(\alpha_s), \tag{3.2.15}$$

和限制方程

$$X^{(0)}(\widetilde{f}_\beta(t, \boldsymbol{q}, \boldsymbol{p})) = 0 \quad (\beta = 1, \cdots, g). \tag{3.2.16}$$

那么，这个不变性称为非完整 Hamilton 正则系统的 Lie 对称性. 如果存在一个规范函数 G_L 满足结构方程[5, 89]

$$p_s \dot{\xi}_s - \frac{\partial H}{\partial t}\xi_0 - \frac{\partial H}{\partial q_s}\xi_s - H\dot{\xi}_0 + (\widetilde{Q}_s + \widetilde{\Lambda}_s)$$

$$(\xi_s - \dot{q}_s(t, \boldsymbol{q}, \boldsymbol{p})_s \xi_0) = -\dot{G}_L, \tag{3.2.17}$$

那么，非完整广义 Hamilton 正则系统存在守恒量的形式

$$I = -H\xi_0 + p_s\xi_s + G_L = \text{const.} \tag{3.2.18}$$

非完整广义 Hamilton 正则系统(3.2.1)、(3.2.2)的形式不变性是否导出 Lie 对称性，我们给出：

命题 2 非完整广义 Hamilton 正则系统(3.2.1)、(3.2.2)在无

限小变换(3.2.6)下是形式不变的,如果无限小生成元 ξ_0, ξ_s 和 η_s 满足确定方程(3.2.15)和限制方程(3.2.16),结构方程(3.2.17)中的规范函数能够确定,那么,这个形式不变性将导出一个 Lie 对称性,并且存在守恒量(3.2.18).

命题 3 非完整 Hamilton 正则系统(3.2.1)、(3.2.2)在无限小变换(3.2.6)下是形式不变的,如果无限小生成元 ξ_0, ξ_s 和 η_s 满足确定方程(3.2.15)和限制方程(3.2.16),规范函数 $G_N = G_N(t, \boldsymbol{q}, \boldsymbol{p})$ 为 $\dot{G}=0$ 或 $\dot{G}$ 是某个关于 $(t, \boldsymbol{q}, \boldsymbol{p})$ 的函数的全微分,并且满足广义 Noether 恒等式(3.2.12).那么,这个形式不变性既导出一个 Lie 对称性,也导出一个 Noether 对称性,并且存在守恒量(3.2.13).

3.2.4 例子

Hamilton 系统的 Lagrange 函数是

$$L = \frac{1}{2m}(\dot{q}_1^2 + \dot{q}_2^2) + \frac{1}{2}J\dot{q}_3^2 - \frac{1}{2}aq_3^2, \tag{3.2.19}$$

非完整约束为

$$f = \dot{q}_2 - \dot{q}_1 \tan q_3 = 0. \tag{3.2.20}$$

这里 m, J 和 α 是常数.试研究该系统的形式不变性、Noether 对称性和 Lie 对称性.

系统的 Hamilton 函数为

$$\begin{aligned} H(t, \boldsymbol{q}, \boldsymbol{p}) &= p_s\dot{q}_s - L \\ &= \frac{1}{2m}(p_1^2 + p_2^2) + \frac{1}{2J}p_3^2 + \frac{1}{2}aq_3^2, \end{aligned} \tag{3.2.21}$$

从方程(3.2.4)、(3.2.5)和(3.2.21)得到

$$\tilde{\Lambda}_1 = \frac{1}{J}p_1p_3(-\tan q_3), \tilde{\Lambda}_2 = \frac{1}{J}p_1p_3, \tilde{\Lambda}_3 = 0, \tag{3.2.22}$$

从方程(3.2.2)、(3.2.21)和(3.2.22)我们得到系统的广义Hamilton正则方程

$$\dot{q}_1 = \frac{1}{m}p_1 = h_1,\ \dot{q}_2 = \frac{1}{m}p_2 = h_2,\ \dot{q}_3 = \frac{1}{m}p_3 = h_3,$$

$$\dot{p}_1 = -\frac{1}{J}p_1 p_3 \tan q_3 = \alpha_1,\ \dot{p}_2 = \frac{1}{J}p_1 p_3 = \alpha_2,$$

$$\dot{p}_3 = -aq_3 = \alpha_3. \tag{3.2.23}$$

在无限小变换下 $H,\tilde{\Lambda}_s$ 满足

$$aq_3\xi_3 + \frac{p_1}{m}\eta_1 + \frac{p_2}{m}\eta_2 + \frac{p_3}{J}\eta_3 = k(H-G), \tag{3.2.24}$$

$$-\frac{1}{J}p_1 p_3 \frac{1}{\cos^2 q_3}\xi_3 - \frac{1}{J}p_3 \tan q_3 \eta_1 - \frac{1}{J}p_1 \tan q_3 \eta_3$$

$$= k\left(-\frac{1}{J}p_1 p_3 \tan q_3 + \frac{\partial G}{\partial q_1}\right), \tag{3.2.25}$$

$$\frac{1}{J}p_3\eta_1 + \frac{1}{J}p_1\eta_3 = k\left(\frac{1}{J}p_1 p_3 + \frac{\partial G}{\partial q_2}\right), \tag{3.2.26}$$

$$0 = k\left(\frac{1}{J}p_1 p_3 + \frac{\partial G}{\partial q_3}\right), \tag{3.2.27}$$

且规范函数 G 满足方程(3.2.10),即

$$k\frac{\partial}{\partial p_1}(H-G) = 0,\ k\frac{\partial}{\partial p_2}(H-G) = 0,$$

$$k\frac{\partial}{p_3}(H-G) = 0;\ k\frac{\partial}{\partial q_1}(H-3G) - \frac{k}{J}p_1 p_3 \tan q_3 = 0,$$

$$k\frac{\partial}{\partial q_2}(H-3G) + \frac{k}{J}p_1 p_3 = 0,\ k\frac{\partial}{\partial q_3}(H-3G) = 0. \tag{3.2.28}$$

方程(3.2.24)～(3.2.28)有解

$$k=0,\ \xi_0=1,\ \xi_1=0,\ \xi_2=0,\ \xi_3=0,\ \eta_1=p_1,$$

$$\eta_2=\frac{m}{J}\frac{p_3^2}{p_2}-\frac{p_1^2}{p_2},\ \eta_3=-p_3, \tag{3.2.29}$$

$$k=0,\ \xi_0=1,\ \xi_1=0,\ \xi_2=0,\ \xi_3=0,\ \eta_s=0, \tag{3.2.30}$$

$$k=0,\ \xi_0=0,\ \xi_1=1,\ \xi_2=0,\ \xi_3=0,\ \eta_s=0. \tag{3.2.31}$$

它们相应完整系统(3.2.23)的形式不变性. 生成元(3.2.30)和(3.2.31)还满足限制方程(3.2.11),它们是非完整 Hamilton 系统(3.2.19)和(3.2.20)的形式不变性.

从方程(3.2.24)～(3.2.27)得到

$$k=1,\ \xi_1=0,\ \xi_2=0,\ \xi_3=0,\ \eta_1=p_1,$$

$$\eta_2=-\frac{ma}{2}\frac{q_2^3}{p_2}+\frac{1}{J}\frac{p_1p_3q_3}{p_2},\ \eta_3=0, \tag{3.2.32}$$

$$G=-\frac{1}{J}p_1p_3q_3-\frac{1}{2m}p_1^2+\frac{1}{2m}p_2^2+\frac{1}{2J}p_3^2.$$

然而,方程(3.2.32)不满足方程(3.2.28),它不相应完整系统(3.2.23)的形式不变性.

方程(3.2.30)代入(3.2.12)得到

$$\dot q_1\frac{1}{J}p_1p_3\tan q_3-\dot q_2\frac{1}{J}p_1p_3=-\dot G_N$$

即

$$\dot G_N=-\frac{1}{Jm}p_1^2p_3\tan q_3+\frac{1}{Jm}p_1p_2p_3$$

$$=\frac{1}{m}\dot p_1p_1+\frac{1}{m}\dot p_2p_2, \tag{3.2.33}$$

则

$$G_N = \frac{1}{2m}(p_1^2 + p_2^2), \tag{3.2.34}$$

此时,这个形式不变性将导出 Noether 对称性,积分(3.2.13)给出

$$\begin{aligned} I &= -\frac{1}{2m}(p_1^2 + p_2^2) - \frac{1}{2J}p_3^2 - \frac{1}{2}aq_3^2 + \frac{1}{2m}(p_1^2 + p_2^2) \\ &= -\frac{1}{2J}p_3^2 - \frac{1}{2}aq_3^2 = \text{const.} \end{aligned} \tag{3.2.35}$$

它是与形式不变性(3.2.30)相应的 Noether 守恒量.

方程(3.2.23)代入方程(3.2.15)和(3.2.16),我们得到系统的确定方程

$$\begin{cases} \dot{\xi}_1 - \dot{q}_1\dot{\xi}_0 = \dfrac{1}{m}\eta_1,\ \dot{\xi}_2 - \dot{q}_2\dot{\xi}_0 = \dfrac{1}{m}\eta_2,\ \dot{\xi}_3 - \dot{q}_3\dot{\xi}_0 = \dfrac{1}{J}\eta_3, \\ \dot{\eta}_1 - \dot{p}_1\dot{\xi}_0 = -\dfrac{p_1p_3}{J\cos^2 q_3}\xi_3 - \dfrac{p_3}{J}\tan q_3\,\eta_1 - \dfrac{p_1}{J}\tan q_3\,\eta_2, \\ \dot{\eta}_2 - \dot{p}_2\dot{\xi}_0 = \dfrac{p_3}{J}\eta_1 + \dfrac{p_1}{J}\eta_3,\ \dot{\eta}_3 - \dot{p}_3\dot{\xi}_0 = -a\xi_3, \end{cases} \tag{3.2.36}$$

和限制方程

$$\frac{p_1\xi_3}{\cos^2 q_3} + \eta_1\tan q_3 - \eta_2 = 0. \tag{3.2.37}$$

当无限小生成元(3.2.30)代入方程(3.2.36)和(3.2.37)时满足,这个形式不变性也导出 Lie 对称性.

方程(3.2.31)代入方程(3.2.12)得到

$$\dot{G}_N = -\frac{1}{J}p_1p_2\tan q_3, \tag{3.2.38}$$

即

$$G = p_1, \tag{3.2.39}$$

此时,这个形式不变性将导出 Noether 对称性,积分(3.2.13)给出

$$I = p_1 - p_1 = 0. \tag{3.2.40}$$

可见,形式不变性(3.2.31)导出一个平庸的 Noether 对称性.

方程(3.2.31)代入确定方程(3.2.36)和限制方程(3.2.37)同时满足,形式不变性(3.2.31)导出一个 Lie 对称性,积分(3.2.13)得到守恒量 $I = 0$,它也是平庸的.

3.2.5 主要结论

主要贡献:给出非完整 Hamilton 正则系统形式不变性的定义和判据;给出形式不变性与 Noether 对称性,形式不变性与 Lie 对称性的关系,及其存在守恒量的条件.

创新之处:将形式不变性的研究扩展到非完整 Hamilton 正则系统.

3.3 准坐标下非完整系统的形式不变性,Noether 对称性和 Lie 对称性

本节我们引入关于时间和准坐标的无限小变换,研究准坐标系下非完整系统的 Noether 对称性、Lie 对称性和形式不变性及其相应的守恒量.给出这三种对称性之间的关系.这个研究比广义坐标的情况更为一般.本节得到了一系列新的结果.

3.3.1 准坐标下非完整系统的 Boltzmann-Hamel 方程

考虑质量为 m 的力学系统,受到已知力 $\boldsymbol{F}_i$ 和非完整约束的作用.取非完整系统的准速度为

$$\omega_s = \sum_{k=1}^{n} a_{sk}\,\dot{q}_k, \tag{3.3.1}$$

这里 α_{sk} 不随时间变化. 从方程(3.3.1)解出 $\dot{q}_s$

$$\dot{q}_s = \sum_{k=1}^{n} b_{sk}\omega_k. \tag{3.3.2}$$

我们假定该系统受到一个非完整约束

$$\omega_{\varepsilon+\beta} = \sum_{s=1}^{n} a_{\varepsilon+\beta,s}\,\dot{q}_s + a_{\varepsilon+\beta} = \sum_{s=1}^{n} a_{\varepsilon+\beta,\,s}\,\dot{q}_s(\boldsymbol{q},\,\boldsymbol{\omega},\,t) + a_{\varepsilon+\beta}. \tag{3.3.3}$$

对于准坐标系统,非完整约束有简单形式

$$\omega_{\varepsilon+\beta} = 0,\ \delta\pi_{\varepsilon+\beta} = 0. \tag{3.3.4}$$

非完整系统的 Beltzmann-Hamel 方程为[141]

$$\frac{\mathrm{d}}{\mathrm{d}t}\frac{\partial\widetilde{L}}{\partial\omega_\sigma} - \frac{\partial\widetilde{L}}{\partial\pi_s} + \sum_{r=1}^{n}\frac{\partial\widetilde{L}}{\partial\omega_r}\sum_{\nu=1}^{\varepsilon}\gamma_{\nu\sigma}^{r}\omega_\nu = \widetilde{P}_\sigma$$

$$(\sigma = 1,\,\cdots,\,\varepsilon;\, s = 1,\,\cdots,\,n), \tag{3.3.5}$$

这里 $Q_s = \sum_{i=1}^{N}\dot{\boldsymbol{F}}_i\cdot\frac{\partial\boldsymbol{r}_i}{\partial q_s}$ 是广义坐标下的广义力,在准坐标系下的非势广义力表为 $\widetilde{P}_s = \sum_{r=1}^{n} Q_s b_{rs}$, γ_{ts}^{r} 是三标记号

$$\gamma_{tm}^{s} = \sum_{k=1}^{n}\sum_{r=1}^{n}\left(\frac{\partial a_{sk}}{\partial q_r} - \frac{\partial a_{sr}}{\partial q_k}\right)b_{rt}b_{km}, \tag{3.3.6}$$

广义坐标和准坐标之间存在关系[13]

$$\frac{\partial}{\partial\pi_s} = \sum_{k=1}^{n} b_{ks}\frac{\partial}{\partial q_k},\ \frac{\partial}{\partial\omega_s} = \sum_{k=1}^{n} b_{ks}\frac{\partial}{\partial\dot{q}_k}, \tag{3.3.7}$$

将 Boltzmann-Hamel 方程表成显形式

$$\dot{\omega}_\sigma = h_\sigma(t, \boldsymbol{q}, \boldsymbol{\omega}), \quad (\sigma = 1, \cdots, \varepsilon). \tag{3.3.8}$$

3.3.2 准坐标系下的无限小变换

引入关于时间和准坐标的无限小变换

$$t^* = t + \Delta t, \pi_s^*(t) = \pi_s(t) + \Delta\pi_s, \tag{3.3.9}$$

其扩展形式

$$t^* = t + \varepsilon\xi_0(t, \boldsymbol{q}, \boldsymbol{\omega}), \pi_s^*(t) = \pi_s(t) + \varepsilon\xi_s(t, \boldsymbol{q}, \boldsymbol{\omega}), \tag{3.3.10}$$

这里 ε 是小参数，ξ_0，ξ_s 是无限小生成元.

$\dot{\pi}_s$ 对时间的导数$\dot{\pi}_s^* = \dfrac{\mathrm{d}\pi_s^*}{\mathrm{d}t^*}$ 可以由 π_s，$\dot{\pi}_s$，t 的项确定

$$\frac{\mathrm{d}\pi_s^*}{\mathrm{d}t^*} = \frac{\mathrm{d}\pi_s + \varepsilon\mathrm{d}\xi_s}{\mathrm{d}t + \varepsilon\mathrm{d}\xi_0} = \dot{\pi}_s + \varepsilon(\dot{\xi}_s - \dot{\pi}_s\dot{\xi}_0) + O(\varepsilon^2),$$

将 $\dot{\pi}_s$ 表示成

$$\omega_s = \dot{\pi}_s, \quad (s = 1, \cdots, n), \tag{3.3.11}$$

这里面 $\dot{\pi}_s$ 只是一个记号，不是 π 对时间 t 的导数. 我们导出无限小变换下的准速度为

$$\omega_s^* = \omega_s + \varepsilon(\dot{\xi}_s - \omega_s\xi_0) + O(\varepsilon^2), \tag{3.3.12}$$

在无限小变换(3.3.10)下，非完整约束 $\omega_{\alpha+\beta}$ 的形式为

$$\omega_{\varepsilon+\beta}^* = \varepsilon\dot{\xi}_{\varepsilon+\beta} + O(\varepsilon^2) = 0,$$

即

$$\dot{\xi}_{\varepsilon+\beta} = 0, \xi_{\varepsilon+\beta} = \text{const}. \tag{3.3.13}$$

3.3.3 准坐标系下非完整系统的 Noether 对称性

引入系统的 Hamilton 作用量

$$\widetilde{S}=\int_{t_1}^{t_2}\widetilde{L}(\boldsymbol{q},\boldsymbol{\omega},t)\mathrm{d}t. \tag{3.3.14}$$

在无限小变换(3.3.10)下 Hamilton 作用量变分的基本形式为

$$\Delta\widetilde{S}=\int_{t_1}^{t_2}\left\{\frac{\mathrm{d}}{\mathrm{d}t}\left(\widetilde{L}\xi_0^{\alpha}+\frac{\partial\widetilde{L}}{\partial\omega_\sigma}\bar{\xi}_\sigma\right)+\left[\frac{\partial\widetilde{L}}{\partial\pi_\sigma}-\frac{\mathrm{d}}{\mathrm{d}t}\frac{\partial\widetilde{L}}{\partial\omega_\sigma}+\widetilde{P}_\sigma-\sum_{r=1}^{n}\frac{\partial\widetilde{L}}{\partial\omega_r}\sum_{\nu=1}^{\varepsilon}\gamma_{\nu\sigma}^{r}\omega_\nu\right]\bar{\xi}_s\right\}\mathrm{d}t. \tag{3.3.15}$$

这里

$$\bar{\xi}_s=\xi_s-\omega_s\xi_0. \tag{3.3.16}$$

定义 1 如果在无限小变换(3.2.10)下是广义准不变量，即无限小变换(3.2.10)满足

$$\Delta\widetilde{S}=-\int_{t_1}^{t_2}\left\{\frac{\mathrm{d}}{\mathrm{d}t}\Delta G+\widetilde{P}_\sigma\delta\pi_\sigma\right\}\mathrm{d}t. \tag{3.3.17}$$

这里 $\widetilde{P}_\sigma\delta\pi_\sigma=Q_\sigma\delta q_\sigma$ 是非势广义力的虚功之和，G 是系统的规范函数，那么，这个准坐标下的无限小变换称为系统的广义准对称性变换.

从定义 1 和方程(3.3.15)，我们给出

判据 1 如果无限小变换(3.2.10)满足方程

$$\frac{\mathrm{d}}{\mathrm{d}t}\left(\widetilde{L}\xi_0+\frac{\partial\widetilde{L}}{\partial\omega_\sigma}\right)+\left[\frac{\partial\widetilde{L}}{\partial\pi_\sigma}-\frac{\mathrm{d}}{\mathrm{d}t}\frac{\partial\widetilde{L}}{\partial\omega_\sigma}+\widetilde{P}_\sigma-\sum_{r=1}^{n}\frac{\partial\widetilde{L}}{\partial\omega_r}\sum_{\nu=1}^{\varepsilon}\gamma_{\nu\sigma}^{r}\omega_\nu\right]\cdot(\xi_\sigma-\omega_\sigma\xi_0)=-\frac{\mathrm{d}}{\mathrm{d}t}G\quad(\sigma=1,\cdots,\varepsilon;\varepsilon=n-g), \tag{3.3.18}$$

那么,这个准坐标下的无限小变换称为系统的广义准对称性变换.从方程(3.3.18)得到下面的:

定理1 如果无限小变换生成元 ξ_0, ξ_s 和规范函数 $G=G(t, \boldsymbol{q}, \omega)$ 满足 Noether 恒等式

$$\widetilde{L}\,\dot{\xi}_0+\frac{\partial \widetilde{L}}{\partial t}\xi_0+\frac{\partial \widetilde{L}}{\partial \pi_s}\xi_s+\frac{\partial \widetilde{L}}{\partial \omega_\sigma}(\dot{\xi}_\sigma-\omega_\sigma\,\dot{\xi}_0)+$$
$$\left(\widetilde{P}_\sigma-\sum_{r=1}^{n}\frac{\partial \widetilde{L}}{\partial \omega_r}\sum_{\nu=1}^{\varepsilon}\gamma_{\nu\sigma}^{r}\omega_\nu\right)(\xi_\sigma-\omega_\sigma\xi_0)+\dot{G}=0, \tag{3.3.19}$$

那么,这个系统存在守恒量的形式为

$$I=\widetilde{L}\xi_0+\frac{\partial \widetilde{L}}{\partial \omega_\sigma}(\xi_\sigma-\omega_\sigma\xi_0)+G=\text{const.} \tag{3.3.20}$$

这个定理称为准坐标下的广义 Noether 定理.

3.3.4 Boltzmann-Hamel 方程的 Lie 对称性

引入生成元向量

$$X^{(0)}=\xi_0\frac{\partial}{\partial t}+\xi_s\frac{\partial}{\partial q_s}, \tag{3.3.21}$$

它的一次扩展

$$X^{(1)}=X^{(0)}+(\dot{\xi}_s-\omega_s\,\dot{\xi}_0)\frac{\partial}{\partial \omega_s}, \tag{3.3.22}$$

和二次扩展

$$X^{(2)}=X^{(1)}+(\ddot{\xi}_s-\omega_s\,\ddot{\xi}_0-2\,\dot{\xi}_0 h_s)\frac{\partial}{\partial \dot{\omega}_s} \tag{3.3.23}$$

基于方程(3.3.8)在无限小变换(3.3.10)下的不变性,当且仅当

$$X^2[\dot{\omega}_\sigma - h_\sigma(t, \boldsymbol{q}, \boldsymbol{\omega}_\sigma)]_{\dot{\omega}_\sigma = h_\sigma} = 0,$$

我们得到确定方程

$$\ddot{\xi}_\sigma - \omega_\sigma \ddot{\xi}_0 - 2\dot{\xi}_0 h_\sigma = X^{(1)}(h_\sigma) \quad (\sigma = 1, \cdots, \varepsilon). \quad (3.3.24)$$

定义 2 如果无限小生成元 ξ_0，ξ_s 满足确定方程(3.3.24)，则无限小变换(3.3.10)称为相应完整系统的 Lie 对称性变换.

非完整约束条件在无限小变换下的不变性已由方程(3.3.13)给出，称为对称性的限制方程.

非完整系统还受到 Appell-Chatev 条件的限制，我们称之为附加限制方程

$$\delta\pi_{\varepsilon+\beta} = 0. \quad (3.3.25)$$

定义 3 如果无限小生成元 ξ_0，ξ_s 满足确定方程(3.3.24)和限制方程(3.3.13)，变换(3.3.10)称为相应非完整系统的弱 Lie 对称性变换.

定义 4 如果无限小生成元 ξ_0，ξ_s 不仅满足确定方程(3.3.24)和限制方程(3.3.13)，而且满足附加限制方程(3.3.25)，变换(3.3.10)称为相应非完整系统的强 Lie 对称性变换.

当 Boltzmann-Hamel 方程有 Lie 对称性时，它是否存在守恒量，我们给出下面的：

定理 2 如果无限小生成元 ξ_0，ξ_s 和规范函数 G 满足结构方程

$$\widetilde{L}\dot{\xi}_0 + \frac{\partial \widetilde{L}}{\partial t}\xi_0 + \sum_{s=1}^{n} \frac{\partial \widetilde{L}}{\partial \pi_s}\xi_s + \sum_{\sigma=1}^{\varepsilon} \frac{\partial \widetilde{L}}{\partial \omega_\sigma}(\dot{\xi}_\sigma - \omega_\sigma \dot{\xi}_0) + \Big(\widetilde{P}_\sigma - \sum_{r=1}^{n} \frac{\partial \widetilde{L}}{\partial \omega_r} \sum_{\nu=1}^{\varepsilon} \gamma_{\nu\sigma}^{r} \omega_\nu - \sum_{r=1}^{n} \frac{\partial \widetilde{L}}{\partial \omega_r}\varepsilon_\sigma^r\Big)(\xi_\sigma - \omega_\sigma \xi_0) + \dot{G} = 0, \quad (3.3.26)$$

那么，这个系统存在守恒量

$$I = \widetilde{L}\xi_0 + \frac{\partial \widetilde{L}}{\partial \omega_\sigma}(\xi_\sigma - \omega_\sigma \xi_0) + G = \text{const.} \qquad (3.3.27)$$

3.3.5 Boltzmann-Hamel 方程的形式不变性

对系统的 Lagrange 函数 $\widetilde{L}_\sigma$ 和广义力 $\widetilde{P}_\sigma$ 取无限小变换(3.3.10)，得到

$$\widetilde{L}^* = \widetilde{L}(t, q_\sigma, \omega_\sigma) + \varepsilon\left\{\frac{\partial \widetilde{L}}{\partial t}\xi_0 + \sum_{s=1}^{n}\frac{\partial \widetilde{L}}{\partial \pi_s}\xi_s + \sum_{\nu=1}^{\varepsilon}\frac{\partial \widetilde{L}}{\partial \omega_\nu}(\dot{\xi}_\nu - \omega_\nu \dot{\xi}_0)\right\} + O(\varepsilon^2),$$

$$\widetilde{P}_\sigma^* = \widetilde{P}_\sigma + \varepsilon\left\{\frac{\partial \widetilde{P}_\sigma}{\partial t}\xi_0 + \sum_{s=1}^{n}\frac{\partial \widetilde{P}_\sigma}{\partial \pi_s}\xi_s + \sum_{\sigma=1}^{\varepsilon}\frac{\partial \widetilde{P}_\sigma}{\partial \omega_\sigma}(\dot{\xi}_\sigma - \omega_\sigma \xi_0)\right\} + O(\varepsilon^2) \quad (\sigma = 1, \cdots, \varepsilon). \qquad (3.3.28)$$

基于微分方程在无限小变换(3.3.10)下的不变性，我们给出：

定义 5 如果无限小变换(3.3.10)下的物理量(3.3.26)仍满足 Boltzmann-Hamel 方程

$$\frac{\mathrm{d}}{\mathrm{d}t}\frac{\partial \widetilde{L}^*}{\partial \omega_\sigma} - \frac{\partial \widetilde{L}^*}{\partial \pi_s} + \sum_{r=1}^{n}\frac{\partial \widetilde{L}^*}{\partial \omega_r}\sum_{\nu=1}^{\varepsilon}\gamma_{\nu\sigma}^{r}\omega_\nu^* = \widetilde{P}_\sigma^*. \qquad (3.3.29)$$

那么这个变换(3.3.10)是形式不变的，也称为 Mei 对称性变换.

方程(3.3.28)代入方程(3.3.29)并应用方程(3.3.5)，我们得到：

判据 2 对于 Boltzmann-Hamel 方程(3.3.5)，如果无限小生成元 ξ_0，ξ_s 满足

$$\left(\frac{\mathrm{d}}{\mathrm{d}t}\frac{\partial}{\partial \omega_\sigma} - \frac{\partial}{\partial \pi_s}\right)\left\{\frac{\partial \widetilde{L}}{\partial t}\xi_0 + \sum_{k=1}^{n}\frac{\partial \widetilde{L}}{\partial \pi_k}\xi_k + \sum_{\nu=1}^{\varepsilon}\frac{\partial \widetilde{L}}{\partial \omega_\nu}(\dot{\xi}_\nu - \omega_\nu \dot{\xi}_0)\right\} +$$

$$\frac{\partial}{\partial \omega_r}\left\{\frac{\partial \widetilde{L}}{\partial t}\xi_0 + \sum_{k=1}^{n}\frac{\partial \widetilde{L}}{\partial \pi_k}\xi_k + \sum_{\nu=1}^{n}\frac{\partial \widetilde{L}}{\partial \omega_\nu}(\dot{\xi}_\nu - \omega_\nu \dot{\xi}_0)\right\}\sum_{t=1}^{\varepsilon}\gamma_{t\sigma}^{r}\omega_t +$$

$$\sum_{r=1}^{n}\frac{\partial \widetilde{L}}{\partial \omega_r}\sum_{\nu=1}^{\varepsilon}\gamma_{\nu\sigma}^{r}(\dot{\xi}_\nu-\omega_\nu\dot{\xi}_0)=\left\{\frac{\partial \widetilde{P}_\sigma}{\partial t}\xi_0+\sum_{k=1}^{n}\frac{\partial \widetilde{P}_\sigma}{\partial \pi_k}\xi_k+\right.$$

$$\left.\sum_{\nu=1}^{\varepsilon}\frac{\partial \widetilde{P}_\sigma}{\partial \omega_\nu}(\dot{\xi}_\nu-\omega_\nu\xi_0)\right\},\ (\sigma=1,\ \cdots,\ \varepsilon). \tag{3. 3. 30}$$

那么这个系统有形式不变性.

3.3.6 三个对称性之间的关系

对于无限小变换(3. 3. 10),准坐标下非完整系统的 Noether 对称性、Lie 对称性和形式不变性之间有一定的关系,我们给出:

命题 1 对于无限小变换(3. 3. 10),Boltzmann-Hamel 方程是 Lie 对称性的,当无限小生成元 ξ_0, ξ_s 使作用量保持不变,规范函数 $\dot{G}=0$ 或$\dot{G}$ 是一个函数的全导数时,这个变换也是 Noether 对称的,并且存在守恒量(3. 3. 27). 否则不是.

命题 2 对于无限小变换 (3. 3. 10),Boltzmann-Hamel 方程是 Noether 对称性的,当无限小生成元 ξ_0, ξ_s 满足确定方程(3. 3. 24)时,这个变换也是 Lie 对称性的. 否则不是.

命题 3 对于无限小变换 (3. 3. 10),Boltzmann-Hamel 方程是形式不变的,如果无限小生成元 ξ_0, ξ_s 使作用量保持不变,满足 Noether 等式(3. 3. 19)的规范函数 $G=G(t,\ \boldsymbol{q},\ \boldsymbol{\omega})$ 能够确定,那么,形式不变性将导出 Noether 对称性,并且存在 Noether 守恒量(3. 3. 20).

命题 4 对于无限小变换 (3. 3. 10),Boltzmann-Hamel 方程是形式不变的,如果无限小生成元 ξ_0, ξ_s 满足确定方程(3. 3. 24),那么,形式不变性将导出 Lie 对称性;进一步,如果无限小生成元 ξ_0, ξ_s 使作用量保持不变,满足结构方程(3. 3. 26)的规范函数 $G=G(t,\ \boldsymbol{q},\ \boldsymbol{\omega})$ 能够确定,则形式不变性将导出 Noether 对称性,并且存在 Noether 守恒量(3. 3. 27). 否则不能.

3.3.7 例子

研究质量为 m 半径为 a 的匀质圆环在绝对粗糙的平面上作纯滚动的对称性和守恒量.

首先,我们介绍准坐标下系统的运动方程. 取质心坐标 x, y 和三个 Euler 角 ψ, θ, φ 作为广义坐标. 令

$$q_1 = \theta,\ q_2 = \psi,\ q_3 = \varphi,\ q_4 = x,\ q_5 = y. \tag{3.3.31}$$

取准速度为

$$\begin{aligned} &\omega_1 = \dot{q}_1,\ \omega_2 = \dot{q}_2 \sin q_1,\ \omega_3 = \dot{q}_2 \cos q_1 + \dot{q}_3, \\ &\omega_4 = \dot{q}_4 \cos q_2 + \dot{q}_5 \sin q_2 + a(\dot{q}_2 \cos q_1 + \dot{q}_3), \\ &\omega_5 = - \dot{q}_4 \sin q_2 + \dot{q}_5 \cos q_2 + a\,\dot{q}_1 \sin q. \end{aligned} \tag{3.3.32}$$

非完整约束条件是

$$\omega_4 = \omega_5 = 0. \tag{3.3.33}$$

从方程(3.3.29)解出广义速度

$$\begin{aligned} &\dot{q}_1 = \omega_1,\ \dot{q}_2 = \frac{\omega_2}{\sin q_1},\ \dot{q}_3 = \omega_3 - \omega_2 \operatorname{ctg} q_1, \\ &\dot{q}_4 = (\omega_4 - a\omega_3)\cos q_2 - (\omega_5 - a\omega_1 \sin q_1)\sin q_2, \\ &\dot{q}_5 = (\omega_4 - a\omega_3)\sin q_2 + (\omega_5 - a\omega_1 \sin q_1)\cos q_2. \end{aligned} \tag{3.3.34}$$

计算出 Boltzmann-Hamel 三标系数为

$$\gamma_{12}^2 = -\gamma_{21}^2 = \operatorname{ctg} q_1,\ \gamma_{21}^3 = -\gamma_{12}^3 = 1,\ \gamma_{23}^5 = -\gamma_{23}^5 = \frac{a}{\sin q_1}, \tag{3.3.35}$$

其它的三标系数等于零. 系统的 Lagrange 函数为

$$\begin{aligned} L = &\frac{1}{2}m(\dot{q}_4^2 + \dot{q}_5^2 + a^2 \dot{q}_1^2 \cos^2 q_1) + \frac{1}{2}\{A(\dot{q}_1^2 + \dot{q}_2^2 \sin^2 q_1) + \\ &C(\dot{q}_3 + \dot{q}_2 \cos q_1)^2\} - mga \sin q_1. \end{aligned} \tag{3.3.36}$$

这里 $C = 2A = ma^2$. 利用准速度系统的 Lagrange 函数为

$$\widetilde{L} = \frac{1}{2}m\left[a^2\left(\frac{3}{2}\omega_1^2 + \frac{1}{2}\omega_2^2 + 2\omega_3^2\right) - 2a\omega_3\omega_4 - 2a\omega_1\omega_5\sin q_1 + \omega_4^2 + \omega_5^2\right] - mga\sin q_1. \qquad (3.3.37)$$

将式(3.3.33)、(3.3.34)、(3.3.35)和(3.3.37)代入方程(3.3.5)得到

$$\frac{3}{2}ma^2\dot{\omega}_1 - \frac{1}{2}ma^2\omega_2^2\operatorname{ctg} q_1 + 2ma^2\omega_2\omega_3 - mqa\cos q_1 = 0,$$

$$\frac{1}{2}ma^2\dot{\omega}_2 + \frac{1}{2}ma^2\omega_1\omega_2\operatorname{ctg} q_1 - ma^2\omega_3\omega_1 = 0,$$

$$2ma^2\dot{\omega}_3 - ma^2\omega_1\omega_2 = 0. \qquad (3.3.38)$$

我们还能得到

$$\widetilde{P}_1 - \sum_{r=1}^{n}\frac{\partial\widetilde{L}}{\partial\omega_r}\sum_{\nu=1}^{\varepsilon}\gamma_{\nu1}^{r}\omega_\nu - \sum_{r=1}^{n}\frac{\partial\widetilde{L}}{\partial\omega_r}\varepsilon_1^r = ma^2\left(\frac{1}{2}\omega_2^2\operatorname{ctg} q_1 - 2\omega_2\omega_3\right),$$

$$\widetilde{P}_2 - \sum_{r=1}^{n}\frac{\partial\widetilde{L}}{\partial\omega_r}\sum_{\nu=1}^{\varepsilon}\gamma_{\nu2}^{r}\omega_\nu - \sum_{r=1}^{n}\frac{\partial\widetilde{L}}{\partial\omega_r}\varepsilon_2^r = -ma^2\left(\frac{1}{2}\omega_1\omega_2\operatorname{ctg} q_1 - \omega_1\omega_2\right)$$

$$\widetilde{P}_3 - \sum_{r=1}^{n}\frac{\partial\widetilde{L}}{\partial\omega_r}\sum_{\nu=1}^{\varepsilon}\gamma_{\nu3}^{r}\omega_\nu - \sum_{r=1}^{n}\frac{\partial\widetilde{L}}{\partial\omega_r}\varepsilon_3^r = \frac{1}{2}\omega_1\omega_2. \qquad (3.3.39)$$

从方程(3.3.38)我们得到

$$
\begin{aligned}
\dot{\omega}_1 &= \frac{1}{3}\omega_2^2 \operatorname{ctg} q_1 - \frac{4}{3}\omega_2\omega_3 - \frac{2g}{3a}\cos q_1, \\
\dot{\omega}_2 &= -\omega_1\omega_2 \operatorname{ctg} q_1 + 2\omega_1\omega_3, \\
\dot{\omega}_3 &= \frac{1}{2}\omega_1\omega_2.
\end{aligned} \tag{3.3.40}
$$

其次,我们研究系统的形式不变性.将式(3.3.37)代入方程(3.3.29)得到

$$
\begin{aligned}
&-mga\cos q_1 \frac{\partial}{\partial\omega_1}\dot{\xi}_1 - mga\sin q_1\xi_1 + mga\cos q_1\frac{\partial\xi_1}{\partial q_1} + \\
&mqa^2\sin q_1\sin q_2\cos q_1\frac{\partial\xi_1}{\partial q_4} - mga^2\sin q_1\cos q_2\cos q_1\frac{\partial\xi_1}{\partial q_5} + \\
&\frac{3}{2}ma^2\omega_1(\dot{\xi}_1 - \omega_1\dot{\xi}_0) + \frac{1}{2}ma^2\omega_2(\dot{\xi}_2 - \omega_2\dot{\xi}_0) + \\
&2ma^2\omega_3(\dot{\xi}_3 - \omega_3\dot{\xi}_0) + \left\{\frac{1}{2}ma^2(\dot{\xi}_2 - \omega_2\dot{\xi}_0) - \right. \\
&mga\cos q_1\frac{\partial}{\partial\omega_2}\xi_1 + \frac{3}{2}ma^2\omega_1\frac{\partial}{\partial\omega_2}(\dot{\xi}_1 - \omega_1\dot{\xi}_0) + \\
&\left.\frac{1}{2}ma^2\omega_2\frac{\partial}{\partial\omega_2}(\dot{\xi}_2 - \omega_2\dot{\xi}_0) + 2ma^2\omega_3\frac{\partial}{\partial\omega_2}(\dot{\xi}_3 - \omega_3\dot{\xi}_0)\right\}\cdot \\
&(-\omega_2\operatorname{ctg} q_1) + \left\{2ma^2(\dot{\xi}_3 - \omega_3\dot{\xi}_0) - mga\cos q_1\frac{\partial}{\partial\omega_3}\xi_1 + \right. \\
&\frac{3}{2}ma^2\omega_1\frac{\partial}{\partial\omega_3}(\dot{\xi}_1 - \omega_1\dot{\xi}_0) + \frac{1}{2}ma^2\omega_2(\dot{\xi}_2 - \omega_2\dot{\xi}_0) + \\
&\left.2ma^2\omega_3\frac{\partial}{\partial\omega_3}(\dot{\xi}_3 - \omega_3\dot{\xi}_0)\right\}\omega_2 = 0,
\end{aligned} \tag{3.3.41}
$$

$$-mga\cos q_1\frac{\partial\dot{\xi}_1}{\partial\omega_2}+mga\,\mathrm{ctg}\,q_1\frac{\partial\xi_1}{\partial q_2}-mga\cos q_1\frac{\partial\xi_1}{\partial q_3}+$$

$$\left(\frac{3}{2}ma^2\omega_1-ma^2\omega_5\sin q_1\right)(\dot{\xi}_1-\omega_1\dot{\xi}_0)+\frac{1}{2}ma^2\omega_2(\dot{\xi}_2-$$

$$\omega_2\dot{\xi}_0)+2ma^2\omega_3(\dot{\xi}_3-\omega_3\dot{\xi}_0)+\left\{\frac{1}{2}ma^2(\dot{\xi}_2-\omega_2\dot{\xi}_0)-\right.$$

$$mga\cos q_1\frac{\partial\xi_1}{\partial\omega_2}+\left(\frac{3}{2}ma^2\omega_1-ma^2\omega_5\sin q_1\right)\frac{\partial}{\partial\omega_2}(\dot{\xi}_1-$$

$$\omega_1\dot{\xi}_0)+\frac{1}{2}ma^2\omega_2\cdot\frac{\partial}{\partial\omega_2}(\dot{\xi}_2-\omega_2\dot{\xi}_0)+$$

$$\left.2ma^2\omega_3\frac{\partial}{\partial\omega_2}(\dot{\xi}_3-\omega_3\dot{\xi}_0)\right\}(\omega_1\,\mathrm{ctg}\,q_1)+$$

$$\left\{-mga\cos q_1\frac{\partial\xi_1}{\partial\omega_3}+2ma^2(\dot{\xi}_3-\omega_3\dot{\xi}_0)+\right.$$

$$\left(\frac{3}{2}ma^2\omega_1-ma^2\omega_5\sin q_1\right)\frac{\partial}{\partial\omega_3}(\dot{\xi}_1-\omega_1\dot{\xi}_0)+$$

$$\frac{1}{2}ma^2\omega_2\frac{\partial}{\partial\omega_3}(\dot{\xi}_2-\omega_2\dot{\xi}_0)+2ma^2\omega_3\frac{\partial}{\partial\omega_3}(\dot{\xi}_3-$$

$$\left.\omega_3\dot{\xi}_0)\right\}(-\omega_1)+\left\{ma\omega_1\cos q_1\xi_1+(-ma^2\sin q_1)(\dot{\xi}_1-\right.$$

$$\omega_1\dot{\xi}_0)-mga\cos q_1\frac{\partial\xi_1}{\partial\omega_5}+\left(\frac{3}{2}ma^2\omega_1-\right.$$

$$\left.ma^2\omega_5\sin q_1\right)\frac{\partial}{\partial\omega_5}(\dot{\xi}_1-\omega_1\dot{\xi}_0)+\frac{1}{2}ma^2\omega_2\frac{\partial}{\partial\omega_5}(\dot{\xi}_2-$$

$$\omega_2\dot{\xi}_0)+2ma^2\omega_3\frac{\partial}{\partial\omega_5}(\dot{\xi}_3-\omega_3\dot{\xi}_0)-$$

$$ma\omega_1 \sin q_1 \dot{\xi}_0 \Big\} \left(-\frac{a}{\sin q_1}\right) = 0, \tag{3.3.42}$$

$$-mga\cos q_1 \frac{\partial \xi_1}{\partial \omega_3} + ma^2\omega_1 \sin q_2 \cos q_1 \xi_1 + mga\cos q_1 \frac{\partial \xi_1}{\partial q_3} +$$

$$mga\cos q_1 \cos q_2 \frac{\partial \xi_1}{\partial q_4} + mga\cos q_1 \cos q_2 \frac{\partial \xi_1}{\partial q_5} +$$

$$\frac{3}{2}ma^2\omega_1(\dot{\xi}_1 - \omega_1\dot{\xi}_0) + \frac{1}{2}ma^2\omega_2(\dot{\xi}_2 - \omega_2\dot{\xi}_0) +$$

$$2ma^2\omega_3(\dot{\xi}_3 - \omega_3\dot{\xi}_0) + \Big\{ ma\omega_1\cos q_1 \xi_1 - mga\cos q_1 \frac{\partial \xi_1}{\partial \omega_5} -$$

$$ma^2 \sin q_1(\dot{\xi}_1 - \omega_1\dot{\xi}_0) + \frac{3}{2}ma^2\omega_1 \frac{\partial}{\partial \omega_5}(\dot{\xi}_1 - \omega_1\dot{\xi}_0) +$$

$$\frac{1}{2}ma^2\omega_2 \frac{\partial}{\partial \omega_5}(\dot{\xi}_2 - \omega_2\dot{\xi}_0) + 2ma^2\omega_3 \frac{\partial}{\partial \omega_5}(\dot{\xi}_3 - \omega_3\dot{\xi}_0) -$$

$$ma\omega_1 \sin q_1 \dot{\xi}_0 \Big\} \frac{a}{\sin q_1}\omega_3 = 0. \tag{3.3.43}$$

方程(3.3.41)～(3.3.43)有下面的解：

$$\xi_0 = 1,\ \xi_1 = \xi_2 = \xi_3 = 0,\ \xi_4 = 1,\ \xi_5 = 1, \tag{3.3.44}$$

$$\xi_0 = 0,\ \xi_2 = 1,\ \xi_1 = \xi_3 = 0,\ \xi_4 = 1,\ \xi_5 = 1, \tag{3.3.45}$$

$$\xi_0 = 0,\ \xi_3 = 1,\ \xi_1 = \xi_2 = 0,\ \xi_4 = 1,\ \xi_5 = 1, \tag{3.3.46}$$

$$\xi_0 = 1,\ \xi_1 = \xi_2 = \xi_3 = 0,\ \xi_4 = 0,\ \xi_5 = 0, \tag{3.3.47}$$

$$\xi_0 = 0,\ \xi_2 = 1,\ \xi_1 = \xi_3 = 0,\ \xi_4 = 0,\ \xi_5 = 0, \tag{3.3.48}$$

$$\xi_0 = 0,\ \xi_3 = 1,\ \xi_1 = \xi_2 = 0,\ \xi_4 = 0,\ \xi_5 = 0. \tag{3.3.49}$$

第三，我们研究形式不变性(3.3.44)～(3.3.49)是否为 Noether 对称性. 将方程(3.3.37)代入方程(3.3.19)得到

$$\left\{\frac{1}{2}m\left[a^2\left(\frac{3}{2}\omega_1^2+\frac{1}{2}\omega_2^2+2\omega_3^2\right)-2ma\,\omega_3\omega_4-2m\omega_1\omega_5\sin q_1+\right.\right.$$

$$\left.m\omega_4^2+m\omega_5^2-mga\sin q_1\right\}\dot{\xi}_0+(-2m\omega_1\omega_5\cos q_1-$$

$$mga\cos q_1)\xi_1+\frac{3}{2}ma^2\omega_1(\dot{\xi}_1-\omega_1\dot{\xi}_0)\frac{1}{2}ma^2\omega_2(\dot{\xi}_2-\omega_2\dot{\xi}_0)+$$

$$2ma^2\omega_3(\dot{\xi}_3-\omega_3\dot{\xi}_0)+ma^2\left(\frac{1}{2}\omega_2^2\operatorname{ctg}q_1-2\omega_2\omega_3\right)(\xi_1-\omega_1\xi_0)-$$

$$ma^2\left(\frac{1}{2}\omega_1\omega_2\operatorname{ctg}q_1-\omega_3\omega_1\right)(\xi_2-\omega_2\xi_0)+$$

$$ma^2\omega_1\omega_2(\xi_3-\omega_3\xi_0)=-\dot{G} \tag{3.3.50}$$

将方程(3.3.44)～(3.3.49)代入方程(3.3.50)分别得到

$$0=-\dot{G}, \tag{3.3.51}$$

$$ma^2\left(\frac{1}{2}\omega_1\omega_2\operatorname{ctg}q_1-\omega_3\omega_1\right)=-\dot{G}, \tag{3.3.52}$$

$$ma^2\omega_1\omega_2=-\dot{G}, \tag{3.3.53}$$

$$0=-\dot{G}, \tag{3.3.54}$$

$$ma^2\left(\frac{1}{2}\omega_1\omega_2\operatorname{ctg}q_1-\omega_3\omega_1\right)=-\dot{G}, \tag{3.3.55}$$

$$ma^2\omega_1\omega_2=-\dot{G}. \tag{3.3.56}$$

从方程(3.3.51)和(3.3.54)，得到

$$G=0. \tag{3.3.57}$$

由命题 3 得到，系统 (3.3.38)和(3.3.33)的形式不变性(3.3.51)和(3.3.54)也是 Nother 对称性，并且存在守恒量

$$I=-\frac{1}{2}m\Big[a^2\Big(\frac{3}{2}ma^2\omega_1^2+\frac{1}{2m}a^2\omega_2^2+2ma^2\omega_3^2-$$

$$2ma^2\omega_3\omega_4-2ma\omega_1\omega_5\sin q_1+\omega_4^2+\omega_5^2\Big)+mga\sin q_1\Big]$$

$$=-\frac{1}{2}m\Big[a^2\Big(\frac{3}{2}ma^2\omega_1^2+\frac{1}{2m}a^2\omega_2^2+2ma^2\omega_3^2\Big)+$$

$$mga\sin q_1\Big]=\text{const.} \tag{3.3.58}$$

方程(3.3.58)表示系统的机械能守恒.

用方程(3.3.52)、(3.3.53)、(3.3.55)和(3.3.56)，我们不能得到规范函数 G，因此，相应的形式不变性不能导出 Noether 对称性.

最后，我们研究形式不变性和 Lie 对称性之间的关系. 将方程(3.3.40)代入确定方程(3.3.24)得到

$$\ddot{\xi}_1-\omega_1\ddot{\xi}_0-2\dot{\xi}_0\Big(\frac{1}{3}\omega_2^3\operatorname{ctg}q_1-\frac{4}{3}\omega_2\omega_3-\frac{3g}{2a}\cos q_1\Big)$$

$$=\Big(-\frac{1}{3}\omega_2^2\frac{1}{\sin^2 q_1}+\frac{3g}{2a}\sin q_1\Big)\xi_1+\Big(\frac{2}{3}\omega_2\operatorname{ctg}q_1-\frac{4}{3}\omega_3\Big)\cdot$$

$$(\dot{\xi}_2-\omega_2\dot{\xi}_0)-\frac{4}{3}\omega_2(\dot{\xi}_3-\omega_3\dot{\xi}_0), \tag{3.3.59}$$

$$\ddot{\xi}_2-\omega_2\ddot{\xi}_0-2\dot{\xi}_0(-\omega_2\omega_1\operatorname{ctg}q_1+2\omega_1\omega_3)$$

$$=\omega_2\omega_1\frac{1}{\sin^2 q_1}\xi_1+(-\omega_2\operatorname{ctg}q_1+2\omega_3)(\dot{\xi}_1-\omega_1\dot{\xi}_0)- \tag{3.3.60}$$

$$\omega_1\operatorname{ctg}q_1(\dot{\xi}_2-\omega_2\dot{\xi}_0)+2\omega_1(\dot{\xi}_3-\omega_3\dot{\xi}_0),$$

$$\ddot{\xi}_3-\omega_3\ddot{\xi}_0-2\dot{\xi}_0\Big(\frac{1}{2}\omega_1\omega_2\Big)=\frac{1}{2}\omega_2(\dot{\xi}_1-\omega_1\dot{\xi}_0)+\frac{1}{2}\omega_1(\dot{\xi}_2-\omega_2\dot{\xi}_0). \tag{3.3.61}$$

形式不变性(3.3.44)～(3.3.49)分别满足确定方程(3.3.59)～(3.3.61)，它们分别导出一个相应完整系统(3.3.40)的 Lie 对称性.

无限小生成元 (3.3.44)～(3.3.49)满足 Lie 对称性的确定方程(3.3.13)，那么,形式不变性(3.3.44)～(3.3.49)将分别导出一个弱 Lie 对称性.

无限小生成元 (3.3.47)～(3.3.49)还满足 Lie 对称性的附加限制方程(3.3.25)，那么,形式不变性(3.3.47)～(3.3.49)将分别导出一个强 Lie 对称性.

将无限小生成元(3.3.44)和(3.3.47)代入结构方程(3.3.26)能得到规范函数(3.3.57)和守恒量(3.3.58).

将无限小生成元(3.3.45)和(3.3.48)代入结构方程(3.3.26)能得到式(3.3.52)和(3.3.55)；将无限小生成元(3.3.46)和(3.3.49)代入结构方程(3.3.26)能得到式(3.3.53)和(3.3.56). 从式(3.3.52)、(3.3.55)、(3.3.53)和(3.3.56)我们不能找到规范函数，因此我们也不能得到相应的守恒量.

3.3.8 主要结论

主要贡献：给出准坐标下非完整系统的形式不变性、Noether 对称性和 Lie 对称性的定义和判据. 得到 Boltzmann-Hamel 方程的形式不变性导出 Noether 对称性,导出 Lie 对称性的条件和相应的守恒量.

创新之处：将非完整系统形式不变性,Noether 对称性和 Lie 对称性的研究从广义坐标形式提高到准坐标的形式. 这个研究更为一般.

3.4 非完整系统的非 Noether 对称性和非 Noether 守恒量

本节研究非完整力学系统的非 Noether 对称性和非 Noether 守恒量. 基于系统的运动、非保守力、非完整约束力和 Lagrange 函数之间的关系，讨论系统的非 Noether 对称性和非 Noether 守恒量的形式. 研究非完整系统的非 Noether 对称性导出 Noether 对称性的判据. 这个研究也论述非 Noether 对称性和 Lie 点对称性之间的关系.

3.4.1 系统的非 Noether 对称性

Lagrange 函数为 $L(t, \boldsymbol{q}, \dot{\boldsymbol{q}})$ 的力学系统，受到非势广义力 $Q'_s(t, \boldsymbol{q}, \dot{\boldsymbol{q}})$ 和 g 个理想的非完整约束

$$f_\beta(t, \boldsymbol{q}, \dot{\boldsymbol{q}}) = 0 \quad (\beta = 1, \cdots, g). \tag{3.4.1}$$

系统的运动方程

$$\frac{\mathrm{d}}{\mathrm{d}t}\frac{\partial L}{\partial \dot{q}_s} - \frac{\partial L}{\partial q_s} = Q'_s + \Lambda_s\left(\Lambda_s = \lambda_\beta \frac{\partial f_\beta}{\partial \dot{q}_s}\right)$$

$$(s = 1, \cdots, n;\ n = N - g), \tag{3.4.2}$$

从方程(3.4.1)和(3.4.2)，得到所有的广义加速度

$$\ddot{q}_s = \alpha_s(t, \boldsymbol{q}, \dot{\boldsymbol{q}}). \tag{3.4.3}$$

引入关于时间和广义坐标的无限小变换

$$t^* = t + \varepsilon\xi_0(t, \boldsymbol{q}),\ q_s^* = q_s + \varepsilon\xi_s(t, \boldsymbol{q}), \tag{3.4.4}$$

这里 ε 是小参数，ξ_0，ξ_s 是无限小生成元.

运动方程(3.4.3)和约束方程(3.4.1)在无限小变换(3.4.4)下的不变性导出确定方程

$$\ddot{\xi}_s - \dot{q}_s\ddot{\xi}_0 - 2\alpha_s\dot{\xi}_0 = X^{(1)}(\alpha_s), \tag{3.4.5}$$

和限制方程

$$X^{(1)}(f_\beta(t, \boldsymbol{q}, \dot{\boldsymbol{q}})) = 0. \tag{3.4.6}$$

对于非完整力学系统，Lie 点对称性的生成元形成一个完全集，称为非 Noether 对称性 $\xi_0(t, \boldsymbol{q})$ 和 $\xi_s(t, \boldsymbol{q})$. 算符 $X^{(1)}$ 是一次扩展群

的生成函数，有形式

$$X^{(1)}=\xi_0\frac{\partial}{\partial t}+\xi_s\frac{\partial}{\partial q_s}+(\dot{\xi}_s-\dot{q}_s\dot{\xi}_0)\frac{\partial}{\partial \dot{q}_s}, \tag{3.4.7}$$

并且矢量场

$$\frac{\mathrm{d}}{\mathrm{d}t}=\frac{\partial}{\partial t}+\dot{q}_s\frac{\partial}{\partial q_s}+\alpha_s\frac{\partial}{\partial \dot{q}_s}, \tag{3.4.8}$$

表示沿着方程(3.4.3)的轨迹的全导数.则,对于任意函数 ϕ

$$\dot{\phi}=\frac{\partial \phi}{\partial t}+\dot{q}_s\frac{\partial \phi}{\partial q_s}+\alpha_s\frac{\partial \phi}{\partial \dot{q}_s} \tag{3.4.9}$$

如果方程(3.4.3)和(3.4.1)在无限小变换(3.4.4)下保持不变,这个不变性称为非 Noether 对称性,用满足确定方程(3.4.5)的生成元的完全集 $\xi_0(t,\boldsymbol{q})$ 和 $\xi_s(t,\boldsymbol{q})$ 来表示.

方程(3.4.5)和(3.4.6)可作为非 Noether 对称性的判据,即

判据 1 如果系统的无限小生成元的完全集 ξ_0, ξ_s 满足确定方程(3.4.5),那么,这个对称性称为相应完整系统(3.4.3)的非 Norther 对称性.

判据 2 如果系统的无限小生成元的完全集 ξ_0, ξ_s 满足确定方程(3.4.5)和限制方程(3.4.6),那么,这个对称性称为非完整系统(3.4.3)和(3.4.1)的非 Norther 对称性.

为了得到系统的非 Noether 对称性,需要给出非保守和非完整力学系统的两个关系.

首先,n 维非保守非完整力学系统(3.4.2)的运动方程写成形式

$$\frac{\partial^2 L}{\partial \dot{q}_s\partial \dot{q}_k}\ddot{q}_k=\frac{\partial L}{\partial q_s}-\frac{\partial^2 L}{\partial \dot{q}_s\partial t}-\frac{\partial^2 L}{\partial \dot{q}_s\partial q_k}\dot{q}_k+Q'_s+\Lambda_s. \tag{3.4.10}$$

我们容易证明 α_s, Q'_s, Λ_s 和 L 之间的一个关系

$$\frac{\partial \alpha_s}{\partial \dot{q}_s}-\frac{\partial}{\partial \dot{q}_k}\left(\frac{M_{ks}}{D}(Q'_s+\Lambda_s)\right)+\frac{\mathrm{d}}{\mathrm{d}t}(\ln D)=0, \tag{3.4.11}$$

这里

$$D=\det\left[\frac{\partial^2 L}{\partial \dot{q}_s \partial \dot{q}_k}\right]. \tag{3.4.12}$$

令 M_{ks} 是矩阵形式中二阶导数 $\partial^2 L/\partial \dot{q}_k \partial \dot{q}_s$ 的余因子式.

其次，我们注意到如果无限小生成元 ξ_0，ξ_s 满足确定方程(3.4.5)，它能表示成[107]

$$\dot{X}^{(1)}\phi = X^{(1)}(\dot{\phi})+\dot{\xi}\dot{\phi}. \tag{3.4.13}$$

对于任意的函数 $\phi(t, \boldsymbol{q}, \dot{\boldsymbol{q}})$ 满足. 用这些结果，我们能证明

定理 1 如果无限小变换生成元 ξ_0，ξ_s 满足方程(3.4.5)和(3.4.6)并且函数 $f=f(t, \boldsymbol{q}, \dot{\boldsymbol{q}})$ 满足方程

$$\frac{\mathrm{d}f}{\mathrm{d}t}=\frac{\partial}{\partial \dot{q}_k}\left(\frac{M_{ks}}{D}(Q'_s+\Lambda_s)\right), \tag{3.4.14}$$

那么，非完整系统(3.4.3)存在一个守恒量

$$I=2\left(\frac{\partial \xi_s}{\partial q_s}-\dot{q}_s\frac{\partial \xi_0}{\partial q_s}\right)-N\dot{\xi}_0+X^{(1)}(\ln D)-X^{(1)}(f). \tag{3.4.15}$$

证明: 方程(3.4.5)的右边移动到左边，并用 Π_s 来表示，然后对 $\dot{q}_s$ 求偏导数，得

$$\frac{\partial \Pi_s}{\partial \dot{q}_s}=\frac{\mathrm{d}}{\mathrm{d}t}\left[2\left(\frac{\partial \xi_s}{\partial q_s}-\dot{q}_s\frac{\partial \xi_0}{\partial q_s}\right)-N\dot{\xi}_0\right]-X^{(1)}\left(\frac{\partial \alpha_s}{\partial \dot{q}_s}\right)-\frac{\partial \alpha_s}{\partial \dot{q}_s}\dot{\xi}_0. \tag{3.4.16}$$

如果 ξ_0，ξ_s 满足方程(3.4.5)，从方程(3.4.11)和(3.4.13)我们能得到

$$\frac{\mathrm{d}}{\mathrm{d}t}X^{(1)}(\ln D)=-X^{(1)}\left(\frac{\partial \alpha_s}{\partial \dot{q}_s}-\frac{\partial}{\partial \dot{q}_k}\left(\frac{M_{ks}}{D}(Q'_s+\Lambda_s)\right)\right)-$$

$$\dot{\xi}_0 \frac{\partial \alpha_s}{\partial \dot{q}_s} - \dot{\xi}_0 \frac{\partial}{\partial \dot{q}_k}\left(\frac{M_{ks}}{D}(Q'_s + \Lambda_s)\right), \qquad (3.4.17)$$

那么,方程(3.4.16)能写成形式

$$\frac{\partial \Pi_s}{\partial \dot{q}_s} = \frac{\mathrm{d}}{\mathrm{d}t}\left[2\left(\frac{\partial \xi_s}{\partial q_s} - \dot{q}_s \frac{\partial \xi_0}{\partial q_s}\right) - N\dot{\xi}_0 + X^{(1)}(\ln D)\right] -$$

$$X^{(1)}\left(\frac{\partial}{\partial \dot{q}_k}\left(\frac{M_{ks}}{D}(Q'_s + \Lambda_s)\right)\right) - \dot{\xi}_0 \frac{\partial}{\partial \dot{q}_k}\left(\frac{M_{ks}}{D}(Q'_s + \Lambda_s)\right). \qquad (3.4.18)$$

如果这里存在一个函数 f 满足式(3.4.14),方程(3.4.18)给出

$$\frac{\partial \Pi_s}{\partial \dot{q}_s} = \frac{\mathrm{d}}{\mathrm{d}t}\left[2\left(\frac{\partial \xi_s}{\partial q_s} - \dot{q}_s \frac{\partial \xi_0}{\partial q_s}\right) - N\dot{\xi}_0 + X^{(1)}(\ln D) - X^{(1)}(f)\right]. \qquad (3.4.19)$$

更进一步,如果 ξ_0, ξ_s 满足 $\Pi_s = 0$ 和 $\partial \Pi_s / \partial \dot{q}_s = 0$,方程(3.4.15)表明,$I$ 是一个守恒量. 这是本节的主要结果. 我们注意到,为了得到这个守恒量,系统的运动方程(3.4.3)仅仅是从广义力和 Lagrange 函数导出,并没有要求作用量的积分保持不变.

定理 1 可作为得到相应非保守非完整系统的非 Noether 守恒量的一个判据. 方程(3.4.14)是关于非保守力和约束力的限制条件,方程(3.4.15)给出非完整系统的非 Noether 守恒量.

我们指出,非 Noether 对称性不需要是一个"新"的对称性,它的生成元 ξ_0, ξ_s 可以用系统的 Lie 点对称性的生成元来表示. 事实上,对于一个非完整系统的 Lie 点对称性的生成元形成一个完全集,其它的对称性应该是 Lie 点对称性的生成元的函数. 非 Noether 守恒量也不需要是一个"新"的守恒量,它是 Noether 守恒量的完全集.

3.4.2 从非 Noether 对称性导出 Noether 对称性

方程(3.4.15)给出非 Noether 守恒量.在下面的条件下它可以导出 Noether 守恒量.

定理 2 如果非 Noether 对称性相应非 Noether 守恒量的形式为

$$\tilde{I}=-X^{(1)}(f)-\frac{\partial^2}{\partial\dot{q}_k\partial\dot{q}_s}\left[\frac{M_{ks}}{D}(\dot{\xi}_s-\dot{q}_s\dot{\xi}_0)(Q'_s+\Lambda_s)\right]. \tag{3.4.20}$$

这个对称群保护作用量.当规范函数 G_N 能够被确定,函数 f 满足方程(3.4.14)时,非 Noether 对称性将导出 Noether 对称性,并且存在相应的 Noether 守恒量

$$I=\xi_0 L+(\xi_s-\dot{q}_s\xi_0)\frac{\partial L}{\partial\dot{q}_s}+G_N=\text{const.} \tag{3.4.21}$$

证明: 对于任意的函数 ξ_0, ξ_s, 通过直接的计算容易证明下面的方程:

$$X^{(1)}\left(\frac{\partial^2 L}{\partial\dot{q}_k\partial\dot{q}_s}\right)=\frac{\partial^2 X^{(1)}(L)}{\partial\dot{q}_k\partial\dot{q}_s}-\frac{\partial L}{\partial\dot{q}_l}\frac{\partial(A_{ls})}{\partial\dot{q}_k}-$$

$$A_{ls}\frac{\partial^2 L}{\partial\dot{q}_l\partial\dot{q}_k}-A_{lk}\frac{\partial^2 L}{\partial\dot{q}_l\partial\dot{q}_s}, \tag{3.4.22}$$

这里

$$A_{lk}=\frac{\partial\xi_l}{\partial q_k}-\dot{q}_l\frac{\partial\xi_0}{\partial q_k}-\dot{\xi}_0\delta_{lk}. \tag{3.4.23}$$

Noether 理论指出,如果 ξ_0, ξ_s 确定了非完整系统的一个 Noether 对称性, 此时存在一个规范函数 $G_N(t,\boldsymbol{q})$ 满足[5]

$$X^{(1)}(L)+\dot{\xi}_0 L+(\xi_s-\dot{q}_s\xi_0)(Q'_s+\Lambda_s)=-\dot{G}_N. \quad (3.4.24)$$

因为方程(3.4.24)的右边对于速度的项是线性的，则有

$$\frac{\partial^2 X^{(1)}(L)}{\partial\dot{q}_k\partial\dot{q}_s}=-\frac{\partial^2(\dot{\xi}_0 L)}{\partial\dot{q}_k\partial\dot{q}_s}-\frac{\partial^2}{\partial\dot{q}_k\partial\dot{q}_l}[(\dot{\xi}_s-\dot{q}_s\dot{\xi}_0)(Q'_s+\Lambda_s)]. \quad (3.4.25)$$

方程(3.4.24)代入方程(3.4.22)，得到

$$X^{(1)}\left(\frac{\partial^2 L}{\partial\dot{q}_k\partial\dot{q}_s}\right)=\dot{\xi}_0\frac{\partial^2 L}{\partial\dot{q}_k\partial\dot{q}_s}-B_{ls}\frac{\partial^2 L}{\partial\dot{q}_l\partial\dot{q}_k}-B_{lk}\frac{\partial^2 L}{\partial\dot{q}_l\partial\dot{q}_s}-\frac{\partial^2}{\partial\dot{q}_k\partial\dot{q}_l}[(\dot{\xi}_s-\dot{q}_s\dot{\xi}_0)(Q'_s+\Lambda_s)], \quad (3.4.26)$$

这里

$$B_{ls}=\frac{\partial\xi_l}{\partial q_s}-\dot{q}_s\frac{\partial\xi_0}{\partial q_s}. \quad (3.4.27)$$

令 M_{ms} 是矩阵形式中二阶导数 $\partial^2 L/\partial\dot{q}_m\partial\dot{q}_s$ 的余因子式；满足下面的方程

$$M_{ms}\frac{\partial^2 L}{\partial\dot{q}_m\partial\dot{q}_l}=D\delta_{sl}, \quad (3.4.28)$$

和

$$M_{ms}\frac{\partial}{\partial\rho}\frac{\partial^2 L}{\partial\dot{q}_m\partial\dot{q}_s}=\frac{\partial D}{\partial\rho}, \quad (3.4.29)$$

这里 D 由式(3.4.12)给出，ρ 表示 q_s，$\dot{q}_s$ 和 t 的其中之一. 用 M_{ms} 乘方程(3.4.26)，重复的下标表示求和，并用方程(3.4.28)和(3.4.29)，得到

$$X^{(1)}(\ln D)=\dot{\xi}_0 N-2B_{ll}-\frac{\partial^2}{\partial \dot{q}_k \partial \dot{q}_s}\left[\frac{M_{ks}}{D}(\dot{\xi}_s-\dot{q}_s \dot{\xi}_0)(Q_s+\Lambda_s)\right]. \tag{3.4.30}$$

由方程(3.4.30)和(3.4.15)我们知道,如果对称性群保持作用量不变,证得 $\tilde{I}$ 是守恒量.在这种情况下,非完整系统存在经典的 Noether 不变量(3.4.21).

可见,我们得到了相应非完整系统的任意对称性的守恒量.

3.4.3 Lagrange 系统的非 Noether 对称性

下面,我们从非完整系统的非 Noether 对称性导出 Lagrange 系统的非 Noether 对称性.

我们指出当系统的非保守广义力和约束力变为零,这个研究能导出 Lagrange 系统的非 Noether 对称性.相应 Lagrange 系统的非 Noether 守恒量为[98]

$$I=2\left(\frac{\partial \xi_s}{\partial q_s}-\dot{q}_s \frac{\partial \xi_0}{\partial q_s}\right)-N\dot{\xi}_0+X^{(1)}(\ln D), \tag{3.4.31}$$

进一步,如果(3.4.31)式中的 I 变为零,这个对称性将保持作用量.我们得到,Lagrange 系统的非 Noether 对称性将导出一个 Noether 对称性并且存在经典的 Noether 守恒量.

我们应该指出,Lagrange 系统的 Lie 点对称性的生成元形成一个完全集,这个集合构成了系统的非 Noether 对称性 ξ_0,ξ_s.实际上,Lagrange 系统的 Lie 不变量形成一个守恒量的完全集,称为 Lagrange 系统的非 Noether 守恒量.

3.4.4 例子

考虑一个力学系统,Lagrange 函数为

$$L=\frac{1}{2}(\dot{q}_1^2+\dot{q}_2^2+\dot{q}_2^2), \tag{3.4.32}$$

受到的非完整约束力

$$f = \dot{q}_3 - q_2\dot{q}_1 = 0, \tag{3.4.33}$$

他的运动方程为

$$\frac{\mathrm{d}}{\mathrm{d}t}\frac{\partial L}{\partial \dot{q}_s} - \frac{\partial L}{\partial q_s} = \Lambda_s, \Lambda_s = \lambda\frac{\partial f}{\partial \dot{q}_s} \quad (s = 1, \cdots, n). \tag{3.4.34}$$

从方程(3. 4. 32)，(3. 4. 33)和(3. 4. 34)，得到

$$\lambda = \frac{\dot{q}_2\dot{q}_1}{1 + q_2^2}, \tag{3.4.35}$$

系统的运动方程可表示成形式

$$\frac{\mathrm{d}}{\mathrm{d}t}\frac{\partial L}{\partial \dot{q}_1} - \frac{\partial L}{\partial q_1} = -\frac{q_2\dot{q}_1\dot{q}_2}{1 + q_2^2} = \alpha_1, \tag{3.4.36}$$

$$\frac{\mathrm{d}}{\mathrm{d}t}\frac{\partial L}{\partial \dot{q}_2} - \frac{\partial L}{\partial q_2} = 0 = \alpha_2, \tag{3.4.37}$$

$$\frac{\mathrm{d}}{\mathrm{d}t}\frac{\partial L}{\partial \dot{q}_3} - \frac{\partial L}{\partial q_3} = \frac{\dot{q}_1\dot{q}_2}{1 + q_2^2} = \alpha_3. \tag{3.4.38}$$

方程(3. 4. 36)～(3. 4. 38)在无限小变换 ξ_0，ξ_s 下的非 Noether 对称性确定方程是

$$\ddot{\xi}_1 - \dot{q}_1\ddot{\xi}_0 + \frac{2q_2\dot{q}_2\dot{q}_1}{1 + q_2^2}\dot{\xi}_0 = \xi_2\frac{-\dot{q}_2\dot{q}_1(1 - q_2^2)}{(1 + q_2^2)^2} - (\dot{\xi}_1 - \dot{q}_1\dot{\xi}_0)\frac{q_2\dot{q}_2}{1 + q_2^2} - (\dot{\xi}_2 - \dot{q}_2\dot{\xi}_0)\frac{q_2\dot{q}_1}{1 + q_2^2}, \tag{3.4.39}$$

$$\ddot{\xi}_2 - \dot{q}_2\ddot{\xi}_0 = 0, \tag{3.4.40}$$

$$\ddot{\xi}_3 - \dot{q}_3\ddot{\xi}_0 - \frac{2\dot{q}_2\dot{q}_1}{1 + q_2^2}\dot{\xi}_0 = (\dot{\xi}_1 - \dot{q}_1\dot{\xi}_0)\frac{\dot{q}_2}{1 + q_2^2} + (\dot{\xi}_2 - \dot{q}_2\dot{\xi}_0)\frac{\dot{q}_1}{1 + q_2^2}. \tag{3.4.41}$$

在方程(3. 4. 39)～(3. 4. 41)中

$$\dot{\xi}_k = \frac{\partial \xi_k}{\partial t} + \frac{\partial \xi_k}{\partial q_1}\dot{q}_1 + \frac{\partial \xi_k}{\partial q_2}\dot{q}_2 + \frac{\partial \xi_k}{\partial q_3}\dot{q}_3 \quad (k = 0, 1, \cdots, n), \tag{3.4.42}$$

$$\ddot{\xi}_k = \frac{\partial^2 \xi_k}{\partial t^2} + 2\frac{\partial^2 \xi_k}{\partial t \partial q_1}\dot{q}_1 + 2\frac{\partial^2 \xi_k}{\partial t \partial q_2}\dot{q}_2 + 2\frac{\partial^2 \xi_k}{\partial t \partial q_3}\dot{q}_3 + 2\frac{\partial^2 \xi_k}{\partial q_2 \partial q_1}\dot{q}_1\dot{q}_2 + 2\frac{\partial^2 \xi_k}{\partial q_3 \partial q_1}\dot{q}_1\dot{q}_3 + 2\frac{\partial^2 \xi_k}{\partial q_3 \partial q_2}\dot{q}_3\dot{q}_2 + \frac{\partial^2 \xi_k}{\partial q_1^2}\dot{q}_1^2 + \frac{\partial^2 \xi_k}{\partial^2 q_2^2}\dot{q}_2^2 + \frac{\partial^2 \xi_k}{\partial q_3^2}\dot{q}_3^2. \tag{3.4.43}$$

方程(3. 4. 39)～(3. 4. 41)有解

$$\xi_0 = c_1 q_2 + c_2,\ \xi_1 = c_3,\ \xi_2 = 0,\ \xi_3 = c_4 q_2 + c_5 t + c_6. \tag{3.4.44}$$

这里 $c_1, c_2, c_3, c_4, c_5, c_6$ 是任意的常数，生成元(3. 4. 44)是一个非 Noether 对称性. 它是相应完整系统(3. 4. 36)和(3. 4. 38)的 Lie 点对称性的完全集. 对于非完整系统，将方程(3. 4. 44)代入限制方程(3. 4. 6),得到

$$X^{(1)}(\dot{q}_3 - q_2\dot{q}_1) = -\xi_2\dot{q}_1 - (\dot{\xi}_1 - \dot{q}_1\dot{\xi}_0)q_2 + (\dot{\xi}_3 - \dot{q}_3\dot{\xi}_0) = 0. \tag{3.4.45}$$

我们取

$$\xi_0 = c_2,\ \xi_1 = c_3,\ \xi_2 = 0,\ \xi_3 = c_6 \tag{3.4.46}$$

生成元(3. 4. 46)是相应非完整系统(3. 4. 36)～(3. 4. 38)和(3. 4. 33)的 非 Noether 对称性.

将 Λ_s 代入方程(3. 4. 14)得到

$$f=\frac{1}{2}\ln(1+q_2^2). \tag{3.4.47}$$

在方程(3.4.15)中嵌入方程(3.4.44)和(3.4.47)导出相应完整系统(3.4.36)～(3.4.38)的非 Noether 对称性守恒量.

$$I=2\left(\frac{\partial c_3}{\partial q_1}-\dot{q}_1\frac{\partial}{\partial q_1}(c_1q_2+c_2)\right)+2\left(\frac{\partial 0}{\partial q_2}-\dot{q}_2\frac{\partial}{\partial q_2}(c_1q_2+c_2)\right)+$$

$$2\left(\frac{\partial}{\partial q_3}(c_4q_2+c_5)-\dot{q}_3\frac{\partial}{\partial q_3}(c_1q_2+c_2)\right)-3c_1\dot{q}_2+X^{(1)}(\ln D)-$$

$$X^{(1)}\left(\frac{1}{2}\ln(1+q_2^2)\right)=-2c_1\dot{q}_2-3c_1\dot{q}_2=\text{const}. \tag{3.4.48}$$

方程(3.4.48)表示相应完整系统(3.4.36)～(3.4.38)沿着 q_2 的方向动量守恒.

方程(3.4.46)和(3.4.47)代入方程(3.4.15)导出相应非完整系统(3.4.36)～(3.4.38)和(3.4.33)的非 Noether 守恒量

$$I=2\left(\frac{\partial c_3}{\partial q_1}-\dot{q}_1\frac{\partial \dot{c}_2}{\partial q_1}\right)+2\left(\frac{\partial 0}{\partial q_2}-\dot{q}_2\frac{\partial c_2}{\partial q_2}\right)+2\left(\frac{\partial c_6}{\partial q_3}-\dot{q}_3\frac{\partial c_2}{\partial q_3}\right)+$$

$$X^{(1)}(\ln D)-\xi_2\frac{2q_2}{1+q_2^2}=0. \tag{3.4.49}$$

因此，非 Noether 对称性(3.4.46)是平庸的. 然而，非 Noether 对称性(3.4.46)满足条件(3.4.20)

$$\tilde{I}=-X^{(1)}\left(\frac{1}{2}\ln(1+q_2^2)\right)-\frac{\partial^2}{\partial\dot{q}_k\partial\dot{q}_s}\left[\frac{M_{ks}}{D}(\dot{\xi}_s-\dot{q}_s\dot{\xi}_0)(Q'_s+\Lambda_s)\right]=0 \tag{3.4.50}$$

那么，非 Noether 对称性(3.4.46)导出 Noether 对称性，并且(3.4.46)满足 Noether 恒等式

$$(c_3 - c_2\dot{q}_1)\left(-\frac{q_2\dot{q}_2\dot{q}_1}{1+q_2^2}\right) + (c_6 - c_2\dot{q}_3)\frac{\dot{q}_2\dot{q}_1}{1+q_2^2} = -\dot{G}_N. \tag{3.4.51}$$

然而，从方程(3.4.51)我们不能得到规范函数 G_N，因此，我们不能得到相应这个对称性的 Noether 守恒量.

3.4.5 主要结论

主要贡献：给出非保守非完整系统的非 Noether 对称性和非 Noether 守恒量，得到非 Noether 对称性导出 Noether 对称性的条件. 指出对于非完整系统非 Noether 对称性是 Lie 点对称性的完全集，非 Noether 守恒量是 Lie 不变量(Noether 守恒量)的完全集.

创新之处：给出系统的运动、非保守广义力、非完整约束力和 Lagrange 函数之间的关系，给出非保守力和非完整约束力满足的条件以及非 Noether 守恒量的形式，将非 Noether 守恒量的研究从 Lagrange 系统提高到非保守非完整力学系统.

3.5 非完整系统的速度依赖对称性和非 Noether 守恒量

本节研究非完整系统的速度依赖对称性理论，包括非完整系统速度依赖对称性的正问题和逆问题，并且直接导出非 Noether 守恒量.

3.5.1 系统的速度依赖对称性的正问题

考虑 n 个广义坐标 $q_s(s=1, \cdots, n)$ 确定的力学系统，受到 g 个理想的非完整约束

$$f_\beta(t, \boldsymbol{q}, \dot{\boldsymbol{q}}) = 0(\beta = 1, \cdots, g), \tag{3.5.1}$$

系统的运动方程为

$$\frac{\mathrm{d}}{\mathrm{d}t}\frac{\partial L}{\partial \dot{q}_s}-\frac{\partial L}{\partial q_s}=Q''_s+\Lambda_s,\left(\Lambda_s=\lambda_\beta\frac{\partial f_\beta}{\partial \dot{q}_s}\right),\tag{3.5.2}$$

从方程(3.5.1)和(3.5.2)我们得到所有的广义加速度

$$\ddot{q}_s=g_s(q_k,\dot{q}_k,t)(s,k=1,\cdots,n).\tag{3.5.3}$$

取广义坐标的无限小变换

$$q_s^*(t)=q_s(t)+\varepsilon\eta_s(t,\boldsymbol{q},\dot{\boldsymbol{q}}),\tag{3.5.4}$$

这里 ε 是一个小参数，η_s 是无限小生成元. 则，无限小变换生成元向量为

$$X^{(0)}=\eta_s\frac{\partial}{\partial q_s},\tag{3.5.5}$$

它的一次扩展

$$X^{(1)}=\eta_s\frac{\partial}{\partial q_s}+\dot{\eta}_s\frac{\partial}{\partial \dot{q}_s},\tag{3.5.6}$$

和二次扩展形式

$$X^{(2)}=\eta_s\frac{\partial}{\partial q_s}+\dot{\eta}_s\frac{\partial}{\partial \dot{q}_s}+\ddot{\eta}_s\frac{\partial}{\partial \ddot{q}}=X^{(1)}+\ddot{\eta}_s\frac{\partial}{\partial \ddot{q}}\tag{3.5.7}$$

即函数 $\eta_s(t,\boldsymbol{q},\dot{\boldsymbol{q}})$ 确定一个对称性.

基于 Lie 的微分方程在无限小变换下的不变性理论，运动方程(3.5.3)和约束方程(3.5.1)在无限小变换(3.5.4)下的不变性给出

$$\ddot{\eta}_s=X^{(10)}(g_s),\tag{3.5.8}$$

和

$$\eta_s\frac{\partial f_\beta}{\partial q_s}+\dot{\eta}_s\frac{\partial f_\beta}{\partial \dot{q}_s}=X^1(f_\beta)=0.\tag{3.5.9}$$

当生成元 η_s 满足无限小变换(3.5.4)时，方程(3.5.8)和(3.5.9)

被称为该变换的确定方程和限制方程.

定义 1 如果无限小生成元 η_s 满足确定方程(3.5.8)，这个对称性称为相应完整系统(3.5.3)的速度依赖对称性.

定义 2 如果无限小生成元 η_s 满足确定方程(3.5.8)和限制方程(3.5.9)，这个对称性称为非完整系统(3.5.3)和(3.5.1)的速度依赖对称性.

速度依赖对称性不总是对应守恒量,我们给出:

定理 1 对于非完整系统(3.5.1)和(3.5.3),如果无限小生成元 $\eta_s = \eta_s(t, \boldsymbol{q}, \dot{\boldsymbol{q}})$ 给出速度依赖对称性,并且规范函数 G 由下面的公式可以确定

$$\frac{\partial g_s}{\partial \dot{q}_s} + \dot{G} = \psi, \tag{3.5.10}$$

这里 ψ 是对称群的不变量，那么,系统的守恒量的形式为

$$I = X^{(1)}[G] + \frac{\partial \eta_s}{\partial q_s} + \frac{\partial \dot{\eta}_s}{\partial \dot{q}_s}. \tag{3.5.11}$$

我们称方程(3.5.10)为该系统速度依赖对称性的结构方程，方程(3.5.11)为相应这个对称性的非 Noether 守恒量. 这就是说，$X^{(2)}=0$ 意味着 $\dot{I} = 0$. 这个证明由 I 对时间的导数来实现

$$\frac{\mathrm{d}I}{\mathrm{d}t} = \frac{\mathrm{d}}{\mathrm{d}t}[X^{(1)}(G)] + \frac{\mathrm{d}}{\mathrm{d}t}\left[\frac{\partial \eta_s}{\partial q_s} + \frac{\partial \dot{\eta}_s}{\partial \dot{q}_s}\right]. \tag{3.5.12}$$

对于任意函数 $f = f(t, \boldsymbol{q}, \dot{\boldsymbol{q}})$，我们能证明

$$\frac{\mathrm{d}}{\mathrm{d}t}\frac{\partial f}{\partial q_s} = \frac{\partial \dot{f}}{\partial q_s} - \frac{\partial g_k}{\partial q_s}\frac{\partial f}{\partial \dot{q}_k}, \tag{3.5.13}$$

$$\frac{\mathrm{d}}{\mathrm{d}t}\frac{\partial f}{\partial \dot{q}_s} = \frac{\partial \dot{f}}{\partial \dot{q}_s} - \frac{\partial f}{\partial q_s} - \frac{\partial g_k}{\partial \dot{q}_s}\frac{\partial f}{\partial \dot{q}_k}, \tag{3.5.14}$$

$$X^{(1)}\left(\frac{\partial f}{\partial \dot{q}_s}\right)=\frac{\partial}{\partial \dot{q}_s}X^{(1)}(f)-\frac{\partial \eta_k}{\partial \dot{q}_s}\frac{\partial f}{\partial q_k}-\frac{\partial \dot{\eta}_k}{\partial \dot{q}_s}\frac{\partial f}{\partial \dot{q}_k}. \tag{3.5.15}$$

对于 $\ddot{q}_s = g_s$,无限小生成元 η_s 确定一个对称性(3.5.7),由确定方程 $\ddot{\eta}_s = X^{(1)}(g_s)$ 给出. 由此我们表明,如果 $X^{(1)}$ 是一个对称性,那么

$$\frac{\mathrm{d}}{\mathrm{d}t}X^{(1)}(f) = X^{(1)}(\dot{f}). \tag{3.5.16}$$

用方程(3.5.13)和(3.5.14),我们得到

$$\frac{\mathrm{d}}{\mathrm{d}t}\left(\frac{\partial \eta_s}{\partial q_l}+\frac{\partial \dot{\eta}_s}{\partial \dot{q}_s}\right)=\frac{\partial \ddot{\eta}_s}{\partial \dot{q}_s}-\frac{\partial g_k}{\partial \dot{q}_s}\frac{\partial \dot{\eta}_s}{\partial \dot{q}_k}-\frac{\partial g_k}{\partial q_s}\frac{\partial \eta_s}{\partial \dot{q}_k}, \tag{3.5.17}$$

而且,用方程(3.5.15)我们能证明 $X^1(\partial g_s/\partial \dot{q}_s)$ 等于方程(3.5.17)的右边,即

$$X^{(1)}\left(\frac{\partial g_s}{\partial \dot{q}_s}\right)=\frac{\mathrm{d}}{\mathrm{d}t}\left[\frac{\partial \eta_s}{\partial q_s}+\frac{\partial \dot{\eta}_s}{\partial \dot{q}_s}\right], \tag{3.5.18}$$

在方程(3.5.12)中用方程(3.5.16),(3.5.18)得到

$$\frac{\mathrm{d}\phi}{\mathrm{d}t} = X^{(1)}\left(\frac{\partial g_s}{\partial \dot{q}_s}+\dot{G}\right) = X^{(1)}(\psi) = 0. \tag{3.5.19}$$

这里 ψ 是一个对称群的不变量足以满足. 问题得证.

3.5.2 系统的速度依赖对称性的逆问题

从知道的守恒量求对称性称为对称性的逆问题.

首先,我们从知道的守恒量求相应的速度依赖对称性. 假定非完整系统有守恒量

$$I = I(t,\ \boldsymbol{q},\ \dot{\boldsymbol{q}}) = \mathrm{const}, \tag{3.5.20}$$

则

$$\frac{\mathrm{d}I}{\mathrm{d}t}=\frac{\partial I}{\partial t}+\frac{\partial I}{\partial q_s}\dot{q}_s+\frac{\partial I}{\partial \dot{q}_s}\ddot{q}_s=0. \tag{3.5.21}$$

用 η_s 乘方程(3.5.2)并且对 s 求和得到

$$\left(\frac{\mathrm{d}}{\mathrm{d}t}\frac{\partial L}{\partial \dot{q}_s}-\frac{\partial L}{\partial q_s}-Q_s-\Lambda_s\right)\eta_s=0. \tag{3.5.22}$$

方程(3.5.21)和(3.5.22)相加并展开这些结果,得到

$$\frac{\partial \phi}{\partial t}+\frac{\partial \phi}{\partial q_s}\dot{q}_s+\frac{\partial \phi}{\partial \dot{q}_s}\ddot{q}_s-\left(\frac{\partial^2 L}{\partial \dot{q}_s\partial \dot{q}_k}\ddot{q}_k+\frac{\partial^2 L}{\partial \dot{q}_s\partial q_k}\dot{q}_k+\right.$$

$$\left.\frac{\partial^2 L}{\partial \dot{q}_s\partial t}-\frac{\partial L}{\partial q_s}-Q_s-\Lambda_s\right)\eta_s=0, \tag{3.5.23}$$

然后令包含 $\ddot{q}_k$ 的项的系数等于零,得到

$$\eta_s=\bar{\alpha}_{sk}\frac{\partial I}{\partial \dot{q}_k},\bar{\alpha}_{sk}\alpha_{kr}=\delta_{sr}=\begin{cases}1 & s=r\\ 0 & s\neq r\end{cases}, \tag{3.5.24}$$

这里我们已经假定系统非奇异,那么

$$\alpha_{sk}=\frac{\partial^2 L}{\partial \dot{q}_s\partial \dot{q}_k}. \tag{3.5.25}$$

令方程(3.5.11)和方程(3.5.20)中的守恒量相等,即

$$X^{(1)}(G)+\frac{\partial \eta_s}{\partial q_s}+\frac{\partial \dot{\eta}_s}{\partial \dot{q}_s}=I. \tag{3.5.26}$$

从方程(3.5.24)和(3.5.26),我们能求得生成元 η_s 和规范函数 G.

其次,我们将生成元 η_s 和规范函数 G 代入确定方程(3.5.8)和限制方程(3.5.9),来确定非完整系统的速度依赖对称性.

定理 2 当由方程(3.5.24)和(3.5.26)确定的无限小生成元 η_s 满足确定方程(3.5.8)时,这个对称性称为相应完整系统(3.5.3)的速度依赖对称性;当由方程(3.5.24)和(3.5.26)确定的无限小生成

元 η_s 满足确定方程(3.5.8)和限制方程(3.5.9)时,这个对称性称为非完整系统(3.5.1)和(3.5.3)的速度依赖对称性.

类似于非完整系统速度依赖对称性的研究,我们也能得到非保守力学系统的速度依赖对称性.

3.5.3 例子

Appell-Hamel 问题的 Lagrange 函数是[41, 190]

$$L=\frac{1}{2}m(\dot{q}_1^2+\dot{q}_2^2+\dot{q}_3^2)-mgq_3, \tag{3.5.27}$$

受到的非完整约束为

$$f=\dot{q}_3-(\dot{q}_1^2+\dot{q}_2^2)^{\frac{1}{2}}=0 \tag{3.5.28}$$

首先,我们研究系统的速度依赖对称性的正问题.在方程(3.5.12)中用方程(3.5.27)、(3.5.28)给出

$$m\ddot{q}_1=2\lambda\dot{q}_1,\ m\ddot{q}_2=2\lambda\dot{q}_2,\ m\ddot{q}_3=-mg-2\lambda\dot{q}_3, \tag{3.5.29}$$

从方程(3.5.28)和(3.5.29),我们得到约束乘子

$$\lambda=-\frac{mg\dot{q}_3}{2(\dot{q}_1^2+\dot{q}_2^2+\dot{q}_3^2)}=-\frac{mg}{4\dot{q}_3}, \tag{3.5.30}$$

用方程(3.5.29)和(3.5.30)得到系统的广义非势力和约束力为

$$Q''_1+\Lambda_1=-\frac{1}{2}mg\frac{\dot{q}_1}{\dot{q}_3},\ Q''_2+\Lambda_2=-\frac{1}{2}mg\frac{\dot{q}_2}{\dot{q}_3},$$

$$Q''_3+\Lambda_3=\frac{1}{2}mg, \tag{3.5.31}$$

系统的运动方程

$$\ddot{q}_1 = -\frac{1}{2}g\frac{\dot{q}_1}{\dot{q}_3} = h_1,\ \ddot{q}_2 = -\frac{1}{2}g\frac{\dot{q}_2}{\dot{q}_3} = h_2,$$

$$\ddot{q}_3 = -\frac{1}{2}g = h_3. \tag{3.5.32}$$

方程(3.5.32)代入方程(3.5.8)得到下面的确定方程

$$\ddot{\eta}_1 = \dot{\eta}_1\left(-\frac{1}{2}g\frac{1}{\dot{q}_3}\right) + \dot{\eta}_3\left(\frac{1}{2}g\frac{\dot{q}_1}{\dot{q}_3^2}\right),$$

$$\ddot{\eta}_2 = \dot{\eta}_2\left(-\frac{1}{2}g\frac{1}{\dot{q}_3}\right) + \dot{\eta}_3\left(\frac{1}{2}g\frac{\dot{q}_2}{\dot{q}_3^2}\right),$$

$$\ddot{\eta}_3 = 0. \tag{3.5.33}$$

它们有解

$$\eta_1^1 = 1,\ \eta_2^1 = 1,\ \eta_3^1 = 1,\ X_1 = \frac{\partial}{\partial q_1} + \frac{\partial}{\partial q_2} + \frac{\partial}{\partial q_3}; \tag{3.5.34}$$

$$\eta_1^2 = \int \frac{\dot{q}_1}{\dot{q}_3}\mathrm{d}t,\ \eta_2^2 = \int \frac{\dot{q}_2}{\dot{q}_3}\mathrm{d}t,\ \eta_3^2 = 1;$$

$$X_2 = \int \frac{\dot{q}_1}{\dot{q}_3}\mathrm{d}t\frac{\partial}{\partial q_1} + \int \frac{\dot{q}_1}{\dot{q}_3}\mathrm{d}t\frac{\partial}{\partial q_2} + \frac{\partial}{\partial q_3}. \tag{3.5.35}$$

方程(3.5.32)代入方程(3.5.9)得到

$$\dot{\eta}_1\dot{q}_1 + \dot{\eta}_2\dot{q}_2 - \dot{\eta}_3\dot{q}_3 = 0. \tag{3.5.36}$$

无限小生成元(3.5.34)满足式(3.5.36)，则(3.5.34)是相应非完整系统的速度依赖对称性.

将方程(3.5.34)和(3.5.31)代入结构方程(3.5.10)，我们得到

$$\psi = -\frac{g}{2\dot{q}_3} - \frac{g}{2\dot{q}_3} - \frac{1}{2}mg\frac{\dot{q}_1}{\dot{q}_3} - \frac{1}{2}mg\frac{\dot{q}_2}{\dot{q}_3} + \frac{1}{2}mg + \dot{G},$$

$$X^{(2)}(\psi)=0. \tag{3.5.37}$$

当我们取 $\psi=0$，我们不能找到规范函数. 当取

$$\psi=-\frac{g}{\dot{q}_3}-\frac{1}{2}mg\frac{\dot{q}_1}{\dot{q}_3}-\frac{1}{2}mg\frac{\dot{q}_2}{\dot{q}_3}+q_2\dot{q}_1-q_1\dot{q}_1,$$

$$X^{(2)}(\psi)=0, \tag{3.5.38}$$

这里 ψ 是对称群(3.5.34)的不变量，此时我们能得到规范函数

$$G=q_2q_1-\frac{1}{2}q_1^2-\frac{1}{2}mgt. \tag{3.5.39}$$

将方程(3.5.34)和(3.5.39)代入方程(3.5.11)得到

$$I_1=\left(\frac{\partial}{\partial q_1}+\frac{\partial}{\partial q_2}+\frac{\partial}{\partial q_3}\right)\left(q_2q_1-\frac{1}{2}q_1^2-\frac{1}{2}mgt\right)=q_2=\text{const.} \tag{3.5.40}$$

至此，我们得到了相应非完整系统(3.5.28)和(3.5.32)的守恒量，它是一个非 Noether 型的守恒量.

生成元(3.5.35)不满足方程(3.5.36)，那么，生成元(3.5.35)是相应完整系统(3.5.32)的速度依赖对称性. 将方程(3.5.35)和(3.5.39)代入方程(3.5.11)得到下面的守恒量

$$\begin{aligned}I_2=&\left(\int\frac{\dot{q}_1}{\dot{q}_3}\mathrm{d}t\frac{\partial}{\partial q_1}+\int\frac{\dot{q}_2}{\dot{q}_3}\mathrm{d}t\frac{\partial}{\partial q_2}+\frac{\partial}{\partial q_3}\right)\left(q_2q_1-\frac{1}{2}q_1^2-\frac{1}{2}mgt\right)+\\&\frac{\partial}{\partial q_1}\int\frac{\dot{q}_1}{\dot{q}_3}\mathrm{d}t+\frac{\partial}{\partial q_2}\int\frac{\dot{q}_2}{\dot{q}_3}\mathrm{d}t+\frac{1}{\dot{q}_3}+\frac{1}{\dot{q}_3}=(q_2-q_1)\int\frac{\dot{q}_1}{\dot{q}_3}\mathrm{d}t+\\&q_1\int\frac{\dot{q}_2}{\dot{q}_3}\mathrm{d}t+\frac{\partial}{\partial q_1}\int\frac{\dot{q}_1}{\dot{q}_3}\mathrm{d}t+\frac{\partial}{\partial q_2}\int\frac{\dot{q}_2}{\dot{q}_3}\mathrm{d}t-\frac{4}{gt}=\text{const.}\end{aligned} \tag{3.5.41}$$

我们指出：系统的速度依赖对称性能直接导出非 Noether 守恒

量.系统的速度依赖对称性和 Noether 对称性是两种不同的对称性，速度依赖对称性的规范函数通过选择对称群的不变量 ψ 来确定，守恒量由方程(3.5.11)得到，然而，Noether 对称性的守恒量由 Noether 定理得到.系统的速度依赖对称性和 Lie 对称性也是两种不同的对称性，Lie 对称性的规范函数由结构方程得到，相应的守恒量由经典的 Noether 守恒量公式给出.

3.5.4 主要结论

主要贡献：给出非完整力学系统速度依赖对称性的正问题和逆问题，得到该对称性的确定方程、结构方程和限制方程，直接导出系统的非 Noether 守恒量的形式.

创新之处：得到非完整系统的速度依赖对称性形式简洁(与 Lutzky 得到的 Lagrange 系统的相应公式比较)，便于计算的结构方程和守恒量形式.研究系统的速度依赖对称性的逆问题.将 Lutzky 最近给出的 Lagrange 系统的速度依赖对称性的研究提高到非完整力学系统的速度依赖对称性的研究.

3.6 非完整 Hamilton 正则系统的动量依赖对称性和非 Noether 守恒量

本节基于广义坐标和广义动量的无限小变换，建立非完整 Hamilton 正则系统动量依赖对称性和非 Noether 守恒量的基本理论，包括正问题和逆问题.

3.6.1 系统的动量依赖对称性的正问题

n 维自由度系统的 Hamilton 函数是 $H=H(t, \boldsymbol{q}, \boldsymbol{p})$，受到的非保守广义力为 $Q_s(t, \boldsymbol{q}, \boldsymbol{p})$，非完整约束为

$$f_\beta(t, \boldsymbol{q}, \dot{\boldsymbol{q}})=0 \quad (\beta=1, \cdots, g). \tag{3.6.1}$$

这里 $\boldsymbol{q}=\{q_1, \cdots, q_n\}$, $\boldsymbol{p}=\{p_1, \cdots, p_n\}$ 分别表示广义坐标和广义动量.

系统的运动微分方程为

$$\dot{q}_s=\frac{\partial H}{\partial p_s}, \dot{p}_s=-\frac{\partial H}{\partial q_s}+Q_s+\lambda_\beta \frac{\partial f_\beta}{\partial \dot{q}_s} \quad (s=1, \cdots, n), \tag{3.6.2}$$

方程(3.6.2)可写为

$$\dot{q}_s=\frac{\partial H}{\partial p_s}, \dot{p}_s=-\frac{\partial H}{\partial q_s}+\widetilde{Q}_s+\widetilde{\Lambda}_s \quad (s=1, \cdots, n), \tag{3.6.3}$$

式中 $\widetilde{\Lambda}_s(t, \boldsymbol{q}, \boldsymbol{p})=\Lambda_s(t, \boldsymbol{q}, \dot{\boldsymbol{q}}(t, \boldsymbol{q}, \boldsymbol{p}))=\lambda_\beta \partial f_\beta / \partial \dot{q}_s$ 为广义非完整约束力. 方程(3.6.3)称为对应于非完整系统(3.6.1)和(3.6.2)的完整系统的 Hamilton 正则方程,方程(3.6.3)表示成显形式

$$\dot{q}_s=h_s(t, \boldsymbol{q}, \boldsymbol{p}), \dot{p}_s=g_s(t, \boldsymbol{q}, \boldsymbol{p}). \tag{3.6.4}$$

引入关于广义坐标和广义动量的无限小变换

$$q_s^*(t)=q_s(t)+\varepsilon \xi_s(t, \boldsymbol{q}, \boldsymbol{p}), \ p_s^*(t)=p_s(t)+\varepsilon \eta_s(t, \boldsymbol{q}, \boldsymbol{p}). \tag{3.6.5}$$

这里 ε 是一个小参数, ξ_s, η_s 是无限小变换生成元.

基于微分方程在无限小变换下的不变性,我们给出:

定义 1 如果方程(3.6.4)在有限连续 Lie 群的无限小变换(3.6.5)下保持不变,那么,这个不变性称为相应完整 Hamilton 正则系统的动量依赖对称性.

定义 2 如果方程(3.6.1)和(3.6.4)在连续 Lie 群的无限小变换(3.6.5)下保持不变,那么,这个不变性称为非完整 Hamilton 正则系统的动量依赖对称性.

类似于(2.6.1)讨论,我们给出非完整 Hamilton 正则系统(3.6.

4)和(3.6.1)在无限小变换(3.6.5)下的确定方程

$$\dot{\xi}_s = X^{(0)}(h_s),\ \dot{\eta}_s = X^{(0)}(g_s), \tag{3.6.6}$$

和限制方程

$$X^{(0)}(\tilde{f}_\beta(t, \boldsymbol{q}, \boldsymbol{p})) = 0 \quad (\beta = 1, \cdots, g). \tag{3.6.7}$$

算符 $X^{(0)}$ 是对称群的生成元，由(2.6.5)式给出. 方程(3.6.6)和(3.6.7)可作为动量依赖对称性的判据，即

判据 1　当无限小变换生成元 ξ_s, η_s 满足确定方程(3.6.6)时，这个对称性为相应完整 Hamilton 正则系统(3.6.4)的动量依赖对称性.

证明: 方程(3.6.4)在无限小变换(3.6.5)下的不变性表示为

$$X^{(1)}(\dot{q}_s - h_s(t, \boldsymbol{q}, \boldsymbol{p})) = 0,\ X^{(1)}(\dot{p}_s - g_s(t, \boldsymbol{q}, \boldsymbol{p})) = 0. \tag{3.6.8}$$

在方程(3.6.8)中用公式(2.6.2),(2.6.5)和(2.6.6)，得到方程(3.6.6).

判据 2　当无限小变换生成元 ξ_s, η_s 满足确定方程(3.6.6)和限制方程(3.6.7)时，这个对称性为非完整 Hamilton 正则系统(3.6.1)和(3.6.2)的动量依赖对称性.

动量依赖对称性不总是对应守恒量，那么，我们给出下面的:

定理　对于非完整 Hamilton 正则系统(3.6.4)，规范函数 $G(t, \boldsymbol{q}, \boldsymbol{p})$ 能从公式

$$\frac{\partial h_s}{\partial q_s} + \frac{\partial g_s}{\partial p_s} + \dot{G} = \psi \tag{3.6.9}$$

中找到，这里 ψ 是一个对称群的不变量. 如果无限小变换生成元 $\xi_s = \xi_s(t, \boldsymbol{q}, \boldsymbol{p})$ 和 $\eta_s = \eta_s(t, \boldsymbol{q}, \boldsymbol{p})$ 是方程(3.6.4)的动量依赖对称性，那么，存在一个守恒量

$$I = X^{(0)}[G] + \frac{\partial \xi_s}{\partial q_s} + \frac{\partial \eta_s}{\partial p_s}. \tag{3.6.10}$$

我们称方程(3.6.9)为非完整 Hamilton 正则系统的结构方程,并且系统存在非 Noether 守恒量(3.6.10).

证明: 对于这个定理,我们表明 $X^{(0)}(\psi) = 0$ 意味着 $\dot{I} = 0$. 这可以通过对 I 求导数来证明

$$\frac{\mathrm{d}I}{\mathrm{d}t} = \frac{\mathrm{d}}{\mathrm{d}t}[X^{(0)}(G)] + \frac{\mathrm{d}}{\mathrm{d}t}\left[\frac{\partial \xi_s}{\partial q_s} + \frac{\partial \eta_s}{\partial \dot{q}_s}\right]. \tag{3.6.11}$$

对于任意的函数 $f = f(t, \boldsymbol{q}, \boldsymbol{p})$,我们已经证明了关系(2.6.13)~(2.6.16).

对于非完整 Hamilton 正则系统(3.6.4),无限小生成元 ξ_s, η_s 定义一个对称性(3.6.5)的条件由(3.6.6)给出. 由此,我们能表明,如果 $X^{(0)}$ 是一个对称性,那么

$$\frac{\mathrm{d}}{\mathrm{d}t}X^{(0)}(f) = X^{(0)}(\dot{f}). \tag{3.6.12}$$

将方程(3.6.12)代入(3.6.11),得到

$$\frac{\mathrm{d}I}{\mathrm{d}t} = X^{(0)}(\dot{G}) + \frac{\mathrm{d}}{\mathrm{d}t}\left(\frac{\partial \xi_s}{\partial q_s} + \frac{\partial \eta_s}{\partial p_s}\right). \tag{3.6.13}$$

类似于方程(2.6.19)和(2.6.20)的讨论,我们能证明

$$X^{(0)}\left(\frac{\partial h_s}{\partial q_s} + \frac{\partial g_s}{\partial p_s}\right) = \frac{\mathrm{d}}{\mathrm{d}t}\left[\frac{\partial \xi_s}{\partial q_s} + \frac{\partial \eta_s}{\partial p_s}\right], \tag{3.6.14}$$

在方程(3.6.11)中用方程(3.6.14)导出

$$\frac{\mathrm{d}\phi}{\mathrm{d}t} = X^{(0)}\left(\frac{\partial h_s}{\partial q_s} + \frac{\partial g_s}{\partial p_s} + \dot{G}\right) = X^{(0)}(\psi). \tag{3.6.15}$$

这里 ψ 只需是一个对称性的不变量足以满足. 定理得证.

3.6.2 系统的动量依赖对称性的逆问题

从给出的守恒量找系统的动量依赖对称性称为该对称性的逆问题. 用下面的步骤.

首先，我们从知道的守恒量找出动量依赖对称性. 假定非完整系统存在守恒量

$$I = I(t, \boldsymbol{q}, \boldsymbol{p}) = \text{const}, \tag{3.6.16}$$

那么

$$\frac{\mathrm{d}I}{\mathrm{d}t} = \frac{\partial I}{\partial t} + \frac{\partial I}{\partial q_s}\dot{q}_s + \frac{\partial I}{\partial p_s}\dot{p}_s = 0, \tag{3.6.17}$$

即

$$\frac{\partial I}{\partial t} + \frac{\partial I}{\partial q_s}\frac{\partial H}{\partial p_s} + \frac{\partial I}{\partial p_s}\dot{p}_s = 0. \tag{3.6.18}$$

用 ξ_s 乘方程(3.6.3)，然后求和得到

$$\left(-\dot{p}_s - \frac{\partial H}{\partial q_s} + Q_s\right)\xi_s = 0, \tag{3.6.19}$$

方程(3.6.18)和(3.6.19)相加，并且令 $\dot{p}_s$ 的系数等于零得到

$$\xi_s = \frac{\partial I}{\partial p_s}, \tag{3.6.20}$$

令方程(3.6.10)中的守恒量等于方程(3.6.16)，即

$$X^{(0)}(G) + \frac{\partial \xi_s}{\partial q_s} + \frac{\partial \eta_s}{\partial p_s} = I. \tag{3.6.21}$$

从方程(3.6.20)和(3.6.21)，我们能得到生成元 ξ_s，η_s.

其次，将生成元代入系统非 Noether 对称性的确定方程(3.6.6)，若成立，那么，我们就确定了相应完整系统(3.6.4)的动量依赖对称性.

定义 3 当用(3.6.20),(3.6.21)确定的无限小变换生成元 ξ_s, η_s 满足确定方程(3.6.6)时，这个对称性为相应完整系统(3.6.4)的动量依赖对称性. 如果生成元 ξ_s, η_s 还满足限制方程(3.6.7),这个对称性为非完整系统(3.6.1)和(3.6.2)的动量依赖对称性.

现在我们指出：非完整 Hamilton 正则系统的动量依赖对称性能直接导出非 Noether 守恒量,动量依赖对称性的规范函数 G 由结构方程(3.6.9)和选择对称性的不变量 ψ 来确定,非 Noether 守恒量由式(3.6.10)来确定. 系统的动量依赖对称性不同于 Noether 对称性,除了二者定义不同外,Noether 对称性的规范函数和守恒量由 Noether 定理确定. 而系统的动量依赖对称性也不同于 Lie 对称性,Lie 对称性的规范函数和守恒量分别由 Lie 对称性的结构方程和 Noether 型守恒量来确定. 非完整 Hamilton 系统的非 Noether 守恒量是 Noether 型守恒量的完全集.

3.6.3 主要结论

主要贡献：基于广义坐标和广义动量的无限小变换,给出非完整 Hamilton 正则系统的动量依赖对称性的定义,确定方程,结构方程,直接导出系统的非 Noether 守恒量. 从已知的守恒量,给出速度依赖对称性的无限小变换生成元. 研究表明,(3.6.9)式中的 ψ 只需要是无限小对称群的不变量,我们可以通过选择适当的 ψ, 并根据结构方程求得规范函数,进一步求得系统的非 Noether 守恒量.

创新之处：一是给出非完整 Hamilton 正则系统的动量依赖对称性的形式简洁便于计算的结构方程和守恒量,二是得到结构方程中的 ψ 只需是对称性的不变量,三是将动量依赖对称性的研究提升到非完整系统.

3.7 可控非线性非完整系统的 Lie 对称性和守恒量

本节研究含有控制参数的非线性非完整系统的 Lie 对称性和守

恒量的正问题和逆问题. 基于微分方程在无限小变换下的不变性，给出可控非完整系统 Lie 对称性的确定方程，限制方程和附加限制方程. 研究该系统的 Lie 对称性导出守恒量的条件和守恒量的形式.

3.7.1 系统的运动方程

考虑 N 个粒子构成的力学系统，第 i 个粒子的质量为 $m_i(i=1, \cdots, N)$. 系统的位形由 n 个广义坐标 $q_s(s=1, \cdots, n)$ 来确定. 假定系统受到 m 个完整约束

$$f_\rho(t, q_s, u_r)=0, (\rho=1, \cdots, m; i=1, \cdots, N; r=1, \cdots, p), \tag{3.7.1}$$

和 g 个非完整约束

$$\psi_\beta(t, q_s, \dot{q}_s, u_r, \dot{u}_r)=0, (\beta=1, \cdots, g), \tag{3.7.2}$$

这里 $u_r=u_r(t)(r=1, \cdots, p)$ 是控制参数. 对系统的控制通过控制参数 u_r 来实现. 系统的运动方程为[141, 191]

$$\frac{\mathrm{d}}{\mathrm{d}t}\frac{\partial T}{\partial \dot{q}_s}-\frac{\partial T}{\partial q_s}=Q_s+\lambda_\beta\frac{\partial \psi_\beta}{\partial \dot{q}_s}. \tag{3.7.3}$$

方程(3.7.3)与通常的非完整系统的运动方程不同，因为广义约束力含有控制参数 $u_r(t)$ 和 $\dot{u}_r(t)$. 通过控制广义约束力来实现控制系统的运动. 将方程(3.7.3)展开为

$$\ddot{q}_l+A_{sl}^{-1}(K, m; s)\dot{q}_k\dot{q}_m=A_{sl}^{-1}\left\{\left(\frac{\partial B_k}{\partial q_s}-\frac{\partial B_s}{\partial q_k}\right)\dot{q}_k+Q_s-\frac{\partial B_s}{\partial t}+\frac{\partial T_0}{\partial q_s}-\frac{\partial A_{ks}}{\partial t}\dot{q}_k+\lambda_\beta\frac{\partial \psi_\beta}{\partial \dot{q}_l}\right\}, \tag{3.7.4}$$

这里

$$[k, m, s]=\frac{1}{2}\left(\frac{\partial A_{ks}}{\partial q_m}+\frac{A_{ms}}{\partial q_k}-\frac{\partial A_{km}}{\partial q_s}\right), \tag{3.7.5}$$

假设控制参数 u_r 仅依赖时间，方程(3.7.2)对时间求导数得

$$\frac{\partial \psi_\gamma}{\partial q_l}\dot{q}_l+\frac{\partial \psi_\gamma}{\partial \dot{q}_l}\ddot{q}_l+\frac{\partial \psi_\gamma}{\partial u_r}\dot{u}_r+\frac{\partial \psi_\gamma}{\partial \dot{u}_r}\ddot{u}_r+\frac{\partial \psi_\gamma}{\partial t}=0. \tag{3.7.6}$$

在方程积分之前利用方程(3.7.2)和(3.7.3)可先求出约束乘子 λ_β 和广义约束力. 系统的运动方程表示为显形式

$$\ddot{q}_s=\alpha_s(t,\boldsymbol{q},\dot{\boldsymbol{q}},u_r,\dot{u}_r,\ddot{u}_r). \tag{3.7.7}$$

3.7.2 系统的 Lie 对称性正问题

引入关于时间和广义坐标的无限小变换

$$t^*=t+\varepsilon\xi_0(t,\boldsymbol{q},\dot{\boldsymbol{q}}),\ q_s^*(t)=q_s(t)+\varepsilon\xi_s(t,\boldsymbol{q},\dot{\boldsymbol{q}}), \tag{3.7.8}$$

这里 ε 是一个小参数，ξ_0，ξ_s 为无限小生成元. 根据 Lie 对称性理论，如果无限小变换(3.7.8)使可控非完整系统的运动方程保持不变，这个变换称为可控非完整系统的 Lie 对称性变换.

基于微分方程(3.7.7)和(3.7.1)在无限小变换(3.7.8)下的不变性，得到系统的 Lie 对称性的确定方程

$$\ddot{\xi}_s-\dot{q}_s\ddot{\xi}_0-2\dot{\xi}_0\alpha_s=X^{(1)}(\alpha_s),\ (s=1,\cdots,n), \tag{3.7.9}$$

和限制方程

$$X^{(1)}(\psi_\beta(\boldsymbol{q},\dot{\boldsymbol{q}},u_r,\dot{u}_r,t))=0\quad(\beta=1,\cdots,g;\ r=1,\cdots,p). \tag{3.7.10}$$

判据 1 如果无限小生成元 ξ_0，ξ_s 满足确定方程(3.7.9)，这个对称性称为相应可控完整系统的 Lie 对称性.

判据 2 如果无限小生成元 ξ_0，ξ_s 满足确定方程(3.7.9)和限制方程(3.7.10)，这个对称性称为可控非完整系统的弱 Lie 对称性.

需要指出的是，在得到系统的运动方程(3.7.3)时，我们用了Cheatev条件

$$\frac{\partial \psi_\beta}{\partial \dot{q}_s}\delta q_s = 0 \quad (\beta = 1, \cdots, g;\ s = 1, \cdots, n). \tag{3.7.11}$$

因为

$$\delta q_s = \Delta q_s - \dot{q}_s \Delta t = \varepsilon(\xi_s - \dot{q}_s \xi_0), \tag{3.7.12}$$

则有

$$\frac{\partial \psi_\beta}{\partial \dot{q}_s}(\xi_s - \dot{q}_s \xi_0) = 0 \quad (\beta = 1, \cdots, g;\ s = 1, \cdots, n). \tag{3.7.13}$$

方程(3.7.13)称为系统的附加限制方程.

判据3 如果无限小生成元 ξ_0, ξ_s 既满足确定方程(3.7.9)和限制方程(3.7.10)也满足附加限制方程(3.7.13)，这个对称性称为可控非完整系统的强Lie对称性.

可控非完整系统的Lie对称性不总是导出Noether型守恒量，下面我们给出导出Noether型守恒量的条件：

定理1 无限小变换生成元 ξ_0, ξ_s 满足确定方程(3.7.9)，如果存在一个规范函数 $G = G(t, \boldsymbol{q}, u_r, \dot{u}_r)$ 满足下面的方程

$$L\dot{\xi}_0 + X^{(1)}(L) + \frac{\partial L}{\partial u_r}\dot{u}_r \xi_0 + \frac{\partial L}{\partial \dot{u}_r}\ddot{u}_r \xi_0 + \dot{G} = 0, \tag{3.7.14}$$

那么，相应可控完整系统存在的守恒量为

$$I = L\xi_0 + \frac{\partial L}{\partial \dot{q}_s}(\xi_s - \dot{q}_s \xi_0) + G = \text{const}, \tag{3.7.15}$$

这里 $L = T - V$ 是系统的Lagrange函数. 方程(3.7.14)称为可控完整系统Lie对称性的结构方程.

证明:

$$\frac{\mathrm{d}I}{\mathrm{d}t}=\dot{L}\xi_0+L\dot{\xi}_0+\frac{\mathrm{d}}{\mathrm{d}t}\frac{\partial L}{\partial \dot{q}_s}(\xi_s-\dot{q}_s\xi_0)+\frac{\partial L}{\partial \dot{q}_s}(\dot{\xi}_s-\ddot{q}_s\xi_0-\dot{q}_s\dot{\xi}_s)-$$

$$L\dot{\xi}_0-\frac{\partial L}{\partial t}\xi_0-\frac{\partial L}{\partial q_s}\xi_s-\frac{\partial L}{\partial \dot{q}_s}(\dot{\xi}_s-\dot{q}_s\dot{\xi}_0)-\frac{\partial L}{\partial u_r}\dot{u}_r\xi_0-\frac{\partial L}{\partial \dot{u}_r}\ddot{u}_r\xi_0-$$

$$Q''_s(\xi_s-\dot{q}_s\xi_0)=(\xi_s-\dot{q}_s\xi_0)\left(\frac{\mathrm{d}}{\mathrm{d}t}\frac{\partial L}{\partial \dot{q}_s}-\frac{\partial L}{\partial q_s}-Q''_s\right)=0.$$

定理 2 对于可控非完整系统,如果无限小变换生成元 ξ_0, ξ_s 满足确定方程(3.7.9)和限制方程(3.7.10),并且存在一个满足结构方程(3.7.14)的规范函数 $G=G(t,\boldsymbol{q},u_r,\dot{u}_r)$,那么,相应可控非完整系统的弱 Lie 对称型存在形如(3.7.15)的守恒量.

定理 3 对于可控非完整系统,如果无限小变换生成元 ξ_0, ξ_s 满足确定方程(3.7.9)、限制方程(3.7.10)和附加限制方程(3.7.13),如果存在一个满足结构方程(3.7.14)的规范函数 $G=G(t,\boldsymbol{q},u_r,\dot{u}_r)$,那么,相应可控非完整系统的强 Lie 对称性存在形如(3.7.15)的守恒量.

3.7.3 系统的 Lie 对称性逆问题

首先,我们从知道的守恒量找系统的 Lie 对称性. 假定可控非完整系统存在守恒量

$$I=I(t,\boldsymbol{q},\dot{\boldsymbol{q}},u_r,\dot{u}_r)=\mathrm{const},\tag{3.7.16}$$

那么

$$\frac{\mathrm{d}I}{\mathrm{d}t}=\frac{\partial I}{\partial t}+\frac{\partial I}{\partial q_s}\dot{q}_s+\frac{\partial I}{\partial \dot{q}_s}\ddot{q}_s+\frac{\partial I}{\partial u_r}\dot{u}_r+\frac{\partial I}{\partial \dot{u}_r}\ddot{u}_r=0.\tag{3.7.17}$$

用

$$\bar{\xi}_s=\xi_s-\dot{q}_s\xi_o,\tag{3.7.18}$$

乘方程(3.7.3)并且对 s 求和得到

$$\bar{\xi}_s\left(\frac{\mathrm{d}}{\mathrm{d}t}\frac{\partial L}{\partial \dot{q}_s}-\frac{\partial L}{\partial q_s}-Q''_s\right)=0,\left(Q''_s=Q_s+\lambda_\beta\frac{\partial \psi_\beta}{\partial \dot{q}_s}\right). \tag{3.7.19}$$

方程(3.7.17)和方程(3.7.19)两边相加,然后展开,并且令包含 $\ddot{q}_k$ 的项的系数等于零,得到

$$\bar{\xi}_s=\bar{h}_{sk}\frac{\partial I}{\partial \dot{q}_k}, \tag{3.7.20}$$

这里

$$\bar{h}_{sk}h_{kr}=\delta_{sr},\ h_{sk}=\frac{\partial^2 L}{\partial \dot{q}_s\partial \dot{q}_k}. \tag{3.7.21}$$

再令方程(3.7.16)和方程(3.7.15)中的守恒量相等,即

$$L\xi_0+\frac{\partial L}{\partial \dot{q}_s}\bar{\xi}_s+G=I. \tag{3.7.22}$$

从方程(3.7.20)和方程(3.7.22)我们能得到相应完整系统(3.7.7)的 Noether 对称性生成元 ξ_0, ξ_s.

其次,将生成元 ξ_0, ξ_s 代入方程(3.7.9),(3.7.10)和(3.7.13),我可以确定系统的 Lie 对称性.

定理 4 如果由方程(3.7.20)和方程(3.7.22)确定的无限小生成元 ξ_0, ξ_s 满足确定方程(3.7.9),这个对称性为相应可控完整系统(3.7.7)的 Lie 对称性;如果无限小生成元 ξ_0, ξ_s 还满足限制方程(3.7.10),这个对称性为相应可控非完整系统(3.7.2)和(3.7.3)的弱 Lie 对称性;更进一步,如果无限小生成元 ξ_0, ξ_s 还满足附加限制方程(3.7.13),这个对称性为相应可控非完整系统(3.7.2)和(3.7.3)的强 Lie 对称性.

3.7.4 例子

假设系统的位形由广义坐标 q_1 和 q_2 来确定，它的 Lagrange 函数是

$$L=\frac{1}{2}(\dot{q}_1^2+\dot{q}_2^2)-kq_2, \tag{3.7.23}$$

约束方程为

$$f=\dot{q}_2-u(t)\dot{q}_1=0, \tag{3.7.24}$$

这里 $u(t)$ 是控制参数. 如果控制参数 $u(t)$ 不依赖时间 t，该系统为非可控完整系统. 如果 $u(t)\rightarrow 0$，它是一个保守完整系统，沿着 q_2 方向的动量守恒，这是一个非常重要的系统. 在通常的情况下，系统(3.7.23)和(3.7.24)是一个可控非完整系统.

首先，我们研究 Lie 对称性的正问题. 系统的运动方程为

$$\ddot{q}_1=-\lambda u,\ \ddot{q}_2=\lambda-k. \tag{3.7.25}$$

从方程(3.7.24)和(3.7.25)，我们得到

$$\lambda=\frac{(k+u\dot{u}\dot{q}_1)}{(1+u^2)}, \tag{3.7.26}$$

从方程(3.7.25)和(3.7.26)得到

$$\ddot{q}_1=-\frac{ku+u\dot{u}\dot{q}_1}{1+u^2},\ \ddot{q}_2=\frac{u\dot{u}\dot{q}_1-ku^2}{1+u^2}. \tag{3.7.27}$$

然后，将方程(3.7.27)代入方程(3.7.9)得到系统 Lie 对称性的确定方程为

$$\ddot{\xi}_1-\dot{q}_1\ddot{\xi}_0-2\dot{\xi}_0\left(-\frac{ku+u\dot{u}\dot{q}_1}{1+u^2}\right)$$

$$= \xi_0 \left(-\frac{k(1-u^2)\dot{u}}{(1+u^2)^2} - \frac{u\ddot{u}}{1+u^2}\dot{q}_1 - \frac{\dot{u}^2(1-u^2)}{(1+u^2)^2}\dot{q}_1 \right) +$$

$$(\dot{\xi}_1 - \dot{q}_1\dot{\xi}_0)\frac{u\dot{u}}{1+u^2};$$

$$\ddot{\xi}_2 - \dot{q}_2\ddot{\xi}_0 - 2\dot{\xi}_0\left(\frac{u\dot{u}\dot{q}_1}{1+u^2} - \frac{ku^2}{1+u^2}\right)$$

$$= \xi_0\left(\frac{u\ddot{u}}{1+u^2}\dot{q}_1 + \frac{\dot{u}^2}{(1+u^2)^2}\dot{q}_1 - \frac{\dot{u}^2u^2}{(1+u^2)^2}\dot{q}_1 - \right.$$

$$\left. \frac{2ku\dot{u}}{(1+u^2)^2}\right) + (\dot{\xi}_1 - \dot{q}_1\dot{\xi}_0)\frac{u\dot{u}}{1+u^2}. \tag{3.7.28}$$

确定方程(3.7.28)有解：

$$\xi_0 = 0,\ \xi_1 = 0,\ \xi_2 = 1, \tag{3.7.29}$$

$$\xi_0 = 0,\ \xi_1 = 1,\ \xi_2 = 0, \tag{3.7.30}$$

$$\xi_0 = 0,\ \xi_1 = 1,\ \xi_2 = 1, \tag{3.7.31}$$

$$\xi_0 = 0,\ \xi_1 = 1,\ \xi_2 = t, \tag{3.7.32}$$

$$\xi_0 = 0,\ \xi_1 = 0,\ \xi_2 = t. \tag{3.7.33}$$

他们相应可控完整系统的 Lie 对称性.

方程(3.7.24)代入方程(3.7.10)得到系统的限制方程

$$-\dot{u}\dot{q}_1\xi_0 - (\dot{\xi}_1 - \dot{q}_1\dot{\xi}_0)u + (\dot{\xi}_2 - \dot{q}_2\dot{\xi}_0) = 0. \tag{3.7.34}$$

生成元(3.7.32)和(3.7.33)不满足限制方程(3.7.34)，他们不是可控非完整系统(3.7.23)和(3.7.24)的弱 Lie 对称性. 生成元(3.7.29)～(3.7.31)满足限制方程(3.7.34)，因此，他们是非完整系统(3.7.23)和(3.7.24)的弱 Lie 对称性. 从方程(3.7.14)和(3.7.15)知相应对称性(3.7.29)～(3.7.31)的规范函数和守恒量分别为

$$G_1 = kt,\ I_1 = \dot{q}_2 + kt = \text{const}, \tag{3.7.35}$$

$$G_2 = 0,\ I_2 = \dot{q}_1 = \text{const}, \tag{3.7.36}$$

$$G_3 = kt,\ I_3 = \dot{q}_1 + \dot{q}_2 + kt = \text{const}. \tag{3.7.37}$$

式(3.7.35)～(3.7.37)是可控系统(3.7.23)和(3.7.24)弱 Lie 对称性的规范函数和守恒量,也就是通常的 Lie 对称性的规范函数和守恒量. 由系统的 Li 对称性(3.7.35)～(3.7.37)我们得到如下结论:式(3.7.35)表示可控系统(3.7.23)和(3.7.24)沿着广义坐标 q_2 的动量不守恒,(3.7.36)表示可控系统(3.7.23)和(3.7.24)沿着广义坐标 q_1 的动量守恒,(3.7.37)表示可控系统(3.7.23)和(3.7.24)的动量不守恒.

可控约束(3.7.24)代入(3.7.13)得到系统的附加限制方程

$$-u(t)(\xi_1 - \dot{q}_1) + (\xi_2 - \dot{q}_2) = 0. \tag{3.7.38}$$

将对称性(3.7.29)～(3.7.31)代入方程(3.7.38)都不能满足,因此这个可控非完整系统(3.7.23)和(3.7.24)仅有弱 Lie 对称性.

现在我们研究逆问题. 假定系统有守恒量

$$I = \dot{q}_1 + \dot{q}_2 + kt, \tag{3.7.39}$$

将方程(3.7.39)代入方程(3.7.20)和(3.7.22)得到

$$\begin{aligned} &\bar{\xi}_1 = 1,\ \bar{\xi}_2 = 1, \\ &L\xi_0 + \dot{q}_1\bar{\xi}_1 + \dot{q}_2\bar{\xi}_2 + G = \dot{q}_1 + \dot{q}_2 + kt, \end{aligned} \tag{3.7.40}$$

那么

$$\xi_0 = \frac{1}{L}(kt - G),\ \xi_1 = 1 + \dot{q}_1\xi_0,\ \xi_2 = 1 + \dot{q}_2\xi_0. \tag{3.7.41}$$

方程(3.7.37)代入方程(3.7.41),得到

$$\xi_0 = 0,\ \xi_1 = 1,\ \xi_2 = 1. \tag{3.7.42}$$

生成元(3.7.42)满足限制方程(3.7.34)，不满足附加限制方程(3.7.13)，因此，该对称性为系统的弱 Lie 对称性，而不是强 Lie 对称性.

3.7.5 主要结论

主要贡献：给出可控非完整系统 Lie 对称性的正问题和逆问题.得到系统 Lie 对称性的确定方程、限制方程和附加限制方程.给出系统弱 Lie 对称性和强 Lie 对称性的定义和判据.得到可控非完整系统 Lie 对称性对应 Noether 守恒量的条件和守恒量的形式.

创新之处：将 Lie 对称性的研究提高到含有控制参数的可控非线性非完整系统.

3.8 小结

本章研究非完整力学系统对称性和守恒量的几个问题，分为六个部分：① 非完整 Hamilton 正则系统的形式不变性.给出非完整 Hamilton 正则系统形式不变性的定义和判据；讨论形式不变性与 Noether 对称性，形式不变性与 Lie 对称性之间的关系和导出守恒量的条件.将形式不变性的研究扩展到非完整 Hamilton 正则系统.② 准坐标下非完整系统的形式不变性、Noether 对称性和 Lie 对称性.将 Lie 的扩展群方法引入准坐标下非完整 Hamilton 正则系统，给出包含准速度的时间和准坐标的无限小变换，得到准坐标下非完整 Hamilton 正则系统的形式不变性、Noether 对称性和 Lie 对称性；研究该系统形式不变性，Noether 对称性和 Lie 对称性三者之间的关系和相应的守恒量.将非完整系统形式不变性，Noether 对称性和 Lie 对称性的研究从广义坐标形式提高到准坐标的形式，这个研究更为一般.③ 非完整系统的非 Noether 对称性和非 Noether 守恒量.给出系统的运动、非保守广义力、非完整约束力和 Lagrange 函数之间的关系以及非保守力和非完整约束力满足的条件；得到非完整系统的非 Noether 对称性和非 Noether 守恒量；讨论非 Noether 对称性导出

Noether 对称性的条件;指出对于非完整系统非 Noether 对称性是 Lie 点对称性的完全集,非 Noether 守恒量是 Lie 不变量(Noether 守恒量)的完全集.将非 Noether 守恒量的研究从 Lagrange 系统提高到非保守非完整力学系统. ④ 非完整力学系统的速度依赖对称性和非 Noether 守恒量.引入关于坐标的无限小变换,给出非完整力学系统速度依赖对称性的确定方程,结构方程和限制方程;直接导出系统的非 Noether 守恒量的新形式;研究该系统速度依赖对称性的逆问题.导出简洁,便于计算的结构方程和非 Noether 守恒量.将 Lutzky 最近给出的速度依赖对称性的研究从 Lagrange 系统提高到非完整力学系统. ⑤ 非完整 Hamilton 正则系统的动量依赖对称性.给出非完整 Hamilton 正则系统动量依赖对称性的定义,确定方程,结构方程;直接导出系统的非 Noether 守恒量;研究该对称性的逆问题;指出结构方程中的 ψ 只需要是无限小对称群的不变量,选择适当的 ψ 得到系统的非 Noether 守恒量.将 Lie 的扩展群方法引入非完整 Hamilton 正则系统,把动量依赖对称性的研究进一步从 Lagrange 系统提高到非完整 Hamilton 正则系统. ⑥ 可控非完整系统 Lie 对称性和守恒量.给出可控非完整系统 Lie 对称性的确定方程、限制方程和附加限制方程;给出系统弱 Lie 对称性和强 Lie 对称性的判据及其守恒量,并给出该对称性的逆问题.将 Lie 对称性的研究提高到含有控制参数的可控非线性非完整系统.

第四章 机电系统的对称性和守恒量

4.1 引言

分析力学用统一的观点和方法研究力学问题，开辟了解决受约束物体和更复杂物体系统运动问题的新途径. 占社会总动力能源90%以上的旋转电机，各种机电换能装置、磁流体动力变换装置，高速磁浮列车，高速磁浮轴承等，这些机电装置都是进行机电能量转换的. 机电分析动力学是研究机电耦联问题的最有效的工具，它从能量的观点出发，研究运动物体在电磁场中发生相互作用的规律，并作为统一的方法，用于建立力学问题与电路、电磁场问题机电耦合的微分方程组，从而去研究机电耦联的相互作用规律.

1873 年麦克斯韦在他的电与磁的论文中，应用 Lagrange 方法，第一次描述了机电系统的问题，后人称所得的方程为 Lagrange-Maxwell 方程. 文献[139～142]介绍了 Lagrange-Maxwell 方程的一般形式. Lagrange-Maxwell 方程揭示了电的与机械的量之间的定量关系，该方程在机电工程中有重要应用，像电磁仪表(电流计)、电动式扬声器、电容器、传声器、电磁悬浮列车都可以用 Lagrange-Maxwell 方程来描述.

当所研究的机电系统是完整系统时，其运动方程可用 Lagrange-Maxwell 方程(或第二类 Lagrange 方程)的形式，然而在存在容积导体及滑动摩擦的条件下，应用 Lagrange-Maxwell 方程时，会产生明显的错误结果. 历史上第一个不能写成拉格朗日方程形式的机电系统是巴尔罗圆环. 因为巴尔罗圆环所建立的拉格朗日第二类方程式不能阐明它在磁场中发生的转动，以及圆环转动所感应的电动力. 与此相关，产生了一系列关于巴尔罗圆环运动方程不大明确的结论，这些结论引起了很长时间激烈的争论. 结论表明，在具有滑动接触及容积导体的系统中存在非完整约束.

具有滑动接触及容积导体的机电系统属于 Chaplygin 非完整动力学系统. 然而 Chaplygin 方程应用到可数集非完整约束的机电系统中是困难的，在格波罗瓦的论文中曾研究了一些方程式，这些方程式用到机电系统，特别是包含有滑动摩擦及容积式导体的机电系统中具有很多的优越性. 1953 年格波罗瓦研究得到非完整机电系统的动力学方程——格波罗瓦方程，该方程也可由 Chaplygin 方程和 Appell 方法来建立.

关于直流电机的非完整系统，包括半激发电机的运动方程，分别独立激磁的整流子电机的运动方程，推斥电动机的运动方程，两个串激电机的串联连接下的运动方程问题和交流同步发电机的机电分析动力学见参考文献[140].

1980 年以后，邱家俊教授带领的课题组对机电耦合动力系统的振动和非线性振动进行了深入的研究，取得了一系列的重要成果[143-150].

本章将 Lie 群理论引入机电耦合动力系统，给出该系统的对称性理论. 这个研究包括机电耦合动力系统 Noether 对称性、Lie 对称性、形式不变性和非 Noether 对称性.

4.2 机电系统的 Noether 对称性和守恒量

本节研究机电系统的 Noether 对称性，包括机电系统的运动方程、变分原理，Noether 对称性变换、Noether 准对称性变换、广义 Noether 准对称性变换、Noether 对称性的 Killing 方程和 Noether 理论，Noether 守恒量的形式，并给出应用例子.

4.2.1 系统的 Lagrange-Maxwell 方程

当系统的力学过程和电学过程互相关联时称为机电耦合系统. N 个粒子构成的机械运动部分用力学的模型来描述. 如果系统受到 d 个理想的双面完整约束,系统的空间位置用 $n = 3N - d$ 个广义坐标来确定. 电路和磁路构成的电动部分用电学模型来描述,如果系统有 m 个电回路,系统的电磁运动用 m 个广义电量来确定. 假定机电系统的每一个回路有线性导体和电容构成,各回路之间没有关系,回路的电磁过程是互相依赖的. 对于第 k 个电回路,我们用 i_k 表示电流, V_k 表示电动势, e_k 表示电容中的电量 ($\dot{e}_k = i_k$), R_k 表示电阻, C_k 表示电容量, 那么, 机电系统的 Lagrange 函数为

$$L = T(\boldsymbol{q}, \dot{\boldsymbol{q}}) - V(\boldsymbol{q}) + W_m(\boldsymbol{q}, \boldsymbol{e}) - W_e(\boldsymbol{q}, \boldsymbol{e}), \quad (4.2.1)$$

式中

$$W_e = \frac{1}{2}\frac{e_k^2}{C_k}, W_m = \frac{1}{2}L_{kr}i_k i_r \quad (k, r = 1, \cdots, m), \quad (4.2.2)$$

是第 m 个回路的电场能量和磁场能量,这里 $C_k = C_k(q_s)$ 是第 k 回路的电容, $L_{kr}(k \neq r)$ 是 k 回路和 r 回路的互感系数, $L_{kr} = L_{rk}(q_s)$, 并且 L_{kk} 是 k 回路的自感系数. 系统的运动方程为[140, 142]

$$\begin{aligned} &\frac{\mathrm{d}}{\mathrm{d}t}\frac{\partial L}{\partial \dot{e}_k} - \frac{\partial L}{\partial e_k} + \frac{\partial F}{\partial \dot{e}_m} = u_k \quad (k = 1, \cdots, m), \\ &\frac{\mathrm{d}}{\mathrm{d}t}\frac{\partial L}{\partial \dot{q}_s} - \frac{\partial L}{\partial q_s} + \frac{\partial F}{\partial \dot{q}_s} = Q_s \quad (s = 1, \cdots, n), \end{aligned} \quad (4.2.3)$$

方程(4.2.3)称为机电系统的 Lagrange-Maxwell 方程. 它们是关于广义坐标和广义电量的二阶 $n + m$ 维微分方程组. 在方程(4.2.3)中

$$F = F_e(\dot{\boldsymbol{e}}) + F_m(\boldsymbol{q}, \dot{\boldsymbol{q}}), \quad (4.2.4)$$

这里

$$F_e = \frac{1}{2} R_k i_k^2 = \frac{1}{2} R_k \dot{e}_k^2 \quad (k = 1, \cdots, m), \tag{4.2.5}$$

是通常的电耗散函数，F_m 是粘滞阻尼力的耗散函数. 并且称 $-\partial F / \partial \dot{q}_s$ 和 $-\partial F / \partial \dot{e}_k$ 为耗散力，Q_s 为非势广义力.

4.2.2 系统的变分原理

机电系统的 Hamilton 作用量定义为 Lagrange 函数 $L = L(t, \boldsymbol{q}, \dot{\boldsymbol{q}}, \boldsymbol{e}, \dot{\boldsymbol{e}})$ 在区间 $[t_1, t_2]$ 上的积分

$$S(\gamma) = \int_{t_1}^{t_2} L(t, \boldsymbol{q}, \dot{\boldsymbol{q}}, \boldsymbol{e}, \dot{\boldsymbol{e}}) \mathrm{d}t. \tag{4.2.6}$$

这里 γ 为积分曲线.

引入关于时间、广义坐标和广义电量的无限小变换

$$t^* = t + \Delta t, \; q_s^*(t^*) = q_s(t) + \Delta q_s,$$

$$e_k^*(t^*) = e_k(t) + \Delta e_k (s = 1, \cdots, n; \; k = 1, \cdots, m), \tag{4.2.7}$$

其扩展形式

$$\begin{aligned} t^* &= t + \varepsilon_\alpha \xi_0^\alpha (t, \boldsymbol{q}, \dot{\boldsymbol{q}}, \boldsymbol{e}, \dot{\boldsymbol{e}}), \\ q_s^*(t^*) &= q_s(t) + \varepsilon_\alpha \xi_s^\alpha (t, \boldsymbol{q}, \dot{\boldsymbol{q}}, \boldsymbol{e}, \dot{\boldsymbol{e}}), \\ e_k^*(t^*) &= e_k(t) + \varepsilon_\alpha \eta_k^\alpha (t, \boldsymbol{q}, \dot{\boldsymbol{q}}, \boldsymbol{e}, \dot{\boldsymbol{e}}), \end{aligned} \tag{4.2.8}$$

这里 $\varepsilon_\alpha (\alpha = 1, \cdots, r)$ 是小参数，ξ_0，ξ_s，η_k 是无限小生成元. 在无限小变换(4.2.8)下系统的 Hamilton 作用量 $S(\gamma)$ 为

$$S(\gamma^*) = \int_{t_1}^{t_2} L(t^*, \boldsymbol{q}^*, \dot{\boldsymbol{q}}^*, \boldsymbol{e}^*, \dot{\boldsymbol{e}}^*) \mathrm{d}t^*. \tag{4.2.9}$$

方程(4.2.7)给出

$$dt^{*}=dt+d(\Delta t)=\left[1+\frac{d(\Delta t)}{dt}\right]dt, \tag{4.2.10}$$

则，Hamilton 作用量 $S(\gamma)$ 的变分为

$$\Delta S=S(\gamma^{*})-S(\gamma)\approx\int_{t_1}^{t_2}\left(L\frac{d(\Delta t)}{dt}+\frac{\partial L}{\partial t}\Delta t+\frac{\partial L}{\partial q_s}\Delta q_s+\frac{\partial L}{\partial \dot{q}_s}\Delta \dot{q}_s+\frac{\partial L}{\partial e_k}\Delta e_k+\frac{\partial L}{\partial \dot{e}_k}\Delta \dot{e}_k\right)dt, \tag{4.2.11}$$

等时变分和非等时变分之间的关系为

$$\Delta q_s=\delta q_s+\dot{q}_s\Delta t,\ \Delta e_k=\delta e_k+\dot{e}_k\Delta t,\ \Delta \dot{q}_s=\delta \dot{q}_s+\ddot{q}_s\Delta t,$$
$$\Delta \dot{e}_k=\delta \dot{e}_k+\ddot{e}_k\Delta t,\ \delta \dot{q}_s=\frac{d}{dt}(\delta q_s),\ \delta \dot{e}_k=\frac{d}{dt}(\delta e_k), \tag{4.2.12}$$

方程(4.2.12)代入方程(4.2.11)得到

$$\Delta S=\int_{t_1}^{t_2}\left\{\frac{d}{dt}\left(L\Delta t+\frac{\partial L}{\partial \dot{q}_s}\delta q_s+\frac{\partial L}{\partial \dot{e}_k}\delta e_k\right)+\left(\frac{\partial L}{\partial q_s}-\frac{d}{dt}\frac{\partial L}{\partial \dot{q}_s}\right)\delta q_s+\left(\frac{\partial L}{\partial e_k}-\frac{d}{dt}\frac{\partial L}{\partial \dot{e}_k}\right)\delta e_k\right\}dt, \tag{4.2.13}$$

方程(4.2.13)是机电系统 Hamilton 作用量变分的基本公式，称为变分原理. 式(4.2.8)代入(4.2.13)得到

$$\Delta S=\int_{t_1}^{t_2}\varepsilon\left\{\frac{d}{dt}\left(L\xi_0^{\alpha}+\frac{\partial L}{\partial \dot{q}_s}\bar{\xi}_s^{\alpha}+\frac{\partial L}{\partial \dot{e}_k}\bar{\eta}_k^{\alpha}\right)+\left(\frac{\partial L}{\partial q_s}-\frac{d}{dt}\frac{\partial L}{\partial \dot{q}_s}\right)\bar{\xi}_s^{\alpha}+\left(\frac{\partial L}{\partial e_k}-\frac{d}{dt}\frac{\partial L}{\partial \dot{e}_k}\right)\bar{\eta}_k^{\alpha}\right\}dt, \tag{4.2.14}$$

这里

$$\bar{\xi}_s^\alpha = \xi_s^\alpha - \dot{q}_s \xi_0^\alpha, \ \bar{\eta}_k^\alpha = \eta_k^\alpha - \dot{e}_k \xi_0^\alpha. \tag{4.2.15}$$

4.2.3 系统的 Noether 对称性变换

大家知道,如果系统的 Hamilton 作用量在无限小变换下保持不变,这个系统有 Noether 对称性. 下面我们给出机电系统 Noether 对称性变换的定义和判据.

定义 1 如果机电系统的 Hamilton 作用量在无限小变换(4.2.8)下保持不变,即无限小变换(4.2.7)满足

$$\Delta S = 0, \tag{4.2.16}$$

我们称这个变换为系统的 Noether 对称性变换.

利用定义 1,变分原理(4.2.13)和(4.2.14)分别给出

判据 1 如果无限小变换(4.2.7)满足方程

$$\frac{\partial L}{\partial t}\Delta t + \frac{\partial L}{\partial q_s}\Delta q_s + \frac{\partial L}{\partial \dot{q}_s}\Delta \dot{q}_s + \frac{\partial L}{\partial e_k}\Delta e_k + \frac{\partial L}{\partial \dot{e}_k}\Delta \dot{e}_k + L\frac{\mathrm{d}}{\mathrm{d}t}(\Delta t) = 0. \tag{4.2.17}$$

这个变换为机电系统的 Noether 对称性变换.

判据 2 如果无限小变换(4.2.8)满足方程

$$\frac{\mathrm{d}}{\mathrm{d}t}\left(L\xi_0^\alpha + \frac{\partial L}{\partial \dot{q}_s}\bar{\xi}_s^\alpha + \frac{\partial L}{\partial \dot{e}_k}\bar{\eta}_k^\alpha\right) + \left(\frac{\partial L}{\partial q_s} - \frac{\mathrm{d}}{\mathrm{d}t}\frac{\partial L}{\partial \dot{q}_s}\right)\bar{\xi}_s^\alpha + \left(\frac{\partial L}{\partial e_k} - \frac{\mathrm{d}}{\mathrm{d}t}\frac{\partial L}{\partial \dot{e}_k}\right)\bar{\eta}_k^\alpha = 0, \tag{4.2.18}$$

这个变换为机电系统的 Noether 对称性变换.

利用关系

$$\Delta t = \varepsilon_\alpha \xi_0^\alpha(t, \boldsymbol{q}, \dot{\boldsymbol{q}}, \boldsymbol{e}, \dot{\boldsymbol{e}}), \ \Delta q_s^*(t) = \varepsilon_\alpha \xi_s^\alpha(t, \boldsymbol{q}, \dot{\boldsymbol{q}}, \boldsymbol{e}, \dot{\boldsymbol{e}}),$$

$$\Delta e_k^*(t) = \varepsilon_\alpha \eta_k^\alpha(t, \boldsymbol{q}, \dot{\boldsymbol{q}}, \boldsymbol{e}, \dot{\boldsymbol{e}}), \tag{4.2.19}$$

方程(4.2.17)写为

$$\frac{\partial L}{\partial t}\xi_0^\alpha + \frac{\partial L}{\partial q_s}\xi_s^\alpha + \frac{\partial L}{\partial \dot{q}_s}\dot{\xi}_s^\alpha + \frac{\partial L}{\partial e_k}\eta_k^\alpha + \frac{\partial L}{\partial \dot{e}_k}\dot{\eta}_k^\alpha +$$

$$\left(L - \frac{\partial L}{\partial \dot{q}_s}\dot{q}_s - \frac{\partial L}{\partial \dot{e}_k}\dot{e}_k\right)\dot{\xi}_0^\alpha = 0, \tag{4.2.20}$$

当 $\alpha = 1$ 时,方程(4.2.20)给出 Noether 恒等式

$$\frac{\partial L}{\partial t}\xi_0 + \frac{\partial L}{\partial q_s}\xi_s + \frac{\partial L}{\partial \dot{q}_s}\dot{\xi}_s + \frac{\partial L}{\partial e_k}\eta_k + \frac{\partial L}{\partial \dot{e}_k}\dot{\eta}_k +$$

$$\left(L - \frac{\partial L}{\partial \dot{q}_s}\dot{q}_s - \frac{\partial L}{\partial \dot{e}_k}\dot{e}_k\right)\dot{\xi}_0 = 0. \tag{4.2.21}$$

用判据 1 和判据 2 我们能确定机电系统的 Noether 对称性变换.

我们知道机电系统的 Lagrange 函数不唯一,可以添加一个任意函数 $G(t, \boldsymbol{q}, \boldsymbol{e})$ 的导数,即

$$L_1(t, \boldsymbol{q}, \dot{\boldsymbol{q}}, \boldsymbol{e}, \dot{\boldsymbol{e}}) = L(t, \boldsymbol{q}, \dot{\boldsymbol{q}}, \boldsymbol{e}, \dot{\boldsymbol{e}}) + \frac{\mathrm{d}}{\mathrm{d}t}G(t, \boldsymbol{q}, \boldsymbol{e}), \tag{4.2.22}$$

那么,我们给出:

定义 2 如果机电系统的 Hamilton 作用量在无限小变换(4.2.7)下是准不变量,即无限小变换(4.2.7)满足

$$\Delta S = -\int_{t_1}^{t_2} \frac{\mathrm{d}}{\mathrm{d}t}(\Delta G)\,\mathrm{d}t, \tag{4.2.23}$$

这里 $G = G(t, \boldsymbol{q}, \boldsymbol{e})$,这个变换为机电系统的 Noether 准对称性变换. 按照定义 2,变分原理 (4.2.13)和(4.2.14)给出:

判据 3 如果无限小变换(4.2.7)满足方程

$$\frac{\partial L}{\partial t}\Delta t+\frac{\partial L}{\partial q_s}\Delta q_s+\frac{\partial L}{\partial \dot{q}_s}\Delta \dot{q}_s+\frac{\partial L}{\partial e_k}\Delta e_k+$$

$$\frac{\partial L}{\partial \dot{e}_k}\Delta \dot{e}_k+L\frac{\mathrm{d}}{\mathrm{d}t}(\Delta t)=-\frac{\mathrm{d}}{\mathrm{d}t}(\Delta G),\qquad(4.2.24)$$

这个变换为机电系统的 Noether 准对称性变换.

判据 4 如果无限小变换(4.2.8)满足方程

$$\frac{\mathrm{d}}{\mathrm{d}t}\left(L\xi_0^\alpha+\frac{\partial L}{\partial \dot{q}_s}\bar{\xi}_s^\alpha+\frac{\partial L}{\partial \dot{e}_k}\bar{\eta}_k^\alpha\right)+\left(\frac{\partial L}{\partial q_s}-\frac{\mathrm{d}}{\mathrm{d}t}\frac{\partial L}{\partial \dot{q}_s}\right)\bar{\xi}_s^\alpha+$$

$$\left(\frac{\partial L}{\partial e_k}-\frac{\mathrm{d}}{\mathrm{d}t}\frac{\partial L}{\partial \dot{e}_k}\right)\bar{\eta}_k^\alpha=-\frac{\mathrm{d}G^\alpha}{\mathrm{d}t}.\qquad(4.2.25)$$

这个变换为机电系统的 Noether 准对称性变换.

方程(4.2.24)中

$$\Delta G=\varepsilon_\alpha G^\alpha.\qquad(4.2.26)$$

考虑参数 ε_α 的独立性,利用式(4.2.19)和(4.2.26),方程(4.2.24)能写为

$$\frac{\partial L}{\partial t}\xi_0^\alpha+\frac{\partial L}{\partial q_s}\xi_s^\alpha+\frac{\partial L}{\partial \dot{q}_s}\dot{\xi}_s^\alpha+\frac{\partial L}{\partial e_k}\eta_k^\alpha+\frac{\partial L}{\partial \dot{e}_k}\dot{\eta}_k^\alpha+$$

$$\left(L-\frac{\partial L}{\partial \dot{q}_s}\dot{q}_s-\frac{\partial L}{\partial \dot{e}_k}\dot{e}_k\right)\xi_0^\alpha=-\dot{G}^\alpha.\qquad(4.2.27)$$

方程(4.2.27)为机电系统的 Noether 对称性变换的判据. 函数 $G^\alpha=G^\alpha(t,\boldsymbol{q},\boldsymbol{e})$ 是一个规范函数. 当取 $\alpha=1$ 时,方程(4.2.27)变为 Noether 恒等式

$$\frac{\partial L}{\partial t}\xi_0+\frac{\partial L}{\partial q_s}\xi_s+\frac{\partial L}{\partial \dot{q}_s}\dot{\xi}_s+\frac{\partial L}{\partial e_k}\eta_k+\frac{\partial L}{\partial \dot{e}_k}\dot{\eta}_k+$$

$$\left(L-\frac{\partial L}{\partial \dot{q}_s}\dot{q}_s-\frac{\partial L}{\partial \dot{e}_k}\dot{e}_k\right)\xi_0=-\dot{G}. \tag{4.2.28}$$

当给出机电系统的 Lagrange 函数 L 时，用判据 3 和判据 4 能确定系统的 Noether 准对称性变换. 假定 $Q_s-\partial F_s/\partial\dot{q}_s$ 是机电系统的广义非势力，$u_k-\partial F_e/\partial\dot{e}_k$ 是第 k 个电回路的电动势. 如果系统的 Lagrange 函数满足

$$\int_{t_1}^{t_2}L(t,\boldsymbol{q},\dot{\boldsymbol{q}},\boldsymbol{e},\dot{\boldsymbol{e}})\mathrm{d}t=\int_{t_1^*}^{t_2^*}L_1(t^*,\boldsymbol{q}^*,\dot{\boldsymbol{q}}^*,\boldsymbol{e}^*,\dot{\boldsymbol{e}}^*)\mathrm{d}t^*+$$

$$\int_{t_1}^{t_2}\left(Q_s-\frac{\partial F}{\partial\dot{q}_s}\right)\delta q_s+\int_{t_1}^{t_2}\left(u_k-\frac{\partial F}{\partial\dot{e}_k}\right)\delta e_k, \tag{4.2.29}$$

在无限小变换(4.2.7)下，机电系统的 Hamilton 作用量是广义准不变量.

定义 3 如果在无限小变换(4.2.7)下，机电系统的 Hamilton 作用量是广义准不变量，也就是无限小变换(4.2.7)满足

$$\Delta S=-\int_{t_1}^{t_2}\left\{\frac{\mathrm{d}}{\mathrm{d}t}(\Delta G)+\left(Q_s-\frac{\partial F}{\partial\dot{q}_s}\right)\delta q_s+\left(u_k-\frac{\partial F}{\partial\dot{e}_k}\right)\delta e_k\right\}\mathrm{d}t, \tag{4.2.30}$$

这里 $(Q_s-\partial F_s/\partial\dot{q}_s)\delta q_s$ 是非势广义力的虚功之和，$(u_k-\partial F_e/\partial\dot{e}_k)\delta q_s$ 是广义电动势的虚功之和，这个变换为机电系统的广义 Noether 准对称性变换. 按照定义 3，变分原理(4.2.13)和(4.2.14)给出：

判据 5 如果无限小变换(4.2.7)满足方程

$$\frac{\partial L}{\partial t}\Delta t+\frac{\partial L}{\partial q_s}\Delta q_s+\frac{\partial L}{\partial\dot{q}_s}\Delta\dot{q}_s+\frac{\partial L}{\partial e_k}\Delta e_k+\frac{\partial L}{\partial\dot{e}_k}\Delta\dot{e}_k+L\frac{\mathrm{d}}{\mathrm{d}t}(\Delta t)$$

$$=+\left(Q_s-\frac{\partial F}{\partial\dot{q}_s}\right)(\Delta q_s-\dot{q}_s\Delta t)+\left(u_k-\frac{\partial F}{\partial\dot{e}_k}\right)(\Delta e_k-\dot{e}_k\Delta t)$$

$$=-\frac{\mathrm{d}}{\mathrm{d}t}(\Delta G). \tag{4.2.31}$$

这个变换为机电系统的广义 Noether 准对称性变换.

判据 6 如果无限小变换(4.2.8)满足方程

$$\frac{\mathrm{d}}{\mathrm{d}t}\left(L\xi_0^\alpha+\frac{\partial L}{\partial \dot{q}_s}\bar{\xi}_s^\alpha+\frac{\partial L}{\partial \dot{e}_k}\bar{\eta}_k^\alpha\right)+\left(\frac{\partial L}{\partial q_s}-\frac{\mathrm{d}}{\mathrm{d}t}\frac{\partial L}{\partial \dot{q}_s}+Q_s-\frac{\partial F}{\partial \dot{q}_s}\right)\bar{\xi}_s^\alpha+$$

$$\left(\frac{\partial L}{\partial e_k}-\frac{\mathrm{d}}{\mathrm{d}t}\frac{\partial L}{\partial \dot{e}_k}+u_k-\frac{\partial F}{\partial \dot{e}_k}\right)\bar{\eta}_k^\alpha=-\frac{\mathrm{d}G^\alpha}{\mathrm{d}t}\quad(\alpha=1,\cdots,r). \tag{4.2.32}$$

这个变换为机电系统的广义 Noether 准对称性变换.

考虑小参数 ε_α 的独立性,利用式(4.2.19)和(4.2.26),方程(4.2.31)能写为

$$\frac{\partial L}{\partial t}\xi_0^\alpha+\frac{\partial L}{\partial q_s}\xi_s^\alpha+\frac{\partial L}{\partial \dot{q}_s}\dot{\xi}_s^\alpha+\frac{\partial L}{\partial e_k}\eta_k^\alpha+\frac{\partial L}{\partial \dot{e}_k}\dot{\eta}_k^\alpha+\left(L-\frac{\partial L}{\partial \dot{q}_s}\dot{q}_s-\right.$$

$$\left.\frac{\partial L}{\partial \dot{e}_k}\dot{e}_k\right)\dot{\xi}_0^\alpha+\left(Q_s-\frac{\partial F}{\partial \dot{q}_s}\right)(\xi_s^\alpha-\dot{q}_s\xi_0^\alpha)+$$

$$\left(u_k-\frac{\partial F}{\partial \dot{e}_k}\right)(\eta_k^\alpha-\dot{e}_k\xi_0^\alpha)=-\dot{G}^\alpha. \tag{4.2.33}$$

当给出非保守机电系统的 Lagrange 函数 L,广义非势力 $(Q_s-\partial F_s/\partial \dot{q}_s)$ 和广义电动势 $(u_k-\partial F_e/\partial \dot{e}_k)$ 时,利用判据 5 和判据 6 能确定系统的广义 Noether 准对称性变换.

当 $\alpha=1$ 时,从方程(4.2.33)我们能得到广义 Noether 恒等式

$$\frac{\partial L}{\partial t}\xi_0+\frac{\partial L}{\partial q_s}\xi_s+\frac{\partial L}{\partial \dot{q}_s}\dot{\xi}_s+\frac{\partial L}{\partial e_k}\eta_k+\frac{\partial L}{\partial \dot{e}_k}\dot{\eta}_k+\left(L-\frac{\partial L}{\partial \dot{q}_s}\dot{q}_s-\right.$$

$$\left.\frac{\partial L}{\partial \dot{e}_k}\dot{e}_k\right)\dot{\xi}_0+\left(Q_s-\frac{\partial F}{\partial \dot{q}_s}\right)(\xi_s-\dot{q}_s\xi_0)+$$

$$\left(u_k-\frac{\partial F}{\partial \dot{e}_k}\right)(\eta_k-\dot{e}_k\xi_0)=-\dot{G}. \tag{4.2.34}$$

4.2.4 系统的 Killing 方程

对于机电系统,判据 1 和判据 2 定义了系统的 Noether 对称性变换,判据 3 和判据 4 定义了系统的 Noether 准对称性变换,判据 5 和判据 6 定义了系统的广义 Noether 准对称性变换. 展开方程(4.2.17),(4.2.24)和(4.2.31),我们分别得到关于无限小生成元 ξ_0,ξ_s,η_k 和规范函数 G 的一阶微分方程组. 我们称这些一阶微分方程组为 Killing 方程或广义 Killing 方程. 从这些方程组我们能求得生成元和规范函数.

展开方程(4.2.17),挑出包含 $\ddot{q}_s,\ddot{e}_k$ 的项和不包含 $\ddot{q}_s,\ddot{e}_k$ 的项,得到

$$\frac{\partial L}{\partial t}\xi_0+\frac{\partial L}{\partial q_s}\xi_s+\frac{\partial L}{\partial e_k}\eta_k+\left(L-\frac{\partial L}{\partial \dot{q}_s}\dot{q}_s-\frac{\partial L}{\partial \dot{e}_k}\dot{e}_k\right)\cdot\left(\frac{\partial \xi_0}{\partial t}+\right.$$

$$\left.\frac{\partial \xi_0}{\partial q_l}\dot{q}_l+\frac{\partial \xi_0}{\partial e_j}\dot{e}_j\right)+\frac{\partial L}{\partial \dot{q}_s}\left(\frac{\partial \xi_s}{\partial t}+\frac{\partial \xi_s}{\partial q_l}\dot{q}_l+\frac{\partial \xi_s}{\partial e_k}\dot{e}_k\right)+$$

$$\frac{\partial L}{\partial \dot{e}_k}\left(\frac{\partial \eta_k}{\partial t}+\frac{\partial \eta_k}{\partial q_s}\dot{q}_s+\frac{\partial \eta_k}{\partial e_j}\dot{e}_j\right)=0, \tag{4.2.35}$$

$$\left(L-\frac{\partial L}{\partial \dot{q}_s}\dot{q}_s-\frac{\partial L}{\partial \dot{e}_k}\dot{e}_k\right)\frac{\partial \xi_0}{\partial \dot{q}_l}+\frac{\partial L}{\partial \dot{q}_s}\frac{\partial \xi_s}{\partial \dot{q}_l}+\frac{\partial L}{\partial \dot{e}_k}\frac{\partial \eta_k}{\partial \dot{q}_l}-$$

$$\frac{\partial L}{\partial \dot{e}_k}\frac{\partial \xi_0}{\partial \dot{q}_l}\dot{e}_k=0, \tag{4.2.36}$$

$$\left(L-\frac{\partial L}{\partial \dot{q}_s}\dot{q}_s-\frac{\partial L}{\partial \dot{e}_k}\dot{e}_k\right)\frac{\partial \xi_0}{\partial \dot{e}_j}+\frac{\partial L}{\partial \dot{q}_s}\frac{\partial \xi_s}{\partial \dot{e}_j}+\frac{\partial L}{\partial \dot{e}_k}\frac{\partial \eta_k}{\partial \dot{e}_j}-$$

$$\frac{\partial L}{\partial \dot{q}_s}\frac{\partial \eta_k}{\partial \dot{e}_j}\dot{q}_s=0. \tag{4.2.37}$$

方程(4.2.35)～(4.2.37)是关于$(n+m+1)r$个未知函数ξ_0，ξ_s，η_k的一阶偏微分方程组，称为 Lagrange 机电系统的 Killing 方程. 当给出系统的 Lagrange 函数时，从方程(4.2.35)～(4.2.37)，我们能找到生成元ξ_0，ξ_s，η_k.

类似的，方程(4.2.24)给出

$$\frac{\partial L}{\partial t}\xi_0+\frac{\partial L}{\partial q_s}\xi_s+\frac{\partial L}{\partial e_k}\eta_k+\left(L-\frac{\partial L}{\partial \dot{q}_s}\dot{q}_s-\frac{\partial L}{\partial \dot{e}_k}\dot{e}_k\right)\cdot\left(\frac{\partial \xi_0}{\partial t}+\right.$$

$$\left.\frac{\partial \xi_0}{\partial q_l}\dot{q}_l+\frac{\partial \xi_0}{\partial e_j}\dot{e}_j\right)+\frac{\partial L}{\partial \dot{q}_s}\left(\frac{\partial \xi_s}{\partial t}+\frac{\partial \xi_s}{\partial q_l}\dot{q}_l+\frac{\partial \xi_s}{\partial e_k}\dot{e}_k\right)+$$

$$\frac{\partial L}{\partial \dot{e}_k}\left(\frac{\partial \eta_k}{\partial t}+\frac{\partial \eta_k}{\partial q_s}\dot{q}_s+\frac{\partial \eta_k}{\partial e_j}\dot{e}_j\right)$$

$$=-\frac{\partial G}{\partial t}-\frac{\partial G}{\partial q_l}\dot{q}_l-\frac{\partial G}{\partial \dot{e}_j}\dot{e}_j, \tag{4.2.38}$$

$$\left(L-\frac{\partial L}{\partial \dot{q}_s}\dot{q}_s-\frac{\partial L}{\partial \dot{e}_k}\dot{e}_k\right)\frac{\partial \xi_0}{\partial \dot{q}_l}+\frac{\partial L}{\partial \dot{q}_s}\frac{\partial \xi_s}{\partial \dot{q}_l}+\frac{\partial L}{\partial \dot{e}_k}\frac{\partial \eta_k}{\partial \dot{q}_l}-$$

$$\frac{\partial L}{\partial \dot{e}_k}\frac{\partial \xi_0}{\partial \dot{q}_l}\dot{e}_k=-\frac{\partial G}{\partial \dot{q}_l}, \tag{4.2.39}$$

$$\left(L-\frac{\partial L}{\partial \dot{q}_s}\dot{q}_s-\frac{\partial L}{\partial \dot{e}_k}\dot{e}_k\right)\frac{\partial \xi_0}{\partial \dot{e}_j}+\frac{\partial L}{\partial \dot{q}_s}\frac{\partial \xi_s}{\partial \dot{e}_j}+\frac{\partial L}{\partial \dot{e}_k}\frac{\partial \eta_k}{\partial \dot{e}_j}-$$

$$\frac{\partial L}{\partial \dot{q}_s}\frac{\partial \eta_k}{\partial \dot{e}_j}\dot{q}_s=-\frac{\partial G}{\partial \dot{e}_j}. \tag{4.2.40}$$

方程(4.2.38)~(4.2.40)是关于 $(n+m+2)r$ 个未知函数 ξ_0, ξ_s, η_k 和规范函数 G 的一阶偏微分方程组,称为 Lagrange 机电系统的广义 Killing 方程. 当给出系统的 Lagrange 函数时,从方程(4.2.38)~(4.2.40),我们能找到生成元 ξ_0, ξ_s, η_k 和规范函数 G.

展开方程(4.2.31)得到

$$\frac{\partial L}{\partial t}\xi_0+\frac{\partial L}{\partial q_s}\xi_s+\frac{\partial L}{\partial e_k}\eta_k+\left(L-\frac{\partial L}{\partial \dot{q}_s}\dot{q}_s-\frac{\partial L}{\partial \dot{e}_k}\dot{e}_k\right)\cdot\left(\frac{\partial \xi_0}{\partial t}+\frac{\partial \xi_0}{\partial q_l}\dot{q}_l+\frac{\partial \xi_0}{\partial e_j}\dot{e}_j\right)+\frac{\partial L}{\partial \dot{q}_s}\left(\frac{\partial \xi_s}{\partial t}+\frac{\partial \xi_s}{\partial q_l}\dot{q}_l+\frac{\partial \xi_s}{\partial e_k}\dot{e}_k\right)+\frac{\partial L}{\partial \dot{e}_k}\left(\frac{\partial \eta_k}{\partial t}+\frac{\partial \eta_k}{\partial q_s}\dot{q}_s+\frac{\partial \eta_k}{\partial e_j}\dot{e}_j\right)+\left(Q_s-\frac{\partial F}{\partial \dot{q}_s}\right)(\xi_s-\dot{q}_s\xi_0)+\left(u_k-\frac{\partial F}{\partial \dot{e}_k}\right)(\eta_k-\dot{e}_k\xi_0)=-\frac{\partial G}{\partial t}-\frac{\partial G}{\partial q_l}\dot{q}_l-\frac{\partial G}{\partial \dot{e}_j}\dot{e}_j, \tag{4.2.41}$$

$$\left(L-\frac{\partial L}{\partial \dot{q}_s}\dot{q}_s-\frac{\partial L}{\partial \dot{e}_k}\dot{e}_k\right)\frac{\partial \xi_0}{\partial \dot{q}_l}+\frac{\partial L}{\partial \dot{q}_s}\frac{\partial \xi_s}{\partial \dot{q}_l}+\frac{\partial L}{\partial \dot{e}_k}\frac{\partial \eta_k}{\partial \dot{q}_l}-\frac{\partial L}{\partial \dot{e}_k}\frac{\partial \xi_0}{\partial \dot{q}_l}\dot{e}_k=-\frac{\partial G}{\partial \dot{q}_l}, \tag{4.2.42}$$

$$\left(L-\frac{\partial L}{\partial \dot{q}_s}\dot{q}_s-\frac{\partial L}{\partial \dot{e}_k}\dot{e}_k\right)\frac{\partial \xi_0}{\partial \dot{e}_j}+\frac{\partial L}{\partial \dot{q}_s}\frac{\partial \xi_s}{\partial \dot{e}_j}+\frac{\partial L}{\partial \dot{e}_k}\frac{\partial \eta_k}{\partial \dot{e}_j}-\frac{\partial L}{\partial \dot{q}_s}\frac{\partial \eta_k}{\partial \dot{e}_j}\dot{q}_s=-\frac{\partial G}{\partial \dot{e}_j}. \tag{4.2.43}$$

方程(4.2.38)~(4.2.40)是关于 $(n+m+2)r$ 个未知函数 ξ_0, ξ_s, η_k 和规范函数 G 的一阶偏微分方程组,称为 Lagrange-Maxwell 机电系统的广义 Killing 方程. 当给出系统的 Lagrange 函数,广义非势力 $(Q_s-\partial F/\partial \dot{q}_s)$ 和广义电动势 $(u_k-\partial F/\partial \dot{e}_k)$ 时,从方程(4.2.41)~

(4.2.43),我们能找到生成元 ξ_0, ξ_s, η_k 和规范函数 G.

4.2.5 系统的 Noether 理论

对于机电系统,当满足条件 $Q_s - \partial F/\partial \dot{q}_s = 0$, $u_k - \partial F/\partial \dot{e}_k = 0$,方程(4.2.3)给出

$$\frac{\mathrm{d}}{\mathrm{d}t}\frac{\partial L}{\partial \dot{q}_s} - \frac{\partial L}{\partial q_s} = 0,\ \frac{\mathrm{d}}{\mathrm{d}t}\frac{\partial L}{\partial \dot{e}_k} - \frac{\partial L}{\partial e_k} = 0. \tag{4.2.44}$$

称这个系统为 Lagrange 机电系统.

定理 1 如果有限群的无限小变换(4.2.7)是 Lagrange 机电系统的 Noether 准对称性变换,那么,系统存在线性独立的第一积分

$$L\xi_0 + \frac{\partial L}{\partial \dot{q}_s}\bar{\xi}_s + \frac{\partial L}{\partial \dot{e}_k}\bar{\eta}_k + G = C \quad (s = 1, \cdots, n;\ k = 1, \cdots, m). \tag{4.2.45}$$

证明:如果有限群的无限小变换是一个 Noether 准对称性变换,我们有

$$\Delta S = -\int_{t_1}^{t_2} \frac{\mathrm{d}}{\mathrm{d}t}(\Delta G)\mathrm{d}t.$$

考虑方程(4.2.14)和积分区间 $[t_1, t_2]$ 的任意性,给出

$$\frac{\mathrm{d}}{\mathrm{d}t}\left(L\xi_0 + \frac{\partial L}{\partial \dot{q}_s}\bar{\xi}_s + \frac{\partial L}{\partial \dot{e}_k}\bar{\eta}_k + G\right) + \left(\frac{\partial L}{\partial q_s} - \frac{\mathrm{d}}{\mathrm{d}t}\frac{\partial L}{\partial \dot{q}_s}\right)\bar{\xi}_s + \left(\frac{\partial L}{\partial e_k} - \frac{\mathrm{d}}{\mathrm{d}t}\frac{\partial L}{\partial \dot{e}_k}\right)\bar{\eta}_k = 0. \tag{4.2.46}$$

方程(4.2.44)代入方程(4.2.46)导出

$$\frac{\mathrm{d}}{\mathrm{d}t}\left(L\xi_0 + \frac{\partial L}{\partial \dot{q}_s}\bar{\xi}_s + \frac{\partial L}{\partial \dot{e}_k}\bar{\eta}_k + G\right) = 0. \tag{4.2.47}$$

定理得证.

定理 2 如果有限群的无限小变换(4.2.8)是 Lagrange 机电系统的 Noether 对称性变换,那么,系统存在线性独立的第一积分

$$L\xi_0+\frac{\partial L}{\partial \dot{q}_s}\bar{\xi}_s+\frac{\partial L}{\partial \dot{e}_k}\bar{\eta}_k=C \quad (s=1,\cdots,n;k=1,\cdots,m), \tag{4.2.48}$$

证明类似于定理 1.

定理 1 和定理 2 称为 Lagrange 机电系统的广义 Noether 定理和 Noether 定理. 根据定理 1 和定理 2,当系统的广义 Noether 准对称性变换和 Noether 对称性变换的规范函数能得到时,从方程(4.2.45)和(4.2.48)可得到 Lagrange 机电系统的第一积分. 对于 Lagrange-Maxwell 机电系统,即广义的非保守完整机电系统,从广义 Noether 定理我们能得到相应系统的守恒量.

定理 3 如果有限群的无限小变换(4.2.8)是 Lagrange 机电系统的广义 Noether 准对称性变换,那么,系统存在线性独立的第一积分

$$L\xi_0+\frac{\partial L}{\partial \dot{q}_s}\bar{\xi}_s+\frac{\partial L}{\partial \dot{e}_k}\bar{\eta}_k+G=C \quad (s=1,\cdots,n;k=1,\cdots,m). \tag{4.2.49}$$

证明: 如果有限群的无限小变换(4.2.8)是 Lagrange 机电系统的广义 Noether 准对称性变换,那么有

$$\Delta S=-\int_{t_1}^{t_2}\left\{\frac{\mathrm{d}}{\mathrm{d}t}(\Delta\lambda)+\left(Q_s-\frac{\partial F}{\partial \dot{q}_s}\right)\delta q_s+\left(u_k-\frac{\partial F}{\partial \dot{e}_k}\right)\delta e_k\right\}\mathrm{d}t, \tag{4.2.50}$$

用方程(4.2.14),方程(4.2.50)给出

$$\int_{t_1}^{t_2}\left\{\frac{\mathrm{d}}{\mathrm{d}t}\left(L\xi_0+\frac{\partial L}{\partial \dot{q}_s}\bar{\xi}_s+\frac{\partial L}{\partial \dot{e}_k}\bar{\eta}_k+G\right)+\left(\frac{\partial L}{\partial q_s}-\frac{\mathrm{d}}{\mathrm{d}t}\frac{\partial L}{\partial \dot{q}_s}+\right.\right.$$

$$Q_s - \frac{\partial F}{\partial \dot{q}_s}\Big)\bar{\xi}_s + \Big(\frac{\partial L}{\partial e_k} - \frac{\mathrm{d}}{\mathrm{d}t}\frac{\partial L}{\partial \dot{e}_k} +$$

$$u_k - \frac{\partial F}{\partial \dot{e}_k}\Big)\bar{\eta}_k\Big\}\mathrm{d}t = 0. \tag{4.2.51}$$

方程(4.2.49)代入(4.2.51)，利用积分区间$[t_1, t_2]$的任意性得到

$$\frac{\mathrm{d}}{\mathrm{d}t}\Big(L\xi_0 + \frac{\partial L}{\partial \dot{q}_s}\bar{\xi}_s + \frac{\partial L}{\partial \dot{e}_k}\bar{\eta}_k + G\Big) = 0. \tag{4.2.52}$$

定理得证.

定理 3 为 Lagrange-Maxwell 机电系统的广义 Noether 定理. Lagrange 机电系统的定理 1 和定理 2 是定理 3 的特殊情况.

4.2.6 例子

电容 C 的电路如图所示. 它的电极板(单位质量 $m=1$) 悬挂在弹性系数为 k 的弹簧上. 在重力、弹性力和电场力的作用下极板沿着竖直方向作振动. 这里 C 是电容量，A 为常数，S 是距离，L 是单位自感系数($L=1$)，R 是电组，并且电场力为 $E=E_0\sin\omega t$. 试研究系统的 Noether 对称性.

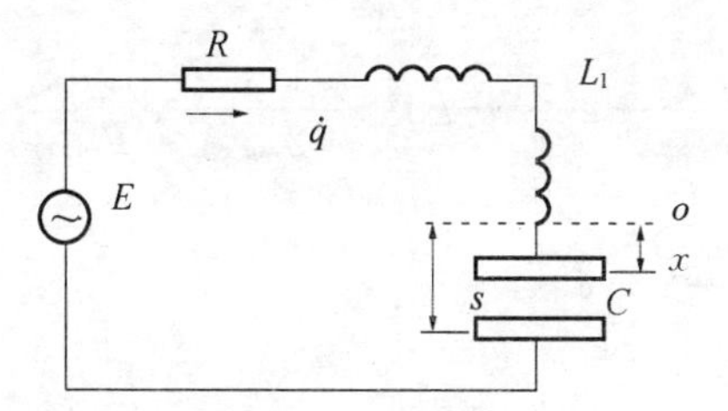

系统有两个自由度. 我们选择活动极板的平衡位置 o 为坐标原点，取坐标 x 和电量 q 为广义坐标. $T=\dot{q}^2/2$ 为系统的动能，$W_m=\dot{e}^2/2$ 为磁场能量，$V=kq^2/2$ 为弹性势能，$W_e=(s-q)e^2/2A$ 为电容器的电能. 则，系统的 Lagrange 函数 L 是

$$L=\frac{1}{2}\dot{q}^2+\frac{1}{2}\dot{e}^2-\frac{1}{2}kq^2-\frac{1}{2}\frac{s-q}{A}e^2. \tag{4.2.53}$$

耗散函数为

$$F=F_e=\frac{1}{2}R\dot{e}^2, \tag{4.2.54}$$

非势广义力为

$$u_r=E_0\sin\omega t. \tag{4.2.55}$$

将 Lagrange 函数 L 代入广义 Killing 方程(4.2.41)～(4.2.43)，得到

$$\begin{aligned}&\left(-kq+\frac{1}{2A}e^2\right)\xi-\frac{s-q}{A}e\eta+\left(-\frac{1}{2}\dot{q}^2-\frac{1}{2}\dot{e}^2-\frac{1}{2}kq^2-\right.\\&\left.\frac{1}{2}\frac{s-q}{A}e^2\right)\left(\frac{\partial\xi_0}{\partial t}+\frac{\partial\xi_0}{\partial q}\dot{q}+\frac{\partial\xi_0}{\partial e}\dot{e}\right)+\dot{q}\left(\frac{\partial\xi}{\partial t}+\frac{\partial\xi}{\partial q}\dot{q}+\right.\\&\left.\frac{\partial\xi}{\partial e}\dot{e}\right)+\dot{e}\left(\frac{\partial\eta}{\partial t}+\frac{\partial\eta}{\partial q}\dot{q}+\frac{\partial\eta}{\partial e}\dot{e}\right)+(E_0\sin\omega t-\\&R\dot{e})(\eta-\dot{e}\xi_0)=-\frac{\partial G}{\partial t}-\frac{\partial G}{\partial q}\dot{q}-\frac{\partial G}{\partial e}\dot{e},\end{aligned} \tag{4.2.56}$$

$$\begin{aligned}&\left(-\frac{1}{2}\dot{q}^2-\frac{1}{2}\dot{e}^2-\frac{1}{2}kq^2-\frac{1}{2}\frac{s-q}{A}e^2\right)\frac{\partial\xi_0}{\partial\dot{q}}+\frac{\partial\xi}{\partial\dot{q}}\dot{q}+\\&\frac{\partial\eta}{\partial\dot{q}}\dot{e}-\frac{\partial\xi_0}{\partial\dot{q}}\dot{e}^2=-\frac{\partial G}{\partial\dot{q}},\end{aligned} \tag{4.2.57}$$

$$\begin{aligned}&\left(-\frac{1}{2}\dot{q}^2-\frac{1}{2}\dot{e}^2-\frac{1}{2}kq^2-\frac{1}{2}\frac{s-q}{A}e^2\right)\frac{\partial\xi_0}{\partial\dot{e}}+\frac{\partial\xi}{\partial\dot{e}}\dot{q}+\\&\frac{\partial\eta}{\partial\dot{e}}\dot{e}-\frac{\partial\xi_0}{\partial\dot{e}}\dot{q}^2=-\frac{\partial G}{\partial\dot{e}}.\end{aligned} \tag{4.2.58}$$

假定生成元的形式为

$$\xi_0 = C_0,\ \xi = g_1(t, g, e) + f_1(g, e)\dot{q} + f_2(g, e)\dot{e},$$

$$\eta = g_2(t, g, e) + f_3(g, e)\dot{q} + f_4(g, e)\dot{e}. \tag{4.2.59}$$

方程(4.2.59)代入方程(4.2.57)和方程(4.2.58)得到

$$\dot{q}f_1 + \dot{e}f_3 = -\frac{\partial G}{\partial \dot{q}},\dot{q}f_2 + \dot{e}f_4 = -\frac{\partial G}{\partial \dot{e}}, \tag{4.2.60}$$

则

$$G = -\frac{1}{2}\dot{q}^2 f_1 - \frac{1}{2}\dot{e}^2 f_4 - \dot{q}\dot{e}f_2 + f_5(q, e),\ f_2 = f_3. \tag{4.2.61}$$

方程(4.2.59)和方程(4.2.61)代入方程(4.2.56)得到

$$-kq(g_1 + f_1\dot{q} + f_2\dot{e}) + \frac{1}{2A}e^2(g_1 + f_1\dot{q} + f_2\dot{e}) - \frac{s-q}{A}e(g_2 +$$

$$f_2\dot{q} + f_4\dot{e}) + \dot{q}\left(\frac{\partial g_1}{\partial t} + \frac{\partial g_1}{\partial q}\dot{q} + \frac{\partial f_1}{\partial q}\dot{q}^2 + \frac{\partial f_2}{\partial q}\dot{q}\dot{e} +\right.$$

$$\left.\frac{\partial g_1}{\partial e}\dot{e} + \frac{\partial f_1}{\partial e}\dot{q}\dot{e} + \frac{\partial f_2}{\partial e}\dot{e}^2\right) + \dot{e}\left(\frac{\partial g_2}{\partial t} + \frac{\partial g_2}{\partial q}\dot{q} + \frac{\partial f_2}{\partial q}\dot{q}^2 +\right.$$

$$\left.\frac{\partial f_4}{\partial q}\dot{q}\dot{e} + \frac{\partial g_2}{\partial e}\dot{e} + \frac{\partial f_2}{\partial e}\dot{q}\dot{e} + \frac{\partial f_4}{\partial e}\dot{e}^2\right) + E_0\sin\omega t(g_2 +$$

$$f_2\dot{q} + f_4\dot{e}) - R\dot{e}(g_2 + f_2\dot{q} + f_4\dot{e}) - E_0 C_0 \sin\omega t\dot{e} +$$

$$RC_0\dot{e} = -\frac{\partial f_5}{\partial t} + \frac{1}{2}\dot{q}^3\frac{\partial f_1}{\partial q} + \frac{1}{2}\dot{e}^2\dot{q}\frac{\partial f_4}{\partial q} + \dot{q}^2\dot{e}\frac{\partial f_2}{\partial q} -$$

$$\frac{\partial f_5}{\partial q}\dot{q} + \frac{1}{2}\dot{q}^2\dot{e}\frac{\partial f_1}{\partial e} + \frac{1}{2}\dot{e}^3\frac{\partial f_4}{\partial e} + \dot{q}\dot{e}^2\frac{\partial f_2}{\partial e} - \frac{\partial f_5}{\partial e}\dot{e}. \tag{4.2.62}$$

挑出包含 $\dot{q}^3$，$\dot{q}^2\dot{e}$，$\dot{q}\dot{e}^2$，$\dot{e}^3$，$\dot{q}^2$，$\dot{q}\dot{e}$，$\dot{e}^2$，$\dot{q}$，$\dot{e}$ 的项和不包含的项，得到

$$\frac{\partial f_1}{\partial q}=\frac{1}{2}\frac{\partial f_1}{\partial q}, \tag{4.2.63}$$

$$\frac{\partial f_2}{\partial q}+\frac{\partial f_1}{\partial e}+\frac{\partial f_2}{\partial q}=\frac{\partial f_2}{\partial q}+\frac{1}{2}\frac{\partial f_1}{\partial e}, \tag{4.2.64}$$

$$\frac{\partial f_2}{\partial e}+\frac{\partial f_4}{\partial q}+\frac{\partial f_2}{\partial e}=\frac{\partial f_2}{\partial e}+\frac{1}{2}\frac{\partial f_4}{\partial q}, \tag{4.2.65}$$

$$\frac{\partial f_4}{\partial e}=\frac{1}{2}\frac{\partial f_4}{\partial e}, \tag{4.2.66}$$

$$\frac{\partial g_1}{\partial q}=0, \tag{4.2.67}$$

$$\frac{\partial g_2}{\partial e}-Rf_4=0, \tag{4.2.68}$$

$$\frac{\partial g_1}{\partial e}+\frac{\partial g_2}{\partial q}-Rf_2=0, \tag{4.2.69}$$

$$-kqf_1+\frac{1}{2A}e^2f_1-\frac{s-q}{A}ef_2+E_0\sin\omega tf_2+\frac{\partial g_1}{\partial t}=-\frac{\partial f_5}{\partial q}, \tag{4.2.70}$$

$$-kqf_2+\frac{1}{2A}e^2f_2-\frac{s-q}{A}ef_4+E_0\sin\omega tf_4-Rg_2-$$

$$E_0C_0\sin\omega t+\frac{\partial g_2}{\partial t}+RC_0=-\frac{\partial f_5}{\partial e}, \tag{4.2.71}$$

$$-kqg_1+\frac{1}{2A}e^2g_1-\frac{s-q}{A}eg_2+E_0\sin\omega tg_2=0. \tag{4.2.72}$$

从方程(4.2.64)～(4.2.67)得到

$$f_1=-c_1e^2-2c_2e+c_4,\ f_2=c_1qe+c_2q+c_3e+c_5,$$

$$f_4 = -c_1 q^2 - 2c_2 q + c_6. \tag{4.2.73}$$

从方程(4.2.68)～(4.2.70)和方程(4.2.15)得到

$$g_1 = 0,\ g_2 = 0,\ c_1 = 0,\ c_2 = c_3 = c_5 = 0, \tag{4.2.74}$$

那么

$$\xi_0 = c_0,\ \xi = c_4 \dot{q},\ \eta = c_6 \dot{e}. \tag{4.2.75}$$

方程(4.2.73)和(4.2.74)代入方程(4.2.70)和(4.2.71)并求积分得

$$f_5 = -\frac{1}{2} k c_4 q^2 + \frac{1}{2A} c_4 e^2 - \frac{s-q}{2A} c_6 e^2 + E_0 c_6 e \sin \omega t - E_0 c_0 e \sin \omega t + R c_0 e; \tag{4.2.76}$$

从方程(4.2.61)得到规范函数

$$G = -\frac{1}{2} c_4 \dot{q}^2 - \frac{1}{2} c_6 \dot{e}^2 - \frac{1}{2} k c_4 q^2 + \frac{1}{2A} c_4 e^2 - \frac{s-q}{2A} c_6 e^2 + E_0 c_6 e \sin \omega t - E_0 c_0 e \sin \omega t + R c_0 e. \tag{4.2.77}$$

式(4.2.75)和(4.2.77)是一般形式的生成元和规范函数. 选择常数 c_0，c_4 和 c_6 为特定的值，我们得到一系列对称性

$$c_0 = 1,\ c_4 = c_6 = 0,\ \xi_0 = 1,\ \xi = \eta = 0, G = -E_0 e \sin \omega t + Re; \tag{4.2.78}$$

$$c_0 = 1,\ c_4 = 1,\ c_6 = 0,\ \xi_0 = 1,\ \xi = \dot{q},\ \eta = 0,$$

$$G = -\frac{1}{2} \dot{q}^2 - \frac{1}{2} k q^2 + \frac{1}{2A} e^2 - E_0 e \sin \omega t + Re; \tag{4.2.79}$$

$$c_0 = 1,\ c_4 = 0,\ c_6 = 1,\ \xi_0 = 1,\ \xi = 0,\ \eta = \dot{e}$$

$$G = -\frac{1}{2} \dot{e}^2 - \frac{s-q}{2A} e^2 + Re; \tag{4.2.80}$$

$$c_0 = 1,\ c_4 = 1,\ c_6 = 1,\ \xi_0 = 1,\ \xi = \dot{q},\ \eta = \dot{e},$$

$$G = -\frac{1}{2}\dot{q}^2 - \frac{1}{2}\dot{e}^2 - \frac{1}{2}kq^2 + \frac{1}{2A}e^2 - \frac{s-q}{2A}e^2 + Re; \tag{4.2.81}$$

$$c_0 = 0,\ c_4 = 1,\ c_6 = 1,\ \xi_0 = 0,\ \xi = \dot{q},\ \eta = \dot{e},$$

$$G = -\frac{1}{2}\dot{q}^2 - \frac{1}{2}\dot{e}^2 - \frac{1}{2}kq^2 + \frac{1}{2A}e^2 - \frac{s-q}{2A}e^2 + E_0 e\sin\omega t; \tag{4.2.82}$$

$$c_0 = 0,\ c_4 = 1,\ c_6 = 0,\ \xi_0 = 0,\ \xi = \dot{q},\ \eta = 0,$$

$$G = -\frac{1}{2}\dot{q}^2 - \frac{1}{2}kq^2 + \frac{1}{2A}e^2; \tag{4.2.83}$$

$$c_0 = 0,\ c_4 = 0,\ c_6 = 1,\ \xi_0 = 0,\ \xi = 0,\ \eta = \dot{e},$$

$$G = -\frac{1}{2}\dot{e}^2 - \frac{s-q}{2A}e^2 + E_0 e\sin\omega t. \tag{4.2.84}$$

下面给出 Noether 对称性相应的守恒量. 将对称性(4.2.78)～(4.2.84)代入方程(4.2.48),分别导出守恒量

$$I_1 = -\frac{1}{2}\dot{q}^2 - \frac{1}{2}\dot{e}^2 - \frac{1}{2}kq^2 - \frac{1}{2}\frac{s-q}{A}e^2 - E_0 e\sin\omega t + Re = \text{const}; \tag{4.2.85}$$

$$I_2 = -\frac{1}{2}\dot{e}^2 - \frac{s-q}{2A}e^2 + \frac{1}{2A}e^2 - E_0 e\sin\omega t + Re = \text{const}; \tag{4.2.86}$$

$$I_3 = -\frac{1}{2}\dot{q}^2 - \frac{1}{2}kq^2 - \frac{s-q}{A}e^2 + Re = \text{const}; \tag{4.2.87}$$

$$I_4 = \frac{1}{2A}e^2 - \frac{s-q}{A}e^2 + Re = \text{const}; \tag{4.2.88}$$

$$I_5 = \frac{1}{2}\dot{q}^2 + \frac{1}{2}\dot{e}^2 - \frac{1}{2}kq^2 + \frac{1}{2A}e^2 - \frac{s-q}{2A}e^2 + E_0 e\sin\omega t = \text{const};$$

(4.2.89)

$$I_6 = \frac{1}{q}\dot{q}^2 - \frac{1}{2}kq^2 + \frac{1}{2A}e^2 = \text{const}; \qquad (4.2.90)$$

$$I_7 = \frac{1}{2}\dot{e}^2 - \frac{s-q}{2A}e^2 + E_0 \sin\omega t = \text{const}. \qquad (4.2.91)$$

4.2.7 主要结论

主要贡献：基于时间、广义坐标和广义电量的无限小变换，给出了机电系统的变分原理. 基于 Hamilton 作用量在时间、广义坐标和广义电量无限小变换下的不变性，给出 Lagrange 机电系统和 Lagrange-Maxwell 机电系统的 Noether 对称性、Noether 准对称性和广义 Noether 准对称性的定义和判据. 进一步给出系统的 Noether 定理. 为了寻找系统的守恒量和规范函数，给出系统的 Killing 方程和广义 Killing 方程，并给出应用实例.

创新之处：将广义坐标和广义电量作为统一变量，给出他们的无限小变换，研究机电系统的 Noether 理论. 将 Lie 群分析引入到机电动力学系统，给出解决机电系统问题的新方法. 为 Noether 对称性理论的应用开辟了新途径.

4.3 机电系统的 Lie 对称性和守恒量

4.3.1 系统的 Lie 对称性和守恒量

关于机电系统的 Lie 对称性和守恒量问题，我们不作详细论述，仅给出主要结论[177]. 4.2 已经给出机电系统的 Lagrange-Maxwell 方程(4.2.3). 我们将方程(4.2.3)表成显形式

$$\ddot{q}_s = h_s(t, \boldsymbol{q}, \dot{\boldsymbol{q}}, \boldsymbol{e}, \dot{\boldsymbol{e}}),\ \ddot{e}_k = g_k(t, \boldsymbol{q}, \dot{\boldsymbol{q}}, \boldsymbol{e}, \dot{\boldsymbol{e}})$$

$$(s=1, \cdots, n;\ k=1, \cdots, m). \tag{4.3.1}$$

引入关于时间、广义坐标和广义电量的无限小变换形式(4.2.8),无限小生成元向量

$$X^{(0)}=\xi_0 \frac{\partial}{\partial t}+\xi_s \frac{\partial}{\partial q_s}+\eta_k \frac{\partial}{\partial e_k}, \tag{4.3.2}$$

它的一次扩展

$$X^{(1)}=X^{(0)}+(\dot{\xi}_s-\dot{q}_s \dot{\xi}_0) \frac{\partial}{\partial \dot{q}_s}+(\dot{\eta}_s-\dot{e}_k \dot{\xi}_0) \frac{\partial}{\partial \dot{e}_k}, \tag{4.3.3}$$

和二次扩展

$$X^{(2)}=X^{(1)}+\left[\frac{\mathrm{d}}{\mathrm{d}t}(\dot{\xi}_s-\dot{q}_s \dot{\xi}_0)-\ddot{q}_s \dot{\xi}_0\right] \frac{\partial}{\partial \ddot{q}_s}+$$

$$\left[\frac{\mathrm{d}}{\mathrm{d}t}(\dot{\eta}_k-\dot{e}_k \dot{\xi}_0)-\ddot{e}_k \dot{\xi}_0\right] \frac{\partial}{\partial \ddot{e}_k}. \tag{4.3.4}$$

方程(4.3.1)在无限小变换 (4.3.8)下的不变性归为

$$\ddot{\xi}_s-\dot{q}_s \ddot{\xi}_0-2 h_s \dot{\xi}_0=X^{(1)}(h_s),$$

$$\ddot{\eta}_k-\dot{e}_k \ddot{\xi}_0-2 g_k \dot{\xi}_0=X^{(1)}(g_k). \tag{4.3.5}$$

方程(4.3.5)称为 Lagrange-Maxwell 机电系统的 Lie 对称性确定方程. 我们给出:

判据 如果无限小变换生成元 ξ_0, ξ_s, η_k 满足确定方程(4.3.5),这个变换为相对于 Lagrange-Maxwell 机电系统的 Lie 对称性变换.

机电系统的 Lie 对称性不一定导出 Noether 型守恒量,我们给出:

定理 对于满足 Lie 对称性确定方程(4.3.5)的无限小生成元 ξ_0, ξ_s, η_k,如果存在满足

$$X^{(1)}(L)+L\dot{\xi}_0+\left(Q_s-\frac{\partial F}{\partial \dot{q}_s}\right)(\xi_s-\dot{q}_s\xi_0)+$$

$$\left(u_k-\frac{\partial F}{\partial \dot{e}_k}\right)(\eta_k-\dot{e}_k\dot{\xi}_0)+\dot{G}=0, \tag{4.3.6}$$

的函数 $G=G(t,\boldsymbol{q},\boldsymbol{e},)$,则存在对应于 Lie 对称性的守恒量

$$I=L\xi_0+(\xi_s-\dot{q}_s\xi_0)\frac{\partial L}{\partial \dot{q}_s}+(\eta_k-\dot{e}_k\xi_0)\frac{\partial L}{\partial \dot{e}_k}+G=\text{const.} \tag{4.3.7}$$

这里 Q_s 为广义力,u_k 为电容两端的电压,F 为耗散函数.

方程(4.2.6)称为 Lagrange-Maxwell 机电系统的 Lie 对称性结构方程,由结构方程可求出 $\dot{G}$,但不一定都能求出函数 $G=G(t,\boldsymbol{q},\boldsymbol{e})$, 这说明机电系统的 Lie 对称性并不直接给出 Noether 型守恒量.

将结构方程(4.3.6)展开,并分出含 $\ddot{\boldsymbol{q}}$, $\ddot{\boldsymbol{e}}$ 的项和不含 $\ddot{\boldsymbol{q}}$, $\ddot{\boldsymbol{e}}$ 的项,可得到 Lagrange-Maxwell 机电系统的广义 Killing 方程[184]. 如果广义 Killing 方程有解,则可求得规范函数 $G=G(t,\boldsymbol{q},\boldsymbol{e})$.

4.3.2 主要结论

主要贡献:给出机电系统的 Lie 对称性和守恒量理论. 基于机电系统的 Lagrange-Maxwell 方程在关于时间,广义坐标和广义动量在无限小变换下的不变性,给出 Lagrange-Maxwell 机电系统 Lie 对称性的确定方程,结构方程和守恒量的形式.

创新之处:将 Lie 对称性理论引入机电动力系统,给出求解机电系统动力学问题的 Lie 对称性方法. 为 Lie 对称性理论的应用开辟了新途径.

4.4 机电系统的形式不变性

本节研究 Lagrange 机电系统和 Lagrange-Maxwell 机电系统的

形式不变性. 讨论机电系统的形式不变性与 Noether 对称性,形式不变性与 Lie 对称性的关系. 得到形式不变性导出 Noether 守恒量的条件和形式.

4.4.1 系统的形式不变性的定义和判据

机电系统的位形有 n 个空间坐标 $q_s(s=1, \cdots, n)$ 和 m 个广义电量 $e_k(k=1, \cdots, m)$ 来确定,系统的 Lagrange 函数为 L,系统的运动用 Lagrange-Maxwell 方程来描述

$$\frac{\mathrm{d}}{\mathrm{d}t}\frac{\partial L}{\partial \dot{q}_s}-\frac{\partial L}{\partial q_s}+\frac{\partial F}{\partial \dot{q}_s}=Q_s \quad (s=1, \cdots, n),$$

$$\frac{\mathrm{d}}{\mathrm{d}t}\frac{\partial L}{\partial \dot{e}_k}-\frac{\partial L}{\partial e_k}+\frac{\partial F}{\partial \dot{e}_k}=u_k \quad (k=1, \cdots, m). \tag{4.4.1}$$

这里 Q_s 为广义力,u_k 为电容器两端的电压,F 为耗散函数. 当机电系统满足条件 $u_k-\partial F/\partial \dot{e}_k=0$, $Q_s-\partial F/\partial \dot{q}_s=0$ 时,方程(4.4.1)变为

$$\frac{\mathrm{d}}{\mathrm{d}t}\frac{\partial L}{\partial \dot{e}_k}-\frac{\partial L}{\partial e_k}=0, \ \frac{\mathrm{d}}{\mathrm{d}t}\frac{\partial L}{\partial \dot{q}_s}-\frac{\partial L}{\partial q_s}=0. \tag{4.4.2}$$

则该系统为 Lagrange 机电系统.

引入关于时间、广义坐标和广义电量的无限小变换

$$t^*=t+\varepsilon\xi_0(t, \boldsymbol{q}, \boldsymbol{e}), \ q_s^*=q_s+\varepsilon\xi_s(t, \boldsymbol{q}, \boldsymbol{e}),$$

$$e_k^*=e_k+\varepsilon\eta(t, \boldsymbol{q}, \boldsymbol{e}). \tag{4.4.3}$$

这里 ε 是小参数, ξ_0, ξ_s, η_k 是无限小生成元. 首先对物理量取无限小变换. 在无限小变换(4.4.2)下,Lagrange 函数 $L=L(t, \boldsymbol{q}, \dot{\boldsymbol{q}}, \boldsymbol{e}, \dot{\boldsymbol{e}})$ 变为 $L^*=L(t^*, \boldsymbol{q}^*, \dot{\boldsymbol{q}}^*, \boldsymbol{e}^*, \dot{\boldsymbol{e}}^*)$,非势广义力 $Q_s=Q_s(t, \boldsymbol{q}, \dot{\boldsymbol{q}})$ 变为 $Q_s^*=Q_s(t^*, \boldsymbol{q}^*, \dot{\boldsymbol{q}}^*)$, 电耗散函数 $F_e=F(\dot{\boldsymbol{e}})$ 变为 $F_e^*=F_e(\dot{e}^*)$,耗散摩擦阻尼力的耗散函数 $F_m=F_m(\boldsymbol{q}, \dot{\boldsymbol{q}})$ 变为 $F_m^*=$

$F_m(\boldsymbol{q}^*, \dot{\boldsymbol{q}}^*)$，电容两端的电压 $u_k(t, \boldsymbol{e})$ 变为 $u_k^* = u_k(t^*, \boldsymbol{e}^*)$. 展开 L^*，Q_s^*，F_e^*，F_m^*，u_k^*，得到

$$L^* = L(t^*, \boldsymbol{q}^*, \dot{\boldsymbol{q}}^*, \boldsymbol{e}^*, \dot{\boldsymbol{e}}^*) = L(t, \boldsymbol{q}, \dot{\boldsymbol{q}}, \boldsymbol{e}, \dot{\boldsymbol{e}}) + \varepsilon\left(\frac{\partial L}{\partial t}\xi_0 + \frac{\partial L}{\partial q_s}\xi_s + \frac{\partial L}{\partial \dot{q}_s}(\dot{\xi}_s - \dot{q}_s\dot{\xi}_0) + \frac{\partial L}{\partial e_k}\eta_k + \frac{\partial L}{\partial \dot{e}_k}(\dot{\eta}_k - \dot{e}_k\dot{\xi}_0)\right) + O(\varepsilon^2), \tag{4.4.4}$$

$$Q_s^* = Q_s(t, \boldsymbol{q}^*, \dot{\boldsymbol{q}}^*) = Q_s(t, \boldsymbol{q}, \dot{\boldsymbol{q}}) + \varepsilon\left(\frac{\partial Q_s}{\partial t}\xi_0 + \frac{\partial Q_s}{\partial q_s}\xi_s + \frac{\partial Q_s}{\partial \dot{q}_s}(\dot{\xi}_s - \dot{q}_s\dot{\xi}_0)\right) + O(\varepsilon^2), \tag{4.4.5}$$

$$F_e^* = F_e(\dot{e}^*) = F_e(\dot{e}) + \varepsilon\frac{\partial F_e}{\partial \dot{e}}(\dot{\eta}_k - \dot{e}\dot{\xi}_0) + O(\varepsilon^2), \tag{4.4.6}$$

$$F_m^* = F_m(\boldsymbol{q}^*, \dot{\boldsymbol{q}}^*) = F_m(\boldsymbol{q}, \dot{\boldsymbol{q}}) + \varepsilon\left(\frac{\partial F_m}{\partial q_s}\xi_s + \frac{\partial F_m}{\partial \dot{q}_s}(\dot{\xi}_s - \dot{q}_s\dot{\xi}_0)\right), \tag{4.4.7}$$

$$u_k^* = u_k(t^*, \boldsymbol{e}^*, \dot{\boldsymbol{e}}^*) = u_k(t) + \varepsilon\left(\frac{\partial u_k}{\partial t}\xi_0 + \frac{\partial u_k}{\partial e_k}\eta_k + \frac{\partial u_k}{\partial \dot{e}_k}(\dot{\eta}_k - \dot{e}_k\dot{\xi}_0)\right) + O(\varepsilon^2). \tag{4.4.8}$$

对于 Lagrange 机电系统，我们给出：

定义 1 如果无限小变换(4.4.3)下的物理量 $L(t^*, \boldsymbol{q}^*, \dot{\boldsymbol{q}}^*, \boldsymbol{e}^*, \dot{\boldsymbol{e}}^*)$，$Q_s(t^*, \boldsymbol{q}^*, \dot{\boldsymbol{q}}^*)$，$F_e(\dot{e}^*)$，$F_m(\boldsymbol{q}^*, \dot{\boldsymbol{q}}^*)$，$u_k(t^*, \boldsymbol{e}^*, \dot{\boldsymbol{e}}^*)$ 满足 Lagrange 机电系统的运动方程

$$\frac{\mathrm{d}}{\mathrm{d}t}\frac{\partial L^*}{\partial \dot{e}_k} - \frac{\partial L^*}{\partial e_k} = u_k^* - \frac{\partial F^*}{\partial \dot{e}_k} = 0 \quad (k = 1, \cdots, m),$$

$$\frac{\mathrm{d}}{\mathrm{d}t}\frac{\partial L^*}{\partial \dot{q}_s}-\frac{\partial L^*}{\partial q_s}=Q_s^*-\frac{\partial F^*}{\partial \dot{q}_s}=0 \quad (s=1,\ \cdots,\ n). \tag{4.4.9}$$

这个不变性称为 Lagrange 机电系统的形式不变性.

判据 1 如果存在一个常数 k 和一个规范函数 $G=G(t,\ \boldsymbol{q},\ \boldsymbol{e})$，使得无限小生成元 ξ_0，ξ_s，η_k 满足关系

$$\frac{\partial L}{\partial t}\xi_0+\frac{\partial L}{\partial q_s}\xi_s+\frac{\partial L}{\partial \dot{q}_s}(\dot{\xi}_s-\dot{q}_s\dot{\xi}_0)+\frac{\partial L}{\partial e_k}\eta_k+\frac{\partial L}{\partial \dot{e}_k}(\dot{\eta}_k-\dot{e}_k\dot{\xi}_0)$$

$$=kL-\dot{G}, \tag{4.4.10}$$

和

$$\frac{\mathrm{d}}{\mathrm{d}t}\frac{\partial \dot{G}}{\partial \dot{q}_s}-\frac{\partial \dot{G}}{\partial q_s}=0,\frac{\mathrm{d}}{\mathrm{d}t}\frac{\partial \dot{G}}{\partial \dot{e}_k}-\frac{\partial \dot{G}}{\partial e_k}=0. \tag{4.4.11}$$

则在无限小变换(4. 4. 3)下，Lagrange 机电系统是形式不变的.

证明： 取 Lagrange 机电系统的 Lagrange 算符为

$$N_s=\frac{\mathrm{d}}{\mathrm{d}t}\frac{\partial}{\partial \dot{q}_s}-\frac{\partial}{\partial q_s},\ N_k=\frac{\mathrm{d}}{\mathrm{d}t}\frac{\partial}{\partial \dot{e}_k}-\frac{\partial}{\partial e_k}, \tag{4.4.12}$$

从方程(4. 4. 4)和(4. 4. 9)导出

$$N_s(L^*)+N_k(L^*)=N_s(L)+N_k(L)+\varepsilon k(N_s(L)+$$

$$N_k(L))-N_s(\dot{G})-N_k(\dot{G}). \tag{4.4.13}$$

在方程(4. 4. 13)中利用方程(4. 4. 2)和(4. 4. 11)，判据 1 得证.

对于 Lagrange-Maxwell 机电系统，我们给出：

定义 2 如果无限小变换(4. 3. 3)下的物理量 $L(t^*,\ \boldsymbol{q}^*,\ \dot{\boldsymbol{q}}^*,\ \boldsymbol{e}^*,\ \dot{\boldsymbol{e}}^*)$，$Q_s(t^*,\ \boldsymbol{q}^*,\ \dot{\boldsymbol{q}}^*)$，$F_e(\dot{\boldsymbol{e}}^*)$，$F_m(\boldsymbol{q}^*,\ \dot{\boldsymbol{q}}^*)$ 满足 Lagrange-

Maxwell 机电系统的运动方程

$$\frac{\mathrm{d}}{\mathrm{d}t}\frac{\partial L^*}{\partial \dot{e}_k}-\frac{\partial L^*}{\partial e_k}+\frac{\partial F^*}{\partial \dot{e}_k}=u_k \quad (k=1, \cdots, m),$$

$$\frac{\mathrm{d}}{\mathrm{d}t}\frac{\partial L^*}{\partial \dot{q}_s}-\frac{\partial L^*}{\partial q_s}+\frac{\partial F^*}{\partial \dot{q}_s}=Q_s^* \quad (s=1, \cdots, n). \tag{4.4.14}$$

该不变性为 Lagrange-Maxwell 机电系统的形式不变性.

判据 2 如果存在一个常数 k 和规范函数 $G(t, \boldsymbol{q}, \boldsymbol{e})=G_1(t, \boldsymbol{q}, \boldsymbol{e})+G_2(t, \boldsymbol{q})+G_3(t, \boldsymbol{e})+G_4(t, \boldsymbol{q}, \boldsymbol{e})$ 使得无限小生成元 ξ_0, ξ_s, η_k 满足关系

$$\frac{\partial L}{\partial t}\xi_0+\frac{\partial L}{\partial q_s}\xi_s+\frac{\partial L}{\partial \dot{q}_s}(\dot{\xi}_s-\dot{q}_s\dot{\xi}_0)+\frac{\partial L}{\partial e_k}\eta_k+$$

$$\frac{\partial L}{\partial \dot{e}_k}(\dot{\eta}_k-\dot{e}_k\dot{\xi}_0)=kL-\dot{G}_1, \tag{4.4.15a}$$

$$\frac{\partial Q_s}{\partial t}\xi_0+\frac{\partial Q_s}{\partial q_s}\xi_s+\frac{\partial Q_s}{\partial \dot{q}_s}(\dot{\xi}_s-\dot{q}_s\dot{\xi}_0)=kQ_s-\dot{G}_2, \tag{4.4.15b}$$

$$\frac{\partial u_k}{\partial t}\xi_0+\frac{\partial u_k}{\partial e_k}\eta_k+\frac{\partial u_k}{\partial \dot{e}_k}(\dot{\eta}_k-\dot{e}_k\dot{\xi}_0)=ku_k-\dot{G}_3, \tag{4.4.15c}$$

$$\frac{\partial F}{\partial \dot{q}_s}(\dot{\xi}_s-\dot{q}_s\dot{\xi}_0)+\frac{\partial F}{\partial \dot{e}_k}(\dot{\eta}_k-\dot{e}_k\dot{\xi}_0)=kF-\dot{G}_4, \tag{4.4.15d}$$

和

$$N_s(\dot{G}_1)-\dot{G}_2+\frac{\partial G_4}{\partial \dot{q}_s}=0, \; N_k(\dot{G}_1)-\dot{G}_3+\frac{\partial G_4}{\partial \dot{e}_k}=0. \tag{4.4.16}$$

则在无限小变换(4.4.3)下,Lagrange-Maxwell 机电系统是形式不变的.

证明：

$$N_s(L^*)+N_k(L^*)+\frac{\partial F^*}{\partial \dot{q}_s}+\frac{\partial F^*}{\partial \dot{e}_k}-u_k^*-Q_s^*$$

$$=N_s(L)+\varepsilon N_s\left[\frac{\partial L}{\partial t}\xi_0+\frac{\partial L}{\partial q_s}\xi_s+\frac{\partial L}{\partial \dot{q}_s}(\dot{\xi}_s-\dot{q}_s\dot{\xi}_0)+\frac{\partial L}{\partial e_k}\eta_k+\right.$$

$$\left.\frac{\partial L}{\partial \dot{e}_k}(\dot{\eta}_k-\dot{e}_k\dot{\xi}_0)\right]+\frac{\partial F}{\partial \dot{q}_s}+\varepsilon\frac{\partial}{\partial \dot{q}_s}\left[\frac{\partial F}{\partial q_l}+\frac{\partial F}{\partial \dot{q}_l}(\dot{\xi}_l-\right.$$

$$\left.\dot{q}_l\dot{\xi}_0)\right]+N_k(L)+\varepsilon N_k\left[\frac{\partial L}{\partial t}\xi_0+\frac{\partial L}{\partial q_s}\xi_s+\frac{\partial L}{\partial \dot{q}_s}(\dot{\xi}_s-\right.$$

$$\left.\dot{q}_s\dot{\xi}_0)+\frac{\partial L}{\partial e_k}\eta_k+\frac{\partial L}{\partial \dot{e}_k}(\dot{\eta}_k-\dot{e}_k\dot{\xi}_0)\right]+\frac{\partial F}{\partial \dot{e}_k}-$$

$$u_k-\varepsilon\frac{\partial u_k}{\partial t}+\varepsilon\frac{\partial}{\partial \dot{e}_k}\left[\frac{\partial F}{\partial \dot{e}_j}(\dot{\eta}_j-\dot{e}_j\dot{\xi}_0)\right]-$$

$$Q_s(t,q,\dot{q})-\varepsilon\left[\frac{\partial Q_s}{\partial t}\xi_0+\frac{\partial Q_s}{\partial q_s}\xi_s+\right.$$

$$\left.\frac{\partial Q_s}{\partial \dot{q}_s}(\dot{\xi}_s-\dot{q}_s\dot{\xi}_0)\right]+O(\varepsilon^2)$$

$$=N_s(L)+\varepsilon kN_s(L)-N_s(\dot{G}_1)+N_k(L)+\varepsilon kN_k(L)-$$

$$N_k(\dot{G}_1)-u_k-ku_k+\dot{G}_2+\frac{\partial F}{\partial \dot{q}_s}+\varepsilon k\frac{\partial F}{\partial \dot{q}_s}+\frac{\partial F}{\partial \dot{e}_k}+$$

$$\varepsilon k\frac{\partial F}{\partial \dot{e}_k}-\frac{\partial \dot{G}_4}{\partial \dot{q}_s}-\frac{\partial \dot{G}_4}{\partial \dot{e}_k}-Q_s-\varepsilon kQ_s+\dot{G}_3. \tag{3.4.17}$$

方程(4.4.17)中用式(4.4.14)和(4.4.16)，判据 2 得证.

4.4.2 形式不变性和 Noether 对称性

Noether 对理论指出，对于由方程(4.4.1)决定的机电系统，如果无限小变换生成元 ξ_0, ξ_s, η_k 满足 Noether 恒等式(4.3.33)，那么，这个系统存在形如(4.3.45)的守恒量.

对于由方程(4.4.2)决定的机电系统，如果无限小变换生成元 ξ_0, ξ_s, η_k 和规范函数 $G = G(t, \boldsymbol{q}, \boldsymbol{e})$ 满足 Noether 恒等式(4.3.48)，那么，这个系统存在形如(4.3.49)的守恒量.

命题 1 对于无限小变换生成元 ξ_0, ξ_s, η_k 关于方程(4.4.1)是形式不变的，如果无限小变换生成元 ξ_0, ξ_s, η_k 和一个规范函数 $G = G(t, \boldsymbol{q}, \boldsymbol{e})$ 满足 Noether 恒等式(4.3.33)，这个 Lagrange-Maxwell 系统的形式不变性将导出一个 Noether 对称性，并且存在 Noether 守恒量(4.3.45).

对于 Lagrange 机电系统我们可以得到类似的命题.

4.4.3 形式不变性和 Lie 对称性

方程(4.4.1)可写成显形式

$$\ddot{q}_s = h_s(t, \boldsymbol{q}, \dot{\boldsymbol{q}}, \boldsymbol{e}, \dot{\boldsymbol{e}})\ \ddot{e}_k = g_k(t, \boldsymbol{q}, \dot{\boldsymbol{q}}, \boldsymbol{e}, \dot{\boldsymbol{e}})$$

$$(s = 1, \cdots, n;\ k = 1, \cdots, m). \tag{4.4.18}$$

根据 Lie 对称性理论，对于由方程(4.4.1)决定的机电系统，如果无限小变换生成元 ξ_0, ξ_s, η_k 满足确定方程(4.3.5)，这个变换为系统的 Lie 对称性变换，如果还存在一个规范函数 G 满足 Lie 对称性的结构方程(4.5.6)，那么，这个系统存在形如(4.3.7)的守恒量.

命题 2 方程(4.4.18)对于无限小变换生成元 ξ_0, ξ_s, η_k 是形式不变的，如果无限小变换生成元 ξ_0, ξ_s, η_k 满足系统的 Lie 对称性确定方程(4.3.5)，那么，这个 Lagrange-Maxwell 系统的形式不变性将导出一个 Lie 对称性.

对于 Lagrange 机电系统我们可以得到类似的命题.

4.4.4 例子

图示为记录机械振动的电动传感器,电枢的质量为 m,弹簧的总刚度系数为 k, 线圈的自感为 $L_1 = L_1(q)$. 式中 q 为自弹簧原长位置算起的铅垂位移,线圈与电池及电阻连成一电路. 电池的电动势为 E,电阻为 R. 试研究系统的形式不变性.

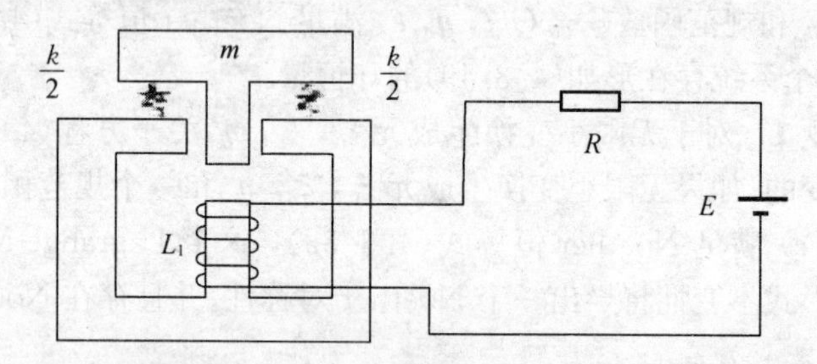

解: 系统的机械部分和电器部分各具有一个自由度,选电枢位移 q 和电量 e 为广义坐标,系统的动能和磁能为

$$T = \frac{1}{2}m\dot{q}^2 + \frac{1}{2}L_1\dot{e}^2, \tag{4.4.19}$$

势能为

$$U = \frac{1}{2}kq^2 - mgq. \tag{4.4.20}$$

系统的耗散函数和 Lagrange 函数为

$$F = -\frac{1}{2}R\dot{e}^2, \; L = \frac{1}{2}m\dot{q}^2 + \frac{1}{2}L_1\dot{e}^2 - \frac{1}{2}kq^2 + mgq, \tag{4.4.21}$$

代入 Lagrange-Maxwell 方程(4.4.1)有

$$\frac{\mathrm{d}}{\mathrm{d}t}\frac{\partial L}{\partial \dot{q}} - \frac{\partial L}{\partial q} + \frac{\partial F}{\partial \dot{q}} = 0, \; \frac{\mathrm{d}}{\mathrm{d}t}\frac{\partial L}{\partial \dot{e}} - \frac{\partial L}{\partial e} + \frac{\partial F}{\partial \dot{e}} = E, \tag{4.4.22}$$

则系统的运动方程式为

$$m\ddot{q}+kq=mg,\ L_1\ddot{e}-R\dot{e}=E, \tag{4.4.23}$$

现在我们研究系统的形式不变性. 方程(4.4.15)给出

$$\begin{aligned}&-kq\xi+mg\xi+m\dot{q}(\dot{\xi}-\dot{q}\dot{\xi}_0)+L_1\dot{e}(\dot{\eta}-\dot{e}\dot{\xi}_0)=cL-\dot{G}_1,\\&0=cE-\dot{G}_3,\\&-R\dot{e}(\dot{\eta}-\dot{e}\dot{\xi}_0)=cF-\dot{G}_4.\end{aligned} \tag{4.4.24}$$

这里 $G=G_1+G_2+G_3+G_4$ 为系统的规范函数.

当我们取

$$\xi_0=1,\ \xi=0,\ \eta=0,\ c=0, \tag{4.4.25}$$

方程(4.4.24)为

$$\dot{G}_1=0,\ \dot{G}_2=0,\ \dot{G}_3=0,\ \dot{G}_4=0. \tag{4.4.26}$$

将 $\dot{G}_1$, $\dot{G}_2$, $\dot{G}_3$, $\dot{G}_4$ 代入(4.4.16),显然满足. 则无限小生成元(4.4.25)是系统的形式不变性. 当把式(4.4.25)和(4.4.26)代入式(4.3.33)不能满足,则该形式不变性(4.4.27)不导出系统的 Noether 对称性. 而(4.4.27)满足 Lie 对称性方程(4.3.25),则形式不变性将导出系统的 Lie 对称性.

4.4.5 主要结论

主要贡献:给出 Lagrange 机电系统和 Lagrange-Maxwell 机电系统形式不变性的定义和判据,得到该系统形式不变性和 Noether 对称性,形式不变性和 Lie 对称性之间的关系,并给出应用实例.

创新之处:将梅凤翔先生创立的形式不变性理论引入机电系统,得到求解机电系统问题的一种新方法,为形式不变性在物理、力学和现代工程中的应用作了初步的尝试.

4.5 Lagrange 机电系统的非 Noether 对称性和非 Noether 守恒量

本节基于运动和 Lagrange 函数之间的关系，研究 Lagrange 机电系统的非 Noether 对称性和非 Noether 守恒量. 讨论机电系统的非 Noether 对称性和 Noether 对称性，非 Noether 对称性和 Lie 点对称性之间的关系. 并给出应用实例.

4.5.1 系统的 Lagrange 方程

我们知道，对于 N 个粒子和 m 个电回路构成的机电系统，我们能用 n 个空间坐标和 m 个广义电量来描述系统的运动. 假定系统的 Lagrange 函数为

$$L = T(\boldsymbol{x},\ \dot{\boldsymbol{x}},\ \boldsymbol{e},\ \dot{\boldsymbol{e}}) - V(\boldsymbol{x}) + W_m(\boldsymbol{x},\ \dot{\boldsymbol{e}}) - W_e(\boldsymbol{x},\ \boldsymbol{e}), \tag{4.5.1}$$

这里

$$W_e = \frac{1}{2}\frac{e_k^2}{C_k},\ W_m = \frac{1}{2}L_{kr}i_k i_r \quad (k,\ r = 1,\ \cdots,\ m). \tag{4.5.2}$$

为电场能量和磁场能量，$C_k = C_k(x_s)$ 是第 k 个回路的电容，$L_{kr}(k \neq r)$ 是第 k 个回路和第 r 个回路之间的电感，$L_{kr} = L_{rk}(x_s)$，L_{kk} 是第 k 个回路的自感. 系统的运动方程为

$$\begin{aligned} &\frac{\mathrm{d}}{\mathrm{d}t}\frac{\partial L}{\partial \dot{x}_l} - \frac{\partial L}{\partial x_l} + \frac{\partial F}{\partial \dot{x}_l} = Q_l, \\ &\frac{\mathrm{d}}{\mathrm{d}t}\frac{\partial L}{\partial \dot{e}_k} - \frac{\partial L}{\partial e_k} + \frac{\partial F}{\partial \dot{e}_k} = u_k \quad (l = 1,\ \cdots,\ n;\ k = 1,\ \cdots,\ m). \end{aligned} \tag{4.5.3}$$

这里 Q_l 为广义力，u_k 为 k 回路的电压，F 为耗散函数. 将空间坐标和广义电量用统一的广义坐标 q_s($s=1, \cdots, n, n+1, \cdots, n+m$) 来表示. 其中 q_s($s=1, \cdots, n$) 表示空间坐标分量，$q_s(s=n+1, \cdots, n+m)$ 表示电学分量，机电系统的运动方程(4.5.3)表为[140, 142]

$$\frac{\mathrm{d}}{\mathrm{d}t}\frac{\partial L}{\partial \dot{q}_s}-\frac{\partial L}{\partial q_s}+\frac{\partial F}{\partial \dot{q}_s}=Q_s \quad (s=1, \cdots, n, \cdots, n+m), \tag{4.5.4}$$

这里 $L(t, \boldsymbol{q}, \dot{\boldsymbol{q}})$ 为 Lagrange 函数，F 为耗散函数，$Q_s(s=1, \cdots, n)$ 为非势广义力，$Q_s(s=n+1, \cdots, n+m)$ 表示广义电动势. 方程(4.5.3)和(4.5.4)被称为机电系统的 Lagrange-Maxwell 方程. 当满足 $Q_s-\partial F/\partial \dot{q}_s=0$ 时，该系统为 Lagrange 机电系统. 方程(4.5.4)变为

$$\frac{\mathrm{d}}{\mathrm{d}t}\frac{\partial L}{\partial \dot{q}_s}-\frac{\partial L}{\partial q_s}=0 \quad (s=1, \cdots, n, n+1, \cdots, n+m). \tag{4.5.5}$$

方程(4.5.5)被称为机电系统的 Lagrange 方程.

4.5.2 Lagrange 方程的非 Noether 对称性和守恒量

将机电系统的 Lagrange 方程(4.5.5)表成显形式

$$\ddot{q}_s=\alpha_s(t, \boldsymbol{q}, \dot{\boldsymbol{q}})(s=1, \cdots, n, n+1, \cdots, n+m), \tag{4.5.6}$$

引入关于时间和广义坐标的无限小变换

$$t^*=t+\varepsilon\xi_0(t, \boldsymbol{q}), \ q_s^*=q_s+\varepsilon\xi_s(t, \boldsymbol{q}), \tag{4.5.7}$$

这里 ε 是小参数，$\xi_0(t, \boldsymbol{q})$, $\xi_s(t, \boldsymbol{q})$ 是无限小生成元.

基于方程(4.5.6)在无限小变换(4.5.7)下的不变性导出系统的确定方程

$$\ddot{\xi}_s - \dot{q}_s \ddot{\xi}_0 - 2\alpha_s \dot{\xi}_0 = X^{(1)}(\alpha_s) \quad (s = 1, \cdots, n, n+1, \cdots, n+m). \tag{4.5.8}$$

对于 Lagrange 机电系统，Lie 点对称性的无限小生成元 $\xi_0(t, \boldsymbol{q})$，$\xi_s(t, \boldsymbol{q})$ 形成一个完全集. 这里矢量场 $X^{(1)}$ 是一次扩展群的生成元

$$X^{(1)} = \xi_0 \frac{\partial}{\partial t} + \xi_s \frac{\partial}{\partial q_s} + (\dot{\xi}_s - \dot{q}_s \dot{\xi}_0) \frac{\partial}{\partial \dot{q}_s}, \tag{4.5.9}$$

并且矢量场

$$\frac{\mathrm{d}}{\mathrm{d}t} = \frac{\partial}{\partial t} + \dot{q}_s \frac{\partial}{\partial q_s} + \alpha_s \frac{\partial}{\partial \dot{q}_s}, \tag{4.5.10}$$

表示沿着方程(4.5.6)关于时间的导数. 那么，对于任意的函数 ϕ

$$\dot{\phi} = \frac{\partial \phi}{\partial t} + \dot{q}_s \frac{\partial \phi}{\partial q_s} + \alpha_s \frac{\partial \phi}{\partial \dot{q}_s}. \tag{4.5.11}$$

如果方程(4.5.6)在连续 Lie 群(4.5.7)变换下保持不变，我们称满足确定方程(4.5.8)的 Lie 点对称性的完全集 $\xi_0(t, \boldsymbol{q})$，$\xi_s(t, \boldsymbol{q})$ 为 Lagrange 机电系统的非 Noether 对称性.

方程(4.5.8)可作为非 Noether 对称性的一个判据，即

判据 1 如果无限小生成元的完全集 $\xi_0(t, \boldsymbol{q})$，$\xi_s(t, \boldsymbol{q})$ 满足确定方程(4.5.8)，该对称性称为 Lagrange 机电系统的非 Noether 对称性.

为了导出机电系统的非 Noether 守恒量，我们需要给出 Lagrange 机电系统的两个关系.

首先，$n+m$ 维 Lagrange 机电系统(4.5.5)写成形式

$$\frac{\partial^2 L}{\partial \dot{q}_s \partial \dot{q}_l} \ddot{q}_l = \frac{\partial L}{\partial q_s} - \frac{\partial^2 L}{\partial \dot{q}_s \partial t} - \frac{\partial^2 L}{\partial \dot{q}_s \partial q_l} \dot{q}_l$$

$$(s, l = 1, \cdots, n, n+1, \cdots, n+m),$$

我们容易证明 α_s 和 L 之间的关系为

$$\frac{\partial \alpha_s}{\partial \dot{q}_s}+\frac{\mathrm{d}}{\mathrm{d}t}(\ln D)=0, \tag{4.5.12}$$

这里

$$D=\det\left[\frac{\partial^2 L}{\partial \dot{q}_s \partial \dot{q}_l}\right] \quad (s,\ l=1,\ \cdots,\ n,\ n+1,\ \cdots,\ n+m). \tag{4.5.13}$$

其次，我们注意到，如果 ξ_0，ξ_s 满足方程(4.5.8)，对于任意的函数 $\phi(t,\ \boldsymbol{q},\ \dot{\boldsymbol{q}})$ 能表示为

$$\dot{X}^{(1)}(\phi)=X^{(1)}(\dot{\phi})+\dot{\xi}_0\,\dot{\phi} \tag{4.5.14}$$

用这些结果，我们有

定理 1 如果无限小变换生成元的完全集 $\xi_0(t,\ \boldsymbol{q})$，$\xi_s(t,\ \boldsymbol{q})$ 满足确定方程(4.5.8)，那么，Lagrange 机电系统(4.5.6)存在一个非 Noether 守恒量

$$I=2\left(\frac{\partial \xi_s}{\partial q_s}-\dot{q}_s\frac{\partial \xi_0}{\partial q_s}\right)-(n+m)\,\dot{\xi}_0+X^1(\ln(D)). \tag{4.5.15}$$

证明：将方程(4.5.8)的右边移到左边，并且用 Π_k 表示，然后对 $\dot{q}_s$ 求偏导数得

$$\frac{\partial \Pi_s}{\partial \dot{q}_s}=\frac{\mathrm{d}}{\mathrm{d}t}\left[2\left(\frac{\partial \xi_s}{\partial q_s}-\dot{q}_s\frac{\partial \xi_0}{\partial q_s}\right)-(n+m)\,\dot{\xi}_0\right]-X^{(1)}\left(\frac{\partial \alpha_s}{\partial \dot{q}_s}\right)-\frac{\partial \alpha_s}{\partial \dot{q}_s}\,\dot{\xi}_0 \quad (s=1,\ \cdots,\ n,\ n+1,\cdots,\ n+m). \tag{4.5.16}$$

如果 $\xi_0(t,\ \boldsymbol{q})$，$\xi_s(t,\ \boldsymbol{q})$ 满足方程(4.5.8)，我们能用方程(4.5.12)和(4.5.14)得到

$$\frac{\mathrm{d}}{\mathrm{d}t}X^{(1)}(\ln D)=-X^{(1)}\left(\frac{\partial \alpha_s}{\partial \dot{q}_s}\right)-\dot{\xi}_0\frac{\partial \alpha_s}{\partial \dot{q}_s}, \qquad (4.5.17)$$

那么方程(4.5.16)表成形式

$$\frac{\partial \Pi_s}{\partial \dot{q}_s}=\frac{\mathrm{d}}{\mathrm{d}t}\left[2\left(\frac{\partial \xi_s}{\partial q_s}-\dot{q}_s\frac{\partial \xi_0}{\partial q_s}\right)-n\dot{\xi}_0+X^{(1)}(\ln D_1)\right]. \qquad (4.5.18)$$

进一步，如果 $\xi_0(t, \boldsymbol{q})$，$\xi_s(t, \boldsymbol{q})$ 满足 $\Pi_s=0$ 及 $\partial \Pi_s/\partial \dot{q}_s=0$，方程(4.5.15)表明 I 应是一个守恒量. 这是本节的主要结论.

4.5.3 从非 Noether 对称性导出 Noether 对称性

我们应该指出，为了得到系统的守恒量我们需要假定运动方程从 Lagrange 函数导出，并没有假定系统的作用量是一个积分不变量. 我们现在指出，如果对称群保护作用量，则守恒量 I 变为零.

方程(4.5.15)给出系统的非 Noether 守恒量. 同时，方程(4.5.15)也能给出系统的 Noether 守恒量. 下面给出导出 Noether 守恒量的条件.

定理 2 对于 Lagrange 机电系统，如果非 Noether 守恒量 I 变为零，则对称群将保护作用量，非 Noether 对称性将导出 Noether 对称性，当存在一个规范函数 $G(t, \boldsymbol{q})$ 满足

$$X^{(1)}(L)+\dot{\xi}_0 L+\dot{G}=0 \quad (s=1, \cdots, n;\ k=1, \cdots, m) \qquad (4.5.19)$$

时，系统存在经典的 Noether 守恒量

$$I_N=(\dot{\xi}_s-\dot{q}_s\dot{\xi}_0)\frac{\partial L}{\partial \dot{q}_s}+(\dot{\eta}_k-\dot{e}_k\dot{\xi}_0)\frac{\partial L}{\partial \dot{e}_k}+\xi_0 L+G. \qquad (4.5.20)$$

证明： 对于任意的函数 $\xi_0(t, \boldsymbol{q})$，$\xi_s(t, \boldsymbol{q})$ 我们能证明下面的方程

$$X^{(1)}\left(\frac{\partial^2 L}{\partial \dot{q}_l \partial \dot{q}_s}\right)=\frac{\partial^2 X^{(1)}(L)}{\partial \dot{q}_l \partial \dot{q}_s}-\frac{\partial L}{\partial \dot{q}_r}\frac{\partial (A_{rs})}{\partial \dot{q}_l}-A_{rs}\frac{\partial^2 L}{\partial \dot{q}_r \partial \dot{q}_l}-$$

$$A_{rl}\frac{\partial^2 L}{\partial \dot{q}_r \partial \dot{q}_s}\quad (s,\ l,\ r=1,\ \cdots,\ n;\ n+1,\ \cdots,\ n+m), \tag{4.5.21}$$

这里

$$A_{rl}=\frac{\partial \xi_r}{\partial q_l}-\dot{q}_r\frac{\partial \xi_0}{\partial q_l}-\dot{\xi}_0\delta_{rl}. \tag{4.5.22}$$

Noether 理论指出，如果函数 $\xi_0(t, \boldsymbol{q})$，$\xi_s(t, \boldsymbol{q})$ 是相应 Lagrange 机电系统的 Noether 对称性，这里存在一个函数 $G(t, \boldsymbol{q})$ 满足

$$X^{(1)}(L)+\dot{\xi}_0 L=-\dot{G}_N, \tag{4.5.23}$$

因为方程(4.5.23)的右边是广义速度和广义电量的线性项，那么有

$$\frac{\partial^2 X^{(1)}(L)}{\partial \dot{q}_l \partial \dot{q}_s}=-\frac{\partial^2(\dot{\xi}_0 L)}{\partial \dot{q}_l \partial \dot{q}_s}, \tag{4.5.24}$$

方程(4.5.24)代入方程(4.5.21)，我们得到

$$X^{(1)}\left(\frac{\partial^2 L}{\partial \dot{q}_l \partial \dot{q}_s}\right)=\dot{\xi}_0\frac{\partial^2 L}{\partial \dot{q}_l \partial \dot{q}_s}-B_{ls}\frac{\partial^2 L}{\partial \dot{q}_r \partial \dot{q}_l}-B_{rl}\frac{\partial^2 L}{\partial \dot{q}_r \partial \dot{q}_s}$$

$$(l,\ s,\ r=1,\ \cdots,\ n,\ n+1,\ \cdots,\ n+m), \tag{4.5.25}$$

这里

$$B_{ls}=\frac{\partial \xi_l}{\partial q_s}-\dot{q}_s\frac{\partial \xi_0}{\partial q_s}. \tag{4.5.26}$$

令 M_{ts} 是二阶导数矩阵形式 $\dfrac{\partial^2 L}{\partial \dot{q}_t \partial \dot{q}_s}$ 的余因子式；满足

$$M_{ts}\frac{\partial^2 L}{\partial \dot{q}_t \partial \dot{q}_r} = D\delta_{sr}, \qquad (4.5.27)$$

和

$$M_{ts}\frac{\partial}{\partial \rho}\frac{\partial^2 L}{\partial \dot{q}_t \partial \dot{q}_s} = \frac{\partial D}{\partial \rho}. \qquad (4.5.28)$$

这里 D 由(4.5.23)导出，并且 ρ 可能是 q_s，$\dot{q}_s$ 或 t 中的一个. 用 M_{ts} 乘方程(4.5.25)，重复的坐标表示求和，并且用方程(4.5.27)和(4.5.28)，我们得到

$$X^{(1)}(\ln D) = n\dot{\xi}_0 - 2B_{rr}. \qquad (4.5.29)$$

从方程(4.5.29)和(4.5.15)我们知道，如果对称群保持作用量不变，I 的守恒性质被证明. 在这种情况下我们有 Lagrange 机电系统的经典的 Noether 不变量.

我们指出机电系统的非 Noether 守恒量不需要是一个“新”的守恒量，也就是说它可以用系统的 Noether 不变量的项来表示. 事实上，对于一个系统，Noether 不变量形成一个守恒量的完全集，任意其它的运动不变量应该是这些 Noether 不变量的函数.

4.5.4 例子

电容 C 如图所示. 单位质量的电极板被悬挂在一个刚度系数为 k 的弹簧上. 极板在重力、弹性力和电场力的作用下沿着竖直方向振动. 我们知道 C 是电容，A 是常数，S 是距离，L_1 是一个单位电感($L_1=1$)，R 是电阻，电场力 $E=\dot{e}$. 让我们研究系统的非 Noether 对称性.

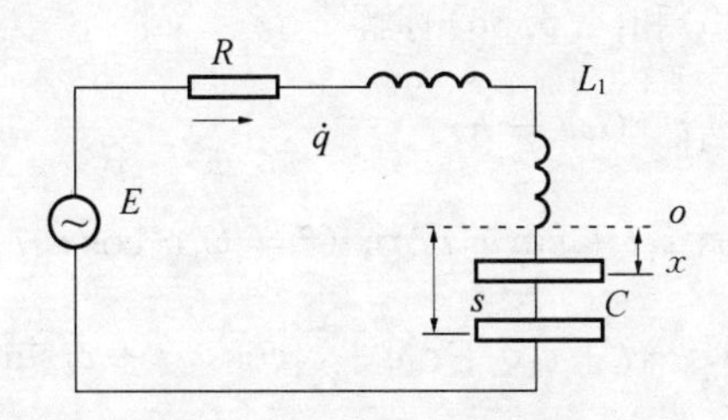

系统有两个自由度. 我们选择电容的活动极板的平衡位置o为坐标原点，空间坐标x和电量e作为广义坐标. $T=\dot{q}^2/2$是系统的动能，$W_m=\dot{e}^2/2$是系统的电能，$V=kq^2/2$是弹性势能，$W_e=Ae^2/2$是电容器储存的能量. 系统的 Lagrange 函数为

$$L=\frac{1}{2}\dot{q}^2+\frac{1}{2}\dot{e}^2-\frac{1}{2}kq^2-\frac{1}{2}Ae^2, \tag{4.5.30}$$

电耗散函数是

$$F=F_e=\frac{1}{2}R\dot{e}^2, \tag{4.5.31}$$

电容两端的电压

$$u_r=R\dot{e}, \tag{4.5.32}$$

它的运动方程是

$$\ddot{q}=-kq=\alpha_1, \tag{4.5.33}$$

$$\ddot{e}=-Ae=\alpha_2. \tag{4.5.34}$$

在无限小对称群$\xi_0(t,\boldsymbol{q})$，$\xi(t,\boldsymbol{q})$，$\eta(t,\boldsymbol{q})$的变换下，方程(4.4.33)和(4.4.34)的确定方程是

$$\ddot{\xi}-\dot{q}\,\ddot{\xi}_0+2kq\,\dot{\xi}_0=-k\xi, \tag{4.5.35}$$

$$\ddot{\eta}-\dot{e}\,\ddot{\xi}_0+2Ae\,\dot{\xi}_0=-A\eta. \tag{4.5.36}$$

确定方程(4.5.35)和(4.5.36)有解

$$\xi_0 = q\sin\omega_1 t \quad (\omega_1^2 = k),$$

$$\xi = \omega_1 q^2 \cos\omega_1 t + \sin\omega_1 t, \text{ or } (\xi = \omega_1 q^2 \cos\omega_1 t + \cos\omega_1 t),$$

$$\eta = \omega_1 qe\cos\omega_1 t + c_1 q + c_2 e + c_3\cos\omega_2 t + c_4\sin\omega_2 t (\omega_2^2 = A), \tag{4.5.37}$$

和

$$\xi_0 = e\sin\omega_2 t \quad (\omega_2^2 = A),$$

$$\eta = \omega_2 e^2 \cos\omega_2 t + \sin\omega_2 t (\text{or } \eta = \omega_2 e^2\cos\omega_2 t + \cos\omega_2 t),$$

$$\xi = \omega_2 qe\cos\omega_2 t + c_5 q + c_6 e + c_7\cos\omega_1 t + c_8\sin\omega_1 t(\omega_1^2 = k). \tag{4.5.38}$$

在方程(4.5.37)和(4.5.38)中我们取 $k = A$. 将方程(4.5.37)代入方程(4.5.25)得到 Lagrange 机电系统的非 Noether 守恒量

$$I_1 = 4\omega_1 q\cos\omega_1 t - 4\dot{q}\sin\omega_1 t = \text{const.} \tag{4.5.39}$$

这里我们已经取 $c_3 = c_4 = 0$. 将生成元 (4.5.38)代入方程(4.5.15)得到 Lagrange 机电系统的非 Noether 守恒量

$$I_2 = 4\omega_2 e\cos\omega_2 t - 4\dot{e}\sin\omega_2 t = \text{const.} \tag{4.5.40}$$

这里我们已经取 $c_5 = c_6 = 0$.

实际上系统(4.5.35)和(4.5.36)有下面的解

$$\xi_0 = a,\ \xi = q,\ \eta = e,\ I = 4; \tag{4.5.41}$$

$$\xi_0 = a,\ \xi = \sin\omega_1 t,\ \eta = \sin\omega_2 t,\ I = 0; \tag{4.5.42}$$

$$\xi_0 = a,\ \xi = \sin\omega_1 t,\ \eta = \cos\omega_2 t,\ I = 0; \tag{4.5.43}$$

$$\xi_0 = a,\ \xi = \cos\omega_1 t,\ \eta = \sin\omega_2 t,\ I = 0; \tag{4.5.44}$$

$$\xi_0 = a,\ \xi = \cos\omega_1 t,\ \eta = \cos\omega_2 t,\ I = 0; \tag{4.5.45}$$

$$\xi_0 = q\sin\omega_1 t,\ \xi = \omega q^2\cos\omega_1 t,\ \eta = \omega_1 qe\cos\omega_1 t + c_1 d + c_2 e,$$

$$I = 4\omega_1 q\cos\omega_1 t - 4\dot{q}\sin\omega_1 t + c_1 + c_2; \tag{4.5.46}$$

$$\xi_0 = q\sin\omega_1 t,\ \xi = \omega q^2\cos\omega_1 t,\ \eta = \omega_1 qe\cos\omega_1 t + c_3\cos\omega_2 t,$$

$$I = 4\omega_1 q\cos\omega_1 t - 4\dot{q}\sin\omega_1 t = \text{const}; \tag{4.5.47}$$

$$\xi_0 = q\sin\omega_1 t,\ \xi = \omega q^2\cos\omega_1 t,\ \eta = \omega_1 qe\cos\omega_1 t + c_4\sin\omega_2 t,$$

$$I = 4\omega_1 q\cos\omega_1 t - 4\dot{q}\sin\omega_1 t = \text{const}; \tag{4.5.48}$$

$$\xi_0 = q\sin\omega_1 t,\ \xi = \omega q^2\cos\omega_1 t + \sin\omega_1 t,$$

$$\eta = \omega_1 qe\cos\omega_1 t + c_1 d + c_2 e,$$

$$I = 4\omega_1 q\cos\omega_1 t - 4\dot{q}\sin\omega_1 t + c_1 + c_2 = \text{const}; \tag{4.5.49}$$

$$\xi_0 = q\sin\omega_1 t,\ \xi = \omega q^2\cos\omega_1 t + \sin\omega_1 t,$$

$$\eta = \omega_1 qe\cos\omega_1 t + c_3\cos\omega_2 t,$$

$$I = 4\omega_1 q\cos\omega_1 t - 4\dot{q}\sin\omega_1 t = \text{const}; \tag{4.5.50}$$

$$\xi_0 = q\sin\omega_1 t,\ \xi = \omega q^2\cos\omega_1 t + \sin\omega_1 t,$$

$$\eta = \omega_1 qe\cos\omega_1 t + c_4\sin\omega_2 t,$$

$$I = 4\omega_1 q\cos\omega_1 t - 4\dot{q}\sin\omega_1 t = \text{const}; \tag{4.5.51}$$

$$\xi_0 = q\sin\omega_1 t,\ \xi = \omega q^2\cos\omega_1 t + \cos\omega_1 t,$$

$$\eta = \omega_1 qe\cos\omega_1 t + c_1 d + c_2 e,$$

$$I = 4\omega_1 q\cos\omega_1 t - 4\dot{q}\sin\omega_1 t + c_1 + c_2 = \text{const}; \tag{4.5.52}$$

$$\xi_0 = q\sin\omega_1 t,\ \xi = \omega_1 q^2\cos\omega_1 t + \cos\omega_1 t,$$
$$\eta = \omega_1 qe\cos\omega_1 t + c_3\cos\omega_2 t, \tag{4.5.53}$$
$$I = 4\omega_1 q\cos\omega_1 t - 4\dot{q}\sin\omega_1 t = \text{const};$$

$$\xi_0 = q\sin\omega_1 t,\ \xi = \omega q^2\cos\omega_1 t + \cos\omega_1 t,$$
$$\eta = \omega_1 qe\cos\omega_1 t + c_4\sin\omega_2 t, \tag{4.5.54}$$
$$I = 4\omega_1 q\cos\omega_1 t - 4\dot{q}\sin\omega_1 t = \text{const}.$$

类似的，我们能得到下面的对称性和守恒量

$$\xi_0 = a, e\sin\omega_2 t,$$
$$\eta = \sin\omega_2 t, \cos\omega_2 t, \omega_2 e^2\sin\omega_2 t,$$
$$\xi = \omega_2 qe\cos\omega_2 t, \omega_2 qe\cos\omega_2 t + c_5 d + c_6 e,$$
$$\omega_2 qe\cos\omega_2 t + c_7\cos\omega_1 t, \omega_2 qe\cos\omega_2 t + c_8\sin\omega_1 t,$$
$$I = 4,\ 0,\ 4\omega_2 e\cos\omega_2 t - 4\dot{e}\sin\omega_2 t,$$
$$4\omega_2 e\cos\omega_2 t - 4\dot{e}\sin\omega_2 t + (c_5 t + c_6). \tag{4.5.55}$$

这里 Lie 点对称性(4.5.41)～(4.5.45)保护系统的作用量，并且存在 Noether 型守恒量；而 Lie 点对称性(4.5.46)～(4.5.55)对应非 Noether 对称性. 应该指出非 Noether 对称性(4.5.37)和(4.5.38)也是关于机电系统的确定方程(4.5.35)和(4.5.36)的 Lie 点对称性的完全集，并且非 Noether 守恒量(4.5.39)和(4.5.40)不需要是一个"新"的守恒量. 也就是说，它可以用系统的 Noether 不变量的项来表示. 事实上，对于一个机电系统 Lie 点对称性形成一个完全集，任何其他的运动对称性应该是这些 Lie 点对称性的一个函数. 类似的，对于这个系统，Noether 不变量形成一个守恒量的完全集，任何其他的运动不变量应该是这些 Noether 不变量的函数.

4.5.5 主要结论

主要贡献：基于时间、空间坐标和广义电量在无限小变换下的不变性，给出 Lagrange 机电系统的非 Noether 对称性和非 Noether 守恒量. 给出非 Noether 对称性导出 Noether 对称性的条件，指出，非 Noether 对称性是 Lie 点对称性的完全集，非 Noether 守恒量可以用 Noether 守恒量的项来表示，任何其他的不变量应该是这些 Noether 不变量的函数.

创新之处：将 Lie 群变换引入机电系统，给出机电系统的运动和 Lagrange 函数之间的关系，得到系统的非 Norther 对称性理论，将非 Noether 对称性的研究提升到实际的机电系统，给出求解机电系统问题的新方法.

4.6 Lagrange-Maxwell 机电系统的非 Noether 对称性和非 Noether 守恒量

本节给出机电系统的运动、非保守力、电动势和 Lagrange 函数之间的关系，研究 Lagrange-Maxwell 机电系统的非 Noether 对称性和非 Noether 守恒量. 讨论非 Noether 对称性和 Noether 对称性，非 Noether 对称性和 Lie 对称性之间的关系以及非 Noether 守恒量和 Noether 守恒量之间的关系.

4.6.1 机电系统的 Lagrange-Maxwell 方程

4.5 节给出，对于 n 个空间坐标分量和 m 个电学分量确定的 $n+m$ 维机电系统，我们取 $q_s(s=1, \cdots, n, n+1, \cdots, n+m)$ 为广义坐标，这里 $q_s(s=1, \cdots, n)$ 表示空间坐标分量，$q_s(s=n+1, \cdots, n+m)$ 表示电学分量. $n+m$ 维自由度的机电系统的 Lagrange 函数为 $L(t, \boldsymbol{q}, \dot{\boldsymbol{q}})$，受到的耗散函数为 F，非势广义力 $Q_s(s=1, \cdots, n)$ 和电动势 $Q_s(s=n+1, \cdots, n+m)$，那么系统的运动方程为

$$\frac{\mathrm{d}}{\mathrm{d}t}\frac{\partial L}{\partial \dot{q}_s}-\frac{\partial L}{\partial q_s}+\frac{\partial F}{\partial \dot{q}_s}=Q_s \quad (s=1,\cdots,n,n+1,\cdots,n+m),$$

(4.6.1)

方程(4.6.1)被称为机电系统的 Lagrange-Maxwell 方程. 方程(4.6.1)中

$$F=F_e(\dot{e})+F_m(x,\dot{x}), \tag{4.6.2}$$

这里

$$F_e=\frac{1}{2}R_k i_k^2=\frac{1}{2}R_k\dot{e}_k^2. \tag{4.6.3}$$

是通过回路的电耗散函数, F_m 是粘性摩擦阻尼力的耗散函数, 而且 $-\partial F/\partial \dot{q}_s$ 被称为耗散力.

4.6.2 Lagrange-Maxwell 机电系统的非 Noether 对称性和守恒量

机电系统的 Lagrange-Maxwell 方程可表示为显形式

$$\ddot{q}_s=\alpha_s(t,\boldsymbol{q},\dot{\boldsymbol{q}}) \quad (s=1,\cdots,n,n+1,\cdots,n+m),$$

(4.6.4)

我们引入关于广义坐标和时间的无限小变换

$$t^*=t+\varepsilon\xi_0(t,\boldsymbol{q}),\ q_s^*=q_s+\varepsilon\xi_s(t,\boldsymbol{q}). \tag{4.6.5}$$

这里 ε 是一个小参数, $\xi_0(t,\boldsymbol{q})$, $\xi_s(t,\boldsymbol{q})$ 是无限小生成函数.

基于运动方程(4.6.4)在无限小变换(4.6.5)下的不变性导出如下确定方程

$$\ddot{\xi}_s-\dot{q}_s\ddot{\xi}_0-2\alpha_s\dot{\xi}_0=X^{(1)}(\alpha_s)(s=1,\cdots,n,n+1,\cdots,n+m),$$

(4.6.6)

对于 Lagrange-Maxwell 机电动力系统,满足确定方程(4.6.6)的无限小生成函数形成一个 Lie 点对称性的完全集 ξ_0，ξ_s. 式中 $X^{(1)}$ 是一次扩展群算符，由下式给出

$$X^{(1)}=\xi_0\frac{\partial}{\partial t}+\xi_s\frac{\partial}{\partial q_s}+(\dot{\xi}_s-\dot{q}_s\dot{\xi}_0)\frac{\partial}{\partial \dot{q}_s}, \tag{4.6.7}$$

如果方程(4.6.4)在连续 Lie 群(4.6.5)的无限小变换下保持不变，这个对称性称为 Lagrange-Maxwell 机电系统的非 Noether 对称性，它由满足方程(4.6.6)的 Lie 点对称性的完全集来表示.

方程(4.6.6)可作为非 Noether 对称性的判据，即

判据 1 如果无限小生成函数 ξ_0，ξ_s 满足确定方程(4.6.6)，形成一个 Lie 点对称性的完全集，这个对称性被称作 Lagrange-Maxwell 机电系统(4.6.4)的非 Noether 对称性.

我们容易证明 α_s，$Q_s-\partial F/\partial \dot{q}_s$ 和 L 之间的关系为[185]

$$\frac{\partial h_s}{\partial \dot{q}_s}-\frac{\partial}{\partial \dot{q}_l}\left(\frac{M_{ls}}{D}\left(Q_s-\frac{\partial F}{\partial \dot{q}_s}\right)\right)+\frac{\mathrm{d}}{\mathrm{d}t}(\ln D)=0\quad(s,\ l=1,\ \cdots,\ n), \tag{4.6.8}$$

这里

$$D=\det\left[\frac{\partial^2 L}{\partial \dot{q}_s\partial \dot{q}_l}\right]. \tag{4.6.9}$$

并且 M_{ls} 分别是矩阵形式 $\partial^2 L/\partial \dot{q}_s\partial \dot{q}_l$ 中的余因子式.

定理 1 如果无限小变换生成函数 $\xi_0(t,\ \boldsymbol{q})$，$\xi_s(t,\ \boldsymbol{q})$ 满足方程(4.6.6)，那么 Lagrange-Maxwell 机电系统(4.6.4)存在一个守恒量

$$I=2\left(\frac{\partial \xi_s}{\partial q_s}-\dot{q}_s\frac{\partial \xi_0}{\partial q_s}\right)-(n+m)\dot{\xi}_0+X^{(1)}(\ln(D))-X^{(1)}(f), \tag{4.6.10}$$

当且仅当函数 $f=f(t,\ \boldsymbol{q},\ \dot{\boldsymbol{q}})$ 满足

$$\frac{\mathrm{d}f}{\mathrm{d}t}=\frac{\partial}{\partial \dot{q}_l}\left(\frac{M_{ls}}{D}\left(Q_s-\frac{\partial F}{\partial \dot{q}_s}\right)\right). \tag{4.6.11}$$

证明：移动方程(4.6.6)的右边到左边，并分别用 Π_s 来表示，他们有偏导数

$$\frac{\partial \Pi_s}{\partial \dot{q}_s}=\frac{\mathrm{d}}{\mathrm{d}t}\left[2\left(\frac{\partial \xi_s}{\partial q_s}-\dot{q}_s\frac{\partial \xi_0}{\partial q_s}\right)-(n+m)\dot{\xi}_0\right]-X^{(1)}\left(\frac{\partial \alpha_s}{\partial \dot{q}_s}\right)-\frac{\partial \alpha_s}{\partial \dot{q}_s}\dot{\xi}_0, \tag{4.6.12}$$

如果 $\xi_0(t, \boldsymbol{q})$，$\xi_s(t, \boldsymbol{q})$ 满足方程(4.6.6)，从方程(4.6.11)和(4.5.24)我们能得到

$$\frac{\mathrm{d}}{\mathrm{d}t}X^{(1)}(\ln D)=-X^{(1)}\left(\frac{\partial \alpha_s}{\partial \dot{q}_s}-\frac{\partial}{\partial \dot{q}_l}\left(\frac{M_{ls}}{D}\left(Q_s-\frac{\partial F}{\partial \dot{q}_s}\right)\right)\right)-$$

$$\dot{\xi}_0\frac{\partial \alpha_s}{\partial \dot{q}_s}-\dot{\xi}_0\frac{\partial}{\partial \dot{q}_l}\left(\frac{M_{ls}}{D}\left(Q_s-\frac{\partial F}{\partial \dot{q}_s}\right)\right), \tag{4.6.13}$$

方程(4.6.12)可以写成形式

$$\frac{\partial \Pi_s}{\partial \dot{q}_s}=\frac{\mathrm{d}}{\mathrm{d}t}\left[2\left(\frac{\partial \xi_s}{\partial q_s}-\dot{q}_s\frac{\partial \xi_0}{\partial q_s}\right)-(n+m)\dot{\xi}_0+X^{(1)}(\ln D)\right]-$$

$$X^{(1)}\left(\frac{\partial}{\partial \dot{q}_l}\left(\frac{M_{ls}}{D}\left(Q_s-\frac{\partial F}{\partial \dot{q}_s}\right)\right)\right)-\dot{\xi}_0\frac{\partial}{\partial \dot{q}_l}\left(\frac{M_{ls}}{D}\left(Q_s-\frac{\partial F}{\partial \dot{q}_s}\right)\right), \tag{4.6.14}$$

当这里存在一个函数 f 满足方程(4.6.11)时，从方程(4.5.24)，(4.6.12)和(4.6.14)导出

$$\frac{\partial \Pi_s}{\partial \dot{q}_s}=\frac{\mathrm{d}}{\mathrm{d}t}\left[2\left(\frac{\partial \xi_s}{\partial q_s}-\dot{q}_s\frac{\partial \xi_0}{\partial q_s}\right)-(n+m)\dot{\xi}_0+\right.$$

$$\left.X^{(1)}(\ln D)-X^{(1)}(f)\right]. \tag{4.6.15}$$

此外，如果 $\xi_0(t, \boldsymbol{q})$，$\xi_s(t, \boldsymbol{q})$ 满足 $\Pi_s = 0$ 和 $\partial \Pi_s / \partial \dot{q}_s = 0$．则方程(4.6.15)中

$$I = 2\left(\frac{\partial \xi_s}{\partial q_s} - \dot{q}_s \frac{\partial \xi_0}{\partial q_s}\right) - (n+m)\dot{\xi}_0 + X^{(1)}(\ln D) - X^{(1)}(f).$$

应该是一个守恒量. 这是本文的一个重要结果. 注意到为了得到守恒量(4.6.10)，这里假定系统的运动方程从 Lagrange 函数 L、广义力 Q_s 导出，然而我们没有假定对称群保持作用量的积分不变.

从定理 1 我们能得到相应 Lagrange-Maxwell 机电系统的非 Noether 守恒量，并且方程(4.6.11)可以作为广义力的限制条件.

4.6.3 从非 Noether 对称性导出 Noether 对称性

我们指出如果对称群保护作用量，守恒量 I 应该满足下面的条件

定理 2 如果 Lagrange-Maxwell 机电系统存在非 Noether 对称性，对应的守恒量的形式

$$\widetilde{I} = -X^{(1)}(f) - \frac{\partial^2}{\partial \dot{q}_l \partial \dot{q}_s}\left[\frac{M_{ls}}{D}(\dot{\xi}_s - \dot{q}_s \dot{\xi}_0)\left(Q_s - \frac{\partial F}{\partial \dot{q}_s}\right)\right]. \tag{4.6.16}$$

那么对称群 $\xi_0(t, \boldsymbol{q})$，$\xi_s(t, \boldsymbol{q})$ 保护作用量，则非 Noether 对称性将导出一个 Noether 对称性，当规范函数 G_N 可以得到时，这个系统存在一个 Noether 型守恒量

$$I_N = \xi_0 L + (\xi_s - \dot{q}_s \xi_0)\frac{\partial L}{\partial \dot{q}_s} + G_N = \text{const.} \tag{4.6.17}$$

证明： 对于任意的函数 $\xi_0(t, \boldsymbol{q})$，$\xi_s(t, \boldsymbol{q})$ 我们容易证明如下方程：

$$X^{(1)}\left(\frac{\partial^2 L}{\partial \dot{q}_l \partial \dot{q}_s}\right) = \frac{\partial^2 X^{(1)}(L)}{\partial \dot{q}_l \partial \dot{q}_s} - \frac{\partial L}{\partial \dot{q}_r}\frac{\partial (A_{rs})}{\partial \dot{q}_l} -$$

$$A_{rs}\frac{\partial^2 L}{\partial \dot{q}_r \partial \dot{q}_l} - A_{rl}\frac{\partial^2 L}{\partial \dot{q}_r \partial \dot{q}_s} \quad (s, l, r = 1, \cdots,$$

$$n,\ n+1,\ \cdots,\ n+m), \tag{4.6.18}$$

这里

$$A_{rl}=\frac{\partial \xi_r}{\partial q_l}-\dot{q}_r\frac{\partial \xi_0}{\partial q_l}-\dot{\xi}_0\delta_{rl}. \tag{4.6.19}$$

Noether 理论指出如果相应 Lagrange-Maxwell 机电系统的生成函数 $\xi_0(t,\boldsymbol{q})$, $\xi_s(t,\boldsymbol{q})$ 是一个 Noether 对称性，这里存在一个规范函数 $G_N(t,\boldsymbol{q})$ 满足[5]

$$X^{(1)}(L)+\dot{\xi}_0L+(\xi_s-\dot{q}_s\xi_0)\left(Q_s-\frac{\partial F}{\partial \dot{q}_s}\right)=-\dot{G}_N, \tag{4.6.20}$$

因为方程(4.6.20)的右边是广义速度和电流的线性函数，那么有

$$\frac{\partial^2 X^{(1)}(L)}{\partial \dot{q}_l\partial \dot{q}_s}=-\frac{\partial^2(\dot{\xi}_0L)}{\partial \dot{q}_l\partial \dot{q}_s}-\frac{\partial^2}{\partial \dot{q}_l\partial \dot{q}_r}\left[(\dot{\xi}_s-\dot{q}_s\dot{\xi}_0)\left(Q_s-\frac{\partial F}{\partial \dot{q}_s}\right)\right], \tag{4.6.21}$$

将方程(4.6.21)代入方程(4.6.18)得到

$$X^{(1)}\left(\frac{\partial^2 L}{\partial \dot{q}_l\partial \dot{q}_s}\right)=\dot{\xi}_0\frac{\partial^2 L}{\partial \dot{q}_l\partial \dot{q}_s}-B_{ls}\frac{\partial^2 L}{\partial \dot{q}_r\partial \dot{q}_l}-B_{rl}\frac{\partial^2 L}{\partial \dot{q}_r\partial \dot{q}_s}-\frac{\partial^2}{\partial \dot{q}_l\partial \dot{q}_r}\left[(\dot{\xi}_s-\dot{q}_s\dot{\xi}_0)\left(Q_s-\left(\frac{\partial F}{\partial \dot{q}_s}\right)\right)\right]. \tag{4.6.22}$$

这里

$$B_{ls}=\frac{\partial \xi_l}{\partial q_s}-\dot{q}_s\frac{\partial \xi_0}{\partial q_s}. \tag{4.6.23}$$

令 M_{ts} 是矩阵形式二阶导数 $\partial^2 L/\partial \dot{q}_t\partial \dot{q}_s$ 的余因子式；那么我们有

$$M_{ts}\frac{\partial^2 L}{\partial \dot{q}_t\partial \dot{q}_r}=D\delta_{sr}, \tag{4.6.24}$$

并且

$$M_{ts}\frac{\partial}{\partial\rho}\frac{\partial^2 L}{\partial\dot{q}_t\partial\dot{q}_s}=\frac{\partial D}{\partial\rho}. \tag{4.6.25}$$

这里 D 由方程(4.6.9)给出，并且 ρ 可以是 q_s，$\dot{q}_s$ 或 t 中的一个. 用 M_{ts} 分别乘以式(4.6.22)中的两方程的两边，然后对重复的坐标求和，并用方程(4.6.24)和(4.6.15)，我们得到

$$X^{(1)}(\ln D)=(n+m)\dot{\xi}_0-2B_{rr}-\frac{\partial^2}{\partial\dot{q}_l\partial\dot{q}_s}\left[\frac{M_{ls}}{D}(\dot{\xi}_s-\dot{q}_s\dot{\xi}_0)\left(Q_s-\frac{\partial F}{\partial\dot{q}_s}\right)\right]. \tag{4.6.26}$$

从方程(4.6.26)和(4.6.10)我们知道，如果对称群保持作用量不变，我们证得 I 是守恒量(4.6.16). 此时 Lagrange-Maxwell 机电系统存在 Noether 守恒量.

需要指出的是非 Noether 守恒量(4.6.10)不需要是一个“新”的守恒量，它应该是由 Noether 不变量的项来决定. 也就是说，非 Noether 守恒量应该是 Noether 守恒量的完全集.

如果 Lagrange-Maxwell 方程的耗散函数和非势广义力满足 $Q_s-\partial F/\partial\dot{q}_s=0$，这个研究给出 Lagrange 机电系统的非 Noether 对称性，系统存在守恒量的形式为

$$I=2\left(\frac{\partial\xi_s}{\partial q_s}-\dot{q}_s\frac{\partial\xi_0}{\partial q_s}\right)-(n+m)\dot{\xi}_0+X^{(1)}(\ln(D)). \tag{4.6.27}$$

由于论文篇幅所限，我们不再给出应用例子.

4.6.4 主要结论

主要贡献：给出 Lagrange-Maxwell 机电系统的非 Noether 对称性和非 Noether 守恒量，得到该系统非 Noether 对称性导出 Noether

对称性的条件，指出机电系统的非 Noether 对称性是 Lie 点对称性的完全集，非 Noether 守恒量是 Noether 守恒量的完全集.

创新之处：将 Lie 群理论引入 Lagrange-Maxwell 机电系统，得到该系统的非 Noether 对称性理论. 给出 α_s，$Q_s-\partial F/\partial \dot{q}_s$ 和 L 之间的关系(4.6.8)，非 Noether 守恒量的形式(4.6.10)以及非保守力和耗散力满足的条件(4.6.11). 将非 Noether 对称性的研究从力学系统提升到机电耦合系统.

4.7 小结

本章将 Lie 群分析引入机电耦合动力系统，研究了该系统的对称性和守恒量问题. 分为五个部分：① 机电系统的 Noether 对称性. 引入时间、空间坐标和广义电量的无限小变换，给出了机电系统的变分原理；基于 Hamilton 作用量在时间、空间坐标和广义电量无限小变换下的不变性，给出 Lagrange 机电系统和 Lagrange-Maxwell 机电系统的 Noether 对称性、Noether 准对称性和广义 Noether 准对称性的定义和判据；进一步给出系统的 Noether 定理. 为了寻找系统的守恒量和规范函数，给出系统的 Killing 方程和广义 Killing 方程. 将 Noether 对称性研究从力学系统提高到机电系统，给出解决机电系统问题的新方法. ② 机电系统的 Lie 对称性和守恒量. 基于机电系统的 Lagrange-Maxwell 方程关于时间，空间坐标和广义电量在无限小变换下的不变性，给出 Lagrange-Maxwell 机电系统 Lie 对称性的确定方程，结构方程和守恒量的形式. 将 Lie 对称性理论从力学系统扩展到机电系统，给出求解机电系统动力学问题的 Lie 对称性方法. ③ 机电系统的形式不变性. 引入时间、空间坐标和电学分量的无限小变换，给出 Lagrange 机电系统和 Lagrange-Maxwell 机电系统形式不变性的定义和判据；研究该系统形式不变性和 Noether 对称性，形式不变性和 Lie 对称性之间的关系；并给出应用实例. 将近来梅凤翔教授创立的形式不变性理论引入机电系统，得到求解机电系统问题的一种新方法,为形式不变性在物理、力学和现代工程中的应用作了初步工作. ④ Lagrange 机电系统的非 Noether 对称性和非 Noether 守恒量. 基于微分方程在无限小变换下的不变性,给出 Lagrange 机电系统的非 Noether 对称性和非 Noether 守恒量;研究该系统非 Noether 对称性导出 Noether 对称性的条件;指出 Lagrange 机电系统的非 Noether 对称性是 Lie 点对称性的完全集,非 Noether 守恒量是 Noether 守恒量的完全集. 将非 Noether 对称性的研究从力学系统提升到实际的机电系统,给出求解机电系统问题的非 Noether 对称性新方法. ⑤ Lagrange-Maxwell 机电系统的非 Noether 对称性和非 Noether 守恒量. 给出 Lagrange-Maxwell 机电系统的非 Noether 对称性和非 Noether 守恒量的形式;得到该系统非 Noether 对称性导出 Noether 对称性的条件;指出 Lagrange-Maxwell 机电系统的非 Noether 对称性是 Lie 对称性的完全集,非 Noether 守恒量是 Noether 守恒量的完全集. 这个研究产生四个新的结果,给出 Lagrange-Maxwell 机电系统的运动、非保守力和 Lagrange 函数之间的关系;给出非保守力和耗散力满足的条件;得到该系统的非 Noether 守恒量的形式;得到非 Noether 对称性导出 Noether 对称性的条件. 将非 Noether 对称性的研究从力学系统提升到机电耦合系统.

第五章 相对论性 Birkhoff 系统动力学的对称性和守恒量

5.1 引言

Birkhoff 系统动力学的诞生是力学史上的一件大事. 1927 年,美国著名数学家 Birkhoff G. D. 在其名著《动力系统》中给出比 Hamilton 方程更为一般的一类新型动力学方程[151],并给出比 Hamilton 原理更为普遍的一类新型积分变分原理. 1978 年,美国物理学家 Santilli R. M. 建议将这个新方程命名为 Birkhoff 方程[152],这个新型的原理可称为 Pfaff-Birkhoff 原理. 1989 年,前苏联学者 Галиуллин A C 指出[153],对 Birkhoff 方程的研究是近代分析力学的一个重要发展方向. 我国力学家梅凤翔教授,构筑了 Birkhoff 系统动力学的框架[154, 155],宣告了一门新力学的诞生. 近几年我们将 Birkhoff 系统动力学的研究推广到高速运动的相对论情况,构筑了相对论性 Birkhoff 系统动力学的基本框架.

(1) 相对论性 Birkhoff 方程和相对论性 Pfaff-Birkhoff 原理. 文献[156~158]考虑相对论的质量变化效应,采取嵌入相对论性质量的方法,利用 Santill 方法和 Hojman 方法构造了相对论系统的 Birkhoff 函数和 Birkhoff 函数组的具体形式;定义相对论系统的 Pfaff 作用量;然后取变分,提出相对论性的 Pfaff-Birkhoff 原理和相对论性的 Pfaff-Birkhoff-D'Alembert 原理;建立了相对论系统的 Birkhoff 方程的一般形式、自治形式和半自治形式. 同时指出相对论性 Hamilton 正则方程是相对论性 Birkhoff 方程的特殊情形,而相对论性 Hamilton 原理是相对论性 Pfaff-Birkhoff 原理的特殊情形. 在经典近似的情况下相对论性 Birkhoff 方程退化为经典的 Birkhoff 方程.

(2) 相对论性完整 Birkhoff 系统动力学. 包括特殊相对论性完整 Birkhoff 系统动力学和一般相对论性完整 Birkhoff 系统动力学. 可以用完整保守相对论性 Lagrange 方程来描述的完整系统称为特殊相对论性完整力学系统,包括相对论性完整保守系统,有广义势的相对论性完整系统和相对论性 Lagrange 力学逆问题. 因为相对论性完整保守系统 Lagrange 方程有相对论性 Hamilton 方程的形式,它自然有相对论性 Birkhoff 方程的形式. 并且,一般相对论性完整系统的运动方程总有 Birkhoff 表示[156-158].

(3) 相对论性非完整系统的 Birkhoff 系统动力学. 对于有 n 个广义坐标 $q_s(s=1, \cdots, n)$ 确定的相对论力学系统,运动受到理想的双面的 Cheteav 型非完整约束, 系统的运动可表为相对论性 Routh 方程的形式,进一步将相对论性 Routh 方程表成显形式. 即是与相对论性非完整系统相应的相对论性完整系统的运动方程, 如果相对论系统的运动初始条件满足约束方程,相应相对论性完整系统的运动方程的解给出所论非完整系统的运动[159]. 那么相对论性非完整系统运动方程的 Birkhoff 化问题转化为相应相对论性完整系统运动方程的 Birkhoff 化问题. 因此一阶相对论性非完整系统的运动方程都有 Birkhoff 表示.

关于相对论性 Chaplygin 方程的 Birkhoff 表示问题,参见文献[160].

(4) 相对论性 Birkhoff 系统的几何理论. 文献[161]给出了相对论性 Birkhoff 系统动力学的几何描述, 相对论性 Birkhoff 方程的自伴随性,自治形式、半自治形式和非自治形式相对论性 Birkhoff 方程的全局特性,相对论性 Birkhoff 系统能量变化的几何特性和相对论性 Birkhoff 系统的代数结构等.

(5) 相对论性 Birkhoff 系统的稳定性. 相对论性 Birkhoff 系统的稳定性包括平衡稳定性和运动稳定性. 我们给出了相对论性 Birkhoff

系统的平衡位置，系统的受扰运动方程、一次近似方程和特征方程.利用 Lyapunov 一次近似理论和直接方法得到相对论性 Birkhoff 系统的平衡稳定性和平衡状态流形的稳定性理论[162, 163].

本章将 Lie 群分析引入相对论性 Birkhoff 系统，研究相对论性 Birkhoff 系统的对称性理论. 包括相对论性 Birkhoff 系统的 Noether 对称性、Lie 对称性以及对称性摄动和绝热不变量等[183, 184].

5.2 相对论性 Pfaff-Birkhoff 原理和 Birkhoff 方程

本节介绍相对论系统的相对论性 Pfaff-Birkhoff 原理和相对论性 Birkhoff 方程. 包括自治形式、半自治形式和非自治形式的相对论性 Birkhoff 方程.

5.2.1 相对论性 Pfaff-Birkhoff 原理和 Birkhoff 方程

定义相对论性 Pfaff 作用量

$$A^* = \int_{t_1}^{t_2} \{R_\nu^*(m_i(t, \boldsymbol{a}), t, \boldsymbol{a})\dot{a}^\nu - B^*(m_i(t, \boldsymbol{a}), t, \boldsymbol{a})\}\mathrm{d}t$$

$$(\nu = 1, \cdots, 2n;\ i = 1, \cdots, N), \tag{5.2.1}$$

式中 B^* 为相对论性 Birkhoff 函数，R_ν^* 为相对论性 Birkhoff 函数组. 可以利用 Santilli 方法将它们首先构造出来.(5.2.1)式中含有相对论性质量

$$m_i = \frac{m_{0i}}{\sqrt{1 - \dfrac{\dot{\boldsymbol{r}}_i^2}{c^2}}}.$$

这里 $a = a(t, \boldsymbol{a}^\mu)(\mu = 1, \cdots, 2n)$ 为广义坐标，m_{0i} 为第 i 个粒子的静止质量，$\boldsymbol{r}_i(t, \boldsymbol{a})$ 为第 i 个粒子的位矢，c 为光速.

对(5.2.1)式取变分，得

$$\delta A^* = \int_{t_1}^{t_2} \left\{ \left(\frac{\partial R_\nu^*}{\partial m_i} \frac{\partial m_i}{\partial a^\mu} + \frac{\partial R_\nu^*}{\partial a^\mu} - \frac{\partial R_\mu^*}{\partial m_i} \frac{\partial m_i}{\partial a^\nu} - \frac{\partial R_\mu^*}{\partial a^\nu} \right) \dot{a}^\nu - \left(\frac{\partial B^*}{\partial m_i} \frac{\partial m_i}{\partial a^\mu} + \frac{\partial B^*}{\partial a^\mu} + \frac{\partial R_\mu^*}{\partial m_i} \frac{\partial m_i}{\partial t} + \frac{\partial R_\mu^*}{\partial t} \right) \right\} \delta a^\nu \mathrm{d}t$$

$$= 0 \quad (\mu, \nu = 1, \cdots, 2n), \tag{5.2.2}$$

式(5.2.2)与交换关系和端点条件

$$\mathrm{d}\delta a^\nu = \delta \mathrm{d} a^\nu, \tag{5.2.3}$$

$$\delta a^\nu \Big|_{t=t_1} = \delta a^\nu \Big|_{t=t_2}. \tag{5.2.4}$$

被称为相对论性 Pfaff-Birkhoff 原理.

原理中，(5.2.2)式可表为

$$\delta A^* = \int_{t_1}^{t_2} \left\{ \left(\frac{\partial \widetilde{R}_\nu^*}{\partial a^\mu} - \frac{\partial \widetilde{R}_\mu^*}{\partial a^\nu} \right) \dot{a}^\nu - \left(\frac{\partial \widetilde{B}^*}{\partial a^\mu} + \frac{\partial \widetilde{R}_\mu^*}{\partial t} \right) \right\} \delta a^\mu \mathrm{d}t = 0. \tag{5.2.5}$$

式中

$$\widetilde{B}^* = \widetilde{B}^*(t, \boldsymbol{a}) = B^*(m_i(t, \boldsymbol{a}), t, \boldsymbol{a}),$$

$$\widetilde{R}_\nu^* = \widetilde{R}_\nu^*(t, \boldsymbol{a}) = R_\nu^*(m_i(t, \boldsymbol{a}), t, \boldsymbol{a})$$

$$(\mu, \nu = 1, \cdots, 2n;\ i = 1, \cdots, N). \tag{5.2.6}$$

则有

$$\frac{\partial \widetilde{B}^*}{\partial a^\mu} = \frac{\partial B^*}{\partial m_i} \frac{\partial m_i}{\partial a^\mu} + \frac{\partial B^*}{\partial a^\mu}, \quad \frac{\partial \widetilde{R}_\nu^*}{\partial a^\mu} = \frac{\partial R_\nu^*}{\partial m_i} \frac{\partial m_i}{\partial a^\mu} + \frac{\partial R_\nu^*}{\partial a^\mu},$$

$$\frac{\partial \widetilde{R}_\nu^*}{\partial t} = \frac{\partial R_\nu^*}{\partial m_i} \frac{\partial m_i}{\partial t} + \frac{\partial R_\nu^*}{\partial t}. \tag{5.2.7}$$

5.2.2 相对论性 Birkhoff 方程

根据 δa^{μ} 的独立性，积分区间 $[t_1, t_2]$ 的任意性，由式(5.2.5)可得到该系统的相对论性 Birkhoff 方程的一般形式

$$\left(\frac{\partial \widetilde{R}_{\nu}^{*}}{\partial a^{\mu}}-\frac{\partial \widetilde{R}_{\mu}^{*}}{\partial a^{\nu}}\right)\dot{a}^{\nu}-\left(\frac{\partial \widetilde{B}^{*}}{\partial a^{\mu}}+\frac{\partial \widetilde{R}_{\mu}^{*}}{\partial t}\right)=0 \quad (\mu, \nu=1, \cdots, 2n), \tag{5.2.8}$$

我们称用方程(5.2.8)描述运动的力学系统或描述状态的物理系统为相对论性 Birkhoff 系统. 如果 $\widetilde{R}_{\nu}^{*}$ $(\nu=1, \cdots, 2n)$ 不显含时间 t，则方程(5.2.8)变成

$$\left(\frac{\partial \widetilde{R}_{\nu}^{*}}{\partial a^{\mu}}-\frac{\partial \widetilde{R}_{\mu}^{*}}{\partial a^{\nu}}\right)\dot{a}^{\nu}-\frac{\partial \widetilde{B}^{*}}{\partial a^{\mu}}=0 \quad (\mu,\nu=1, \cdots, 2n), \tag{5.2.9}$$

称为相对论性 Birkhoff 半自治系统. 如果 $\widetilde{R}_{\nu}^{*}$ $(\nu=1, \cdots, 2n)$ 和 $\widetilde{B}^{*}$ 都不显含时间 t，则方程(5.2.8)成为

$$\left(\frac{\partial \widetilde{R}_{\nu}^{*}(\boldsymbol{a})}{\partial a^{\mu}}-\frac{\partial \widetilde{R}_{\mu}^{*}(\boldsymbol{a})}{\partial a^{\nu}}\right)\dot{a}^{\nu}-\frac{\partial \widetilde{B}^{*}(\boldsymbol{a})}{\partial a^{\mu}}=0 \quad (\mu, \nu=1, \cdots, 2n). \tag{5.2.10}$$

称为相对论性 Birkhoff 自治系统. 而方程(5.2.8)称为相对论性 Birkhoff 非自治系统. 方程(5.2.8)，(5.2.9)，(5.2.10)记作形式

$$\widetilde{\omega}_{\mu\nu}^{*}(t, \boldsymbol{a})\,\dot{a}^{\nu}-\left(\frac{\partial \widetilde{B}^{*}(t, \boldsymbol{a})}{\partial a^{\mu}}+\frac{\partial \widetilde{R}_{\mu}^{*}(t, \boldsymbol{a})}{\partial t}\right)=0$$

$$(\mu, \nu=1, \cdots, 2n), \tag{5.2.11}$$

$$\widetilde{\omega}^{*}_{\mu\nu}(\boldsymbol{a})\,\dot{a}^{\nu}-\frac{\partial \widetilde{B}^{*}(t,\boldsymbol{a})}{\partial a^{\nu}}=0\quad(\mu,\nu=1,\cdots,2n),\tag{5.2.12}$$

$$\widetilde{\omega}^{*}_{\mu\nu}(\boldsymbol{a})\,\dot{a}^{\nu}-\frac{\partial \widetilde{B}^{*}(\boldsymbol{a})}{\partial a^{\mu}}=0\quad(\mu,\nu=1,\cdots,2n),\tag{5.2.13}$$

式中

$$\widetilde{\omega}^{*}_{\mu\nu}=\left(\frac{\partial \widetilde{R}^{*}_{\nu}}{\partial a^{\mu}}-\frac{\partial \widetilde{R}^{*}_{\mu}}{\partial a^{\nu}}\right)=\frac{\partial R^{*}_{\nu}}{\partial m_i}\frac{\partial m_i}{\partial a^{\mu}}+\frac{\partial R^{*}_{\nu}}{\partial a^{\mu}}-\frac{\partial R^{*}_{\mu}}{\partial m_i}\frac{\partial m_i}{\partial a^{\nu}}-\frac{\partial R^{*}_{\mu}}{\partial a^{\nu}},\tag{5.2.14}$$

称为相对论性 Birkhoff 协变张量,假定

$$\det(\widetilde{\omega}^{*}_{\mu\nu})\neq 0.\tag{5.2.15}$$

方程(5.2.11),(5.2.12)和(5.2.14)可表成如下逆变形式

$$\dot{a}^{\mu}-\widetilde{\omega}^{*\mu\nu}(t,\boldsymbol{a})\left(\frac{\partial \widetilde{B}^{*}(t,\boldsymbol{a})}{\partial a^{\nu}}+\frac{\partial \widetilde{R}^{*}_{\nu}(t,\boldsymbol{a})}{\partial t}\right)=0(\mu,\nu=1,\cdots,2n);\tag{5.2.16}$$

$$\dot{a}^{\mu}-\widetilde{\omega}^{*\mu\nu}(\boldsymbol{a})\,\frac{\partial \widetilde{B}^{*}(t,\boldsymbol{a})}{\partial a^{\nu}}=0\quad(\mu,\nu=1,\cdots,2n);\tag{5.2.17}$$

$$\dot{a}^{\mu}-\widetilde{\omega}^{*\mu\nu}(\boldsymbol{a})\,\frac{\partial \widetilde{B}^{*}(\boldsymbol{a})}{\partial a^{\nu}}=0\quad(\mu,\nu=1,\cdots,2n).\tag{5.2.18}$$

式中

$$\widetilde{\omega}^{*\mu\nu}=(|\,\widetilde{\omega}^{*}_{\alpha\beta}\,|^{-1})^{\mu\nu}=\left(\left|\frac{\partial \widetilde{R}^{*}_{\beta}}{\partial a^{\alpha}}-\frac{\partial \widetilde{R}^{*}_{\alpha}}{\partial a^{\beta}}\right|^{-1}\right)^{\mu\nu},$$

$$\det(\widetilde{\omega}^{*\mu\nu}) \neq 0 \quad (\alpha,\ \beta,\ \mu,\ \nu = 1, \cdots, 2n). \qquad (5.2.19)$$

称为相对论性 Birkhoff 逆变张量.

5.2.3 主要结论

主要贡献：建立相对论性系统的 Pfaff-Birkhoff 原理和 Birkhoff 方程.

创新之处：将 Birkhoff 系统动力学研究提高到高速运动的相对论情况.

5.3 相对论性 Birkhoff 系统的 Noether 对称性和守恒量

引入关于时间和广义坐标的无限小变换，基于相对论性 Pfaff-Birkhoff 原理在无限小变换下的不变性，研究相对论性 Birkhoff 系统的 Noether 对称性理论，包括正问题和逆问题.

5.3.1 相对性 Birkhoff 系统的 Noether 对称性正问题

相对论性 Birkhoff 系统的 Pfaff-Birkhoff 原理为

$$\delta A^* = \int_{t_1}^{t_2} \left\{ \left(\frac{\partial \widetilde{R}_\nu^*}{\partial a^\mu} - \frac{\partial \widetilde{R}_\mu^*}{\partial a^\nu} \right) \dot{a}^\nu - \left(\frac{\partial \widetilde{B}^*}{\partial a^\mu} + \frac{\partial \widetilde{R}_\mu^*}{\partial t} \right) \right\} \delta a^\mu \mathrm{d}t = 0$$

$$(\nu,\ \mu = 1,\ \cdots,\ 2n), \qquad (5.3.1)$$

和相对论性 Birkhoff 方程为

$$\left(\frac{\partial \widetilde{R}_\nu^*}{\partial a^\mu} - \frac{\partial \widetilde{R}_\mu^*}{\partial a^\nu} \right) \dot{a}^\nu - \left(\frac{\partial \widetilde{B}^*}{\partial a^\mu} + \frac{\partial \widetilde{R}_\mu^*}{\partial t} \right) = 0. \qquad (5.3.2)$$

引入关于 t 和 a^μ 的无限小变换

$$t^* = t + \Delta t,\ a^\mu(t^*) = a^\mu(t) + \Delta a^\mu, \qquad (5.3.3)$$

或其展开式

$$t^{*}=t+\varepsilon\xi_{0}(t,\boldsymbol{a}),\ a^{\mu}(t^{*})=a^{\mu}(t)+\varepsilon\xi_{\mu}(t,\boldsymbol{a}),\quad(5.3.4)$$

式中 ξ_0, ξ_μ 为无限小变换生成元. 等时变分和非等时变分的关系为

$$\Delta a^{\mu}=\delta a^{\mu}+\dot{a}^{\mu}\Delta t,\quad(5.3.5)$$

于是有

$$\Delta a^{\mu}=\varepsilon\bar{\xi}_{\mu},\ \bar{\xi}_{\mu}=(\xi_{\mu}-\dot{a}^{\mu}\xi_{0}),\quad(5.3.6)$$

将式(5.3.6)代入原理(5.3.1),并注意到积分区间 $[t_1, t_2]$ 的任意性,得到

$$\varepsilon\left\{\left(\frac{\partial\widetilde{R}_{\nu}^{*}}{\partial a^{\mu}}-\frac{\partial\widetilde{R}_{\mu}^{*}}{\partial a^{\nu}}\right)\dot{a}^{\nu}-\left(\frac{\partial\widetilde{B}^{*}}{\partial a^{\mu}}+\frac{\partial\widetilde{R}_{\mu}^{*}}{\partial t}\right)\right\}(\xi_{\mu}-\dot{a}^{\mu}\xi_{0})=0,\quad(5.3.7)$$

因为

$$\left(\frac{\partial\widetilde{R}_{\nu}^{*}}{\partial a^{\mu}}-\frac{\partial\widetilde{R}_{\mu}^{*}}{\partial a^{\nu}}\right)\dot{a}^{\nu}\dot{a}^{\mu}=0,$$

$$\frac{\partial\widetilde{B}^{*}}{\partial a^{\mu}}\dot{a}^{\mu}\xi_{0}=\frac{\mathrm{d}}{\mathrm{d}t}(B^{*}\xi_{0})-B^{*}\dot{\xi}_{0}-\frac{\partial B^{*}}{\partial t}\xi_{0},$$

$$\left(\frac{\partial\widetilde{R}_{\mu}^{*}}{\partial a^{\nu}}\dot{a}^{\nu}+\frac{\partial\widetilde{R}_{\mu}^{*}}{\partial t}\right)\xi_{\mu}=\frac{\mathrm{d}}{\mathrm{d}t}(\widetilde{R}_{\mu}^{*}\xi_{\mu})-\widetilde{R}_{\mu}^{*}\dot{\xi}_{\mu}.\quad(5.3.8)$$

则式(5.3.7)为

$$\varepsilon\left\{\left(\frac{\partial\widetilde{R}_{\nu}^{*}}{\partial a^{\mu}}\dot{a}^{\nu}-\frac{\partial\widetilde{B}^{*}}{\partial a^{\mu}}\right)\xi_{\mu}+\left(\frac{\partial\widetilde{R}_{\mu}^{*}}{\partial t}\dot{a}^{\mu}+\frac{\partial\widetilde{B}^{*}}{\partial t}\right)\xi_{0}+\widetilde{R}_{\mu}^{*}\dot{\xi}_{\mu}\right.$$

$$-\widetilde{B}^{*}\dot{\xi}_{0}-\frac{\mathrm{d}}{\mathrm{d}t}(\widetilde{R}_{\mu}^{*}\xi_{\mu}-\widetilde{B}^{*}\xi_{0})\Big\}=0,\quad(\nu,\mu=1,\cdots,2n),\tag{5.3.9}$$

引入规范函数 $G=G(t,\boldsymbol{a})$，在式(5.3.9)中相加并相减 $\varepsilon\dot{G}$，得到

$$\varepsilon\Big\{-\frac{\mathrm{d}}{\mathrm{d}t}(\widetilde{R}_{\mu}^{*}\xi_{\mu}-\widetilde{B}^{*}\xi_{0}+G)+\dot{G}+\Big(\frac{\partial\widetilde{R}_{\nu}^{*}}{\partial a^{\mu}}\dot{a}^{\nu}-\frac{\partial\widetilde{B}^{*}}{\partial a^{\mu}}\Big)\xi_{\mu}+\Big(\frac{\partial\widetilde{R}_{\mu}^{*}}{\partial t}\dot{a}^{\mu}-\frac{\partial\widetilde{B}^{*}}{\partial t}\Big)\xi_{0}+\widetilde{R}_{\mu}^{*}\dot{\xi}_{\mu}-\widetilde{B}^{*}\dot{\xi}_{0}\Big\}=0\quad(\nu,\mu=1,\cdots,2n).\tag{5.3.10}$$

此式即为相对论性 Pfaff-Birkhoff-D'Alembert 原理在无限小变换下保持不变性的条件.

由不变性条件(5.3.10)立即得到，对于相对论性 Birkhoff 系统(5.3.2)，如果无限小变换生成元 ξ_0，ξ_μ 和规范函数 G 满足如下关系

$$\Big(\frac{\partial\widetilde{R}_{\nu}^{*}}{\partial a^{\mu}}\dot{a}^{\nu}-\frac{\partial\widetilde{B}^{*}}{\partial a^{\mu}}\Big)\xi_{\mu}+\Big(\frac{\partial\widetilde{R}_{\mu}^{*}}{\partial t}\dot{a}^{\mu}-\frac{\partial\widetilde{B}^{*}}{\partial t}\Big)\xi_{0}+\widetilde{R}_{\mu}^{*}\dot{\xi}_{\mu}-\widetilde{B}^{*}\dot{\xi}_{0}+\dot{G}=0,\tag{5.3.11}$$

那么，系统存在如下形式的守恒量

$$I^{*}=\widetilde{R}_{\mu}^{*}\xi_{\mu}-\widetilde{B}^{*}\xi_{0}+G=\mathrm{const}.\tag{5.3.12}$$

于是有

定理 1 对于相对论性 Birkhoff 系统(5.3.2)，如果无限小变换(5.3.4)的生成元 ξ_0，ξ_μ 和规范函数 G 满足条件(5.3.11)，则系统存在形式(5.3.12)的守恒量.

该定理称为相对论性 Birkhoff 系统的 Noether 定理. 式(5.3.11)称为该系统的 Noether 恒等式. 可见，对于给定的 Birkhoff 函数 $\widetilde{B}^{*}$

和 Birkhoff 函数组 $\widetilde{R}_{\mu}^{*}$，可由式(5.3.11)找到无限小变换生成元 ξ_0，ξ_{μ} 和规范函数 G，然后由式(5.3.12)找到系统的守恒量.

5.3.2　相对论性 Birkhoff 系统的 Noether 对称性逆问题

假定相对论性 Birkhoff 系统有 r 个彼此独立的第一积分

$$I^{*}=I^{*}(t,\boldsymbol{a})=I(m_i(t,\boldsymbol{a}),t,\boldsymbol{a})=\text{const.}\tag{5.3.13}$$

这里 m_i 为相对论性质量. 试由该积分找到相应的 Noether 对称性.

将式(5.3.13)对时间求导数，得

$$\frac{\mathrm{d}I^{*}}{\mathrm{d}t}=0.\tag{5.3.14}$$

将相对论性 Birkhoff 方程(5.3.2)两端乘以 $\bar{\xi}_{\mu}=\xi_{\mu}-\dot{a}^{\mu}\xi_0$，并对 μ 求和，再将结果与式(5.3.14)相加，得到

$$\begin{aligned}&\frac{\partial I}{\partial t}+\sum_{i=1}^{N}\frac{\partial I}{\partial m_i}\frac{\partial m_i}{\partial t}+\frac{\partial I}{\partial a^{\mu}}\dot{a}^{\mu}+\sum_{i=1}^{N}\frac{\partial I}{\partial m_i}\frac{\partial m_i}{\partial a^{\mu}}\dot{a}^{\mu}+\\&\left\{\left(\frac{\partial\widetilde{R}_{\nu}^{*}}{\partial a^{\mu}}-\frac{\partial\widetilde{R}_{\mu}^{*}}{\partial a^{\nu}}\right)\dot{a}^{\nu}-\left(\frac{\partial\widetilde{B}^{*}}{\partial a^{\mu}}+\frac{\partial\widetilde{R}_{\mu}^{*}}{\partial t}\right)\right\}\xi_{\mu}=0\\&(\nu,\mu=1,\cdots,2n).\end{aligned}\tag{5.3.15}$$

由式(5.3.15)中 $\dot{a}^{\nu}$ 的系数为零，得到

$$\frac{\partial I}{\partial a^{\nu}}+\sum_{i=1}^{N}\frac{\partial I}{\partial m_i}\frac{\partial m_i}{\partial a^{\nu}}+\left(\frac{\partial\widetilde{R}_{\nu}^{*}}{\partial a^{\mu}}-\frac{\partial\widetilde{R}_{\mu}^{*}}{\partial a^{\nu}}\right)\xi_{\mu}+\left(\frac{\partial\widetilde{B}^{*}}{\partial a^{\nu}}+\frac{\partial\widetilde{R}_{\nu}^{*}}{\partial t}\right)\xi_0=0,\tag{5.3.16}$$

若相对论性 Birkhoff 方程(5.3.2)非退化，即

$$\det(\widetilde{\Omega}_{\mu\nu}^{*})=\det\left(\frac{\partial\widetilde{R}_{\nu}^{*}}{\partial a^{\mu}}-\frac{\partial\widetilde{R}_{\mu}^{*}}{\partial a^{\nu}}\right)\neq0,$$

故可由式(5.3.16)解出

$$\xi_\mu = \widetilde{\Omega}^{*\mu\nu}\left\{\frac{\partial I}{\partial a^\nu} + \sum_{i=1}^{N}\frac{\partial I}{\partial m_i}\frac{\partial m_i}{\partial a^\nu} + \left(\frac{\partial \widetilde{B}^*}{\partial a^\nu} + \frac{\partial \widetilde{R}_\nu^*}{\partial t}\right)\xi_0\right\}, \tag{5.3.17}$$

式中

$$\widetilde{\Omega}^{*\mu\nu}\widetilde{\Omega}^*_{\nu\rho} = \delta_{\mu\rho}. \tag{5.3.18}$$

令积分(5.3.13)等于守恒量(5.3.12)，即

$$I^* = I(m_i(t, \boldsymbol{a}), t, \boldsymbol{a}) = \widetilde{R}_\mu^*\xi_\mu - \widetilde{B}^*\xi_0 + G. \tag{5.3.19}$$

那么有

定理 2 如果已知相对论性 Birkhoff 系统(5.3.2)的第一积分，且选定具体的规范函数 G 后，由方程(5.3.17)和(5.3.19)可确定系统的无限小变换生成元 ξ_0，ξ_s，他们对应于相对论性 Birkhoff 系统(5.3.2)的 Noether 对称性变换.

5.3.3 例子

例 1 已知系统的相对论性 Birkhoff 函数和 Birkhoff 函数组为

$$B = \frac{m}{Q}c^2 - a^1, R_1 = 0, R_2 = \frac{\frac{m}{Q}\left(\frac{m}{Q}c^2 - a^1\right)}{1 - \frac{(a^2)}{c^2}} \tag{5.3.20}$$

式中 $m = m_0/\sqrt{1-\dot{q}^2/c^2}$ 为系统的相对论性质量，c 为光速，Q 为常力，取 $a^1 = q$，$a^2 = \dot{q}$. 试研究系统的 Noether 对称性和守恒量.

将(5.3.20)式给出的 B，R_1，R_2 代入方程(5.3.11)，可得到系统的无限小变换生成元和规范函数为

$$\xi_0 = 1,\ \xi_1 = 0,\ \xi_2 = 0,\ G = 0; \tag{5.3.21}$$

$$\xi_0 = -1,\ \xi_1 = 0,\ \xi_2 = 0,\ G = 0; \tag{5.3.22}$$

$$\xi_0 = 0,\ \xi_1 = a^2,\ \xi_2 = \frac{Q}{m}\left(1 - \frac{(a^2)^2}{c^2}\right),\ G = 0; \tag{5.3.23}$$

$$\xi_0 = 0,\ \xi_1 = -a^2,\ \xi_2 = -\frac{Q}{m}\left(1 - \frac{(a^2)^2}{c^2}\right),\ G = 0. \tag{5.3.24}$$

将式(5.3.21)、(5.3.24)代入式(5.3.12)，得到守恒量

$$I_1^* = a^1 - \frac{m}{Q}c^2 = \text{const}; \tag{5.3.25}$$

将式(5.3.22)、(5.3.23)代入式(5.3.12)，得到守恒量

$$I_2^* = \frac{m}{Q}c^2 - a^1 = \text{const}. \tag{5.3.26}$$

式(5.3.21)、(5.3.24)与式(5.3.22)、(5.3.23)分别线性相关，由此得到的守恒量也是线性相关的.

例 2　已知系统有积分(5.3.25)、(5.3.26)，试求与式(5.3.20)相应的对称性变换.

因为

$$\Omega_{\mu\nu}^* = \frac{m}{Q}\left(1 - \frac{(a^2)^2}{c^2}\right)^{-1}\begin{pmatrix} 0 & -1 \\ 1 & 0 \end{pmatrix}, \tag{5.3.27}$$

$$\Omega^{*\mu\nu} = \frac{Q}{m}\left(1 - \frac{(a^2)^2}{c^2}\right)^{1}\begin{pmatrix} 0 & 1 \\ -1 & 0 \end{pmatrix}, \tag{5.3.28}$$

对积分 I_1^*，式(5.3.17)、(5.3.19)给出

$$\xi_1 = -a^2(1 - \xi_0),\ \xi_2 = -\frac{Q}{m}\left(1 - \frac{(a^2)^2}{c^2}\right)(1 - \xi_0), \tag{5.3.29}$$

$$a^1-\frac{m}{Q}c^2=\left(\frac{m}{Q}c^2-a^1\right)\frac{m}{Q}\left(1-\frac{(a^2)^2}{c^2}\right)^{-1}\xi_2-\left(\frac{m}{Q}c^2-a^1\right)\xi_0+G. \tag{5.3.30}$$

由式(5.3.29)、(5.3.30)可求得

$$\xi_0=1,\ \xi_1=0,\ \xi_2=0,\ G=0, \tag{5.3.31}$$

$$\xi_0=0,\ \xi_1=-a^2,\ \xi_2=-\frac{Q}{m}\left(1-\frac{(a^2)^2}{c^2}\right),\ G=0. \tag{5.3.32}$$

这是与 I_1^* 对应的两组无限小对称性变换.对于积分 I_2^*，式(5.3.17)、(5.3.19)给出

$$\xi_1=a^2(1+\xi_0),\ \xi_2=\frac{Q}{m}\left(1-\frac{(a^2)^2}{c^2}\right)(1+\xi_0), \tag{5.3.33}$$

$$\left(\frac{m}{Q}c^2-a^1\right)=\left(\frac{m}{Q}c^2-a^1\right)\frac{m}{Q}\left(1-\frac{(a^2)^2}{c^2}\right)^{-1}\xi_2-$$
$$\left(\frac{m}{Q}c^2-a^1\right)\xi_0+G, \tag{5.3.34}$$

由式(5.3.33)、(5.3.34)可求得

$$\xi_0=-1,\ \xi_1=0,\ \xi_2=0,\ G=0, \tag{5.3.35}$$

$$\xi_0=0,\ \xi_1=a^2,\ \xi_2=\frac{Q}{m}\left(1-\frac{(a^2)^2}{c^2}\right),\ G=0. \tag{5.3.36}$$

这是与 I_2^* 对应的两组无限小对称性变换.

5.3.4 主要结论

主要贡献：基于时间 t 和广义坐标 a^μ 的无限小变换，给出相对论性 Birkhoff 系统的 Noether 对称性的正问题和逆问题，得到相对论性

Birkhoff 系统的 Noether 恒等式和守恒量的形式.

创新之处：将 Lie 群分析引入相对论性 Birkhoff 系统，得到相对论性 Birkhoff 系统的 Noether 对称性理论. 将 Noether 对称性研究从力学系统提升到高速运动的相对论的情况，为 Noether 理论应用于近代物理作了初步工作.

5.4　相对论性 Birkhoff 系统的 Lie 对称性和守恒量

本节引入相对论性 Birkhoff 系统的无限小变换生成元，研究相对论性 Birkhoff 系统的 Lie 对称性正问题和逆问题.

5.4.1　Lie 对称性的正问题

我们知道相对论性 Birkhoff 系统的运动方程为

$$\dot{a}^{\mu}=\widetilde{\Omega}^{*\mu\nu}\left(\frac{\partial \widetilde{B}^{*}}{\partial a^{\nu}}+\frac{\partial \widetilde{R}_{\nu}^{*}}{\partial t}\right),\widetilde{\Omega}^{*\mu\nu}=\left(\left|\frac{\partial \widetilde{R}_{\beta}^{*}}{\partial a^{\alpha}}-\frac{\partial \widetilde{R}_{\alpha}^{*}}{\partial a^{\beta}}\right|^{-1}\right)^{\mu\nu}. \tag{5.4.1}$$

引入关于时间和广义坐标的无限小变换

$$t^{*}=t+\Delta t,q_{s}^{*}=q_{s}+\Delta q_{s}, \tag{5.4.2}$$

或写成

$$t^{*}=t+\varepsilon\xi_{0}(t,\boldsymbol{a}),\ a^{*\mu}=a^{\mu}+\varepsilon\xi_{\mu}(t,\boldsymbol{a}), \tag{5.4.3}$$

式中 ε 为小参数，引入无限小变换的生成元向量

$$X^{(0)}=\xi_{0}\frac{\partial}{\partial t}+\xi_{\mu}\frac{\partial}{\partial a^{\mu}}, \tag{5.4.4}$$

以及它的一次扩展

$$X^{(1)}=\xi_{0}\frac{\partial}{\partial t}+\xi_{\mu}\frac{\partial}{\partial a^{\mu}}+(\dot{\xi}_{\mu}-\dot{a}^{\mu}\dot{\xi}_{0})\frac{\partial}{\partial \dot{a}^{\mu}}. \tag{5.4.5}$$

基于微分方程在无限小变换下的不变性，方程(5.4.1)在无限小变换(5.4.3)下的不变性归为

$$X^{(1)}\left[\dot{a}^{\mu}-\widetilde{\Omega}^{*\mu\nu}\left(\frac{\partial\widetilde{B}^{*}}{\partial a^{\nu}}+\frac{\partial\widetilde{R}_{\nu}^{*}}{\partial t}\right)\right]=0, \tag{5.4.6}$$

则可得到相对论性 Birkhoff 系统的 Lie 对称性确定方程

$$\dot{\xi}_{\mu}-\widetilde{\Omega}^{*\mu\nu}\left(\frac{\partial\widetilde{B}^{*}}{\partial a^{\nu}}+\frac{\partial\widetilde{R}_{\nu}^{*}}{\partial t}\right)\dot{\xi}_{0}$$

$$=X^{(0)}\left[\widetilde{\Omega}^{*\mu\nu}\left(\frac{\partial\widetilde{B}^{*}}{\partial a^{\nu}}+\frac{\partial\widetilde{R}_{\nu}^{*}}{\partial t}\right)\right]\quad(\nu,\ \mu=1,\ \cdots,\ 2n) \tag{5.4.7}$$

如果无限小变换(5.4.3)的生成元 ξ_0，$\xi_\mu(\mu=1,\ \cdots,\ 2n)$ 满足确定方程(5.4.7)，称变换(5.4.3)为 Lie 对称性变换.

相对论性 Birkhoff 系统的 Lie 对称性不一定对应 Noether 型守恒量，我们有

定理 1 对于满足 Lie 对称性确定方程(5.4.7)的无限小变换生成元 ξ_0，ξ_μ，如果存在满足

$$X^{(1)}(\widetilde{R}_{\mu}^{*}\dot{a}^{\mu}-\widetilde{B}^{*})+(\widetilde{R}_{\mu}^{*}\dot{a}^{\mu}-\widetilde{B}^{*})\dot{\xi}_{0}+\dot{G}=0, \tag{5.4.8}$$

的规范函数 G，相对论性 Birkhoff 系统存在如下守恒量

$$I^{*}=\widetilde{R}_{\mu}^{*}\xi_{\mu}-\widetilde{B}^{*}\xi_{0}+G=\text{const.} \tag{5.4.9}$$

证明:

$$\frac{\mathrm{d}I^{*}}{\mathrm{d}t}=\dot{\widetilde{R}}_{\mu}^{*}\xi_{\mu}+\widetilde{R}_{\mu}^{*}\dot{\xi}_{\mu}-\dot{\widetilde{B}}^{*}\xi_{0}-\widetilde{B}^{*}\dot{\xi}_{0}-$$

$$X^{(1)}(\widetilde{R}_{\mu}^{*}\dot{a}^{\mu}-\widetilde{B}^{*})-(\widetilde{R}_{\mu}^{*}\dot{a}^{\mu}-\widetilde{B}^{*})\dot{\xi}_{0}$$

$$= \left[\left(\frac{\partial \widetilde{R}_{\mu}^{*}}{\partial a^{\nu}} - \frac{\partial \widetilde{R}_{\nu}^{*}}{\partial a^{\mu}}\right)\dot{a}^{\nu} + \frac{\partial \widetilde{B}^{*}}{\partial a^{\mu}} + \frac{\partial \widetilde{R}_{\mu}^{*}}{\partial t}\right]\xi_{\mu} -$$

$$\left(\frac{\partial \widetilde{B}^{*}}{\partial a^{\mu}} + \frac{\partial \widetilde{R}_{\mu}^{*}}{\partial t}\right)\dot{a}^{\nu}\xi_{0},$$

利用(5.4.1)式,有

$$\left(\frac{\partial \widetilde{B}^{*}}{\partial a^{\mu}} + \frac{\partial \widetilde{R}_{\mu}^{*}}{\partial t}\right)\dot{a}^{\nu} = \left(\frac{\partial \widetilde{R}_{\mu}^{*}}{\partial a^{\nu}} - \frac{\partial \widetilde{R}_{\nu}^{*}}{\partial a^{\mu}}\right)\dot{a}^{\nu}\dot{a}^{\mu} = 0,$$

故有

$$\frac{\mathrm{d}I^{*}}{\mathrm{d}t} = 0.$$

求解相对论性 Birkhoff 系统 Lie 对称性正问题的步骤为：先将给出的相对论性 Birkhoff 方程代入 Lie 对称性的确定方程,求得无限小生成元 ξ_0, ξ_{μ};再将生成元 ξ_0, ξ_{μ} 代入结构方程(5.4.8)得到 $\dot{G}$, 如果 $\dot{G} = 0$,或 $\dot{G}$ 是某个函数的全微分,即可求得规范函数 G;最后将生成元 ξ_0, ξ_{μ} 和规范函数 G 代入式(5.4.9),得到该系统的 Lie 对称性守恒量.

5.4.2 Lie 对称性的逆问题

假定相对论性 Birkhoff 系统有积分

$$I^{*} = I(m_i(t, \boldsymbol{a}), t, \boldsymbol{a}) = \text{const}, \tag{5.4.10}$$

式(5.4.10)对 t 求导数得

$$\frac{\mathrm{d}I^{*}}{\mathrm{d}t} = \frac{\partial I}{\partial t} + \frac{\partial I}{\partial m_i}\frac{\partial m_i}{\partial t} + \frac{\partial I}{\partial a^{\nu}}\dot{a}^{\nu} + \frac{\partial I}{\partial m_i}\frac{\partial m_i}{\partial a^{\nu}}\dot{a}^{\nu} = 0$$

$$(\nu = 1, \cdots, 2n;\ i = 1, \cdots, N), \tag{5.4.11}$$

将相对论性 Birkhoff 方程(5.4.1)乘以 $\bar{\xi}_{\mu} (= \xi_{\mu} - \dot{a}^{\mu}\xi_0)$ 并对 μ 求和,

再将结果相加,得到

$$\frac{\partial I}{\partial t}+\frac{\partial I}{\partial m_i}\frac{\partial m_i}{\partial t}+\frac{\partial I}{\partial a^\nu}\dot{a}^\nu+\frac{\partial I}{\partial m_i}\frac{\partial m_i}{\partial a^\nu}\dot{a}^\nu+$$

$$\left[\left(\frac{\partial \widetilde{R}_\nu^*}{\partial a^\mu}-\frac{\partial \widetilde{R}_\mu^*}{\partial a^\nu}\right)\dot{a}^\nu-\left(\frac{\partial \widetilde{B}^*}{\partial a^\mu}+\frac{\partial \widetilde{R}_\mu^*}{\partial t}\right)\right]\bar{\xi}_\mu=0$$

$$(\nu,\ \mu=1,\ \cdots,\ 2n;\ i=1,\ \cdots,\ N), \tag{5.4.12}$$

由式(5.4.12)中的系数为零得到

$$\frac{\partial I}{\partial a^\nu}+\frac{\partial I}{\partial m_i}\frac{\partial m_i}{\partial a^\nu}+\left(\frac{\partial \widetilde{R}_\nu^*}{\partial a^\mu}-\frac{\partial \widetilde{R}_\mu^*}{\partial a^\nu}\right)\xi_\mu+\left(\frac{\partial \widetilde{B}^*}{\partial a^\mu}+\frac{\partial \widetilde{R}_\mu^*}{\partial t}\right)\xi_0=0, \tag{5.4.13}$$

令

$$\det(\widetilde{\Omega}_{\mu\nu}^*)=\det\left(\frac{\partial \widetilde{R}_\nu^*}{\partial a^\mu}-\frac{\partial \widetilde{R}_\mu^*}{\partial a^\nu}\right)\neq 0, \tag{5.4.14}$$

从式(5.4.13)得到

$$\xi_\mu=-\widetilde{\Omega}^{*\mu\nu}\left[\frac{\partial I}{\partial a^\nu}+\frac{\partial I}{\partial m_i}\frac{\partial m_i}{\partial a^\nu}+\left(\frac{\partial \widetilde{B}^*}{\partial a^\mu}+\frac{\partial \widetilde{R}_\mu^*}{\partial t}\right)\xi_0\right], \tag{5.4.15}$$

其中

$$\widetilde{\Omega}^{*\mu\nu}\cdot\widetilde{\Omega}_{\nu\rho}^*=\delta_{\mu\rho}. \tag{5.4.16}$$

$\partial \widetilde{B}^*/\partial a^\mu$, $\partial \widetilde{R}_\mu^*/\partial t$ 由式(5.2.7)给出. 令积分(5.4.10)等于守恒量(5.4.9). 即

$$I(m_i(t,\ \boldsymbol{a}),t,\ \boldsymbol{a})=\widetilde{R}_\mu^*\xi_\mu-\widetilde{B}^*\xi_0+G. \tag{5.4.17}$$

那么,若已知系统的第一积分(5.4.10),且选定具体的规范函数 G

后,由式(5.4.15),(5.4.17)可确定无限小变换生成元ξ_0, ξ_μ,他们对应相对论性 Birkhoff 系统的 Noether 对称性变换.将求得的生成元ξ_0, ξ_μ代入 Lie 对称性确定方程(5.4.7),若满足,此变换为系统的 Lie 对称性变换.否则不是系统的 Lie 对称性变换.于是有

定理 2 如果已知相对论性 Birkhoff 系统(5.4.1)的 r 个独立的第一积分,由式(5.4.15),(5.4.17)可求得该系统的无限小变换生成元ξ_0, ξ_μ.若ξ_0, ξ_μ满足 Lie 对称性确定方程(5.4.7),那么,该变换是系统(5.4.1)与积分(5.4.10)对应的 Lie 对称性变换.否则不是该系统的 Lie 对称性变换.

5.4.3 例子

例 1 相对论性系统的 Birkhoff 函数和 Birkhoff 函数组为

$$B^* = -\left(\frac{m}{Q}c^2 + a^1\right),\ R_1^* = 0,$$
$$R_2^* = \frac{\left(\frac{m}{Q}c^2 + a^1\right)\frac{m}{Q}}{1 - \frac{(a^2)^2}{c^2}}. \tag{5.4.18}$$

式中 Q 为常力,c 为光速,a 为广义坐标,$m = m_0/\sqrt{1-(a^2)^2/c^2}$ 为相对论性质量.试研究系统的 Lie 对称性和守恒量.

由式(5.4.18)可求得

$$(\Omega^*_{\mu\nu}) = \frac{m_0}{Q}\left(1 - \frac{(a^2)^2}{c^2}\right)^{-\frac{3}{2}}\begin{pmatrix} 0 & 1 \\ -1 & 0 \end{pmatrix}, \tag{5.4.19}$$

那么

$$(\Omega^{*\mu\nu}) = \frac{Q}{m_0}\left(1 - \frac{(a^2)^2}{c^2}\right)^{\frac{3}{2}}\begin{pmatrix} 0 & -1 \\ 1 & 0 \end{pmatrix}, \tag{5.4.20}$$

将式(5.4.18),(5.4.20)代入确定方程(5.4.7)得

$$\dot{\xi}_1 - a^2\dot{\xi}_0 = \xi_2,$$

$$\dot{\xi}_2 + \frac{Q}{m_0}\left(1-\frac{(a^2)^2}{c^2}\right)^{\frac{3}{2}}\dot{\xi}_0 = \frac{3a^2 Q}{m_0 c^2}\left(1-\frac{(a^2)^2}{c^2}\right)^{\frac{1}{2}}. \tag{5.4.21}$$

方程有解

$$\xi_0 = 1,\ \xi_1 = 0,\ \xi_2 = 0; \tag{5.4.22}$$

$$\xi_0 = 0,\ \xi_1 = a^2,\ \xi_2 = -\frac{Q}{m_0}\left(1-\frac{(a^2)^2}{c^2}\right)^{\frac{3}{2}}, \tag{5.4.23}$$

将式(5.4.22),(5.4.23)分别代入式(5.4.9)得到守恒量

$$I = \frac{m}{Q}c^2 + a^1 = \text{const.} \tag{5.4.24}$$

例 2　相对论性系统的 Birkhoff 函数和 Birkhoff 函数组为(5.4.18),已知系统有积分(5.4.24),试求与其对应的 Lie 对称性变换.

因为 $\Omega^*_{\mu\nu}$,$\Omega^{*\mu\nu}$ 分别由式(5.4.19),(5.4.20)给出,对积分(5.4.24),由式(5.4.15),(5.4.17)给出为

$$\xi_1 = a^2(1-\xi_0), \tag{5.4.25}$$

$$\xi_2 = -\frac{Q}{m_0}\left(1-\frac{(a^2)^2}{c^2}\right)^{\frac{3}{2}}(1-\xi_0), \tag{5.4.26}$$

$$\frac{\xi_2\left(\frac{m}{Q}c^2 + a^1\right)\frac{m}{Q}}{1-\frac{(a^2)^2}{c^2}} + \left(\frac{m}{Q}c^2 + a^1\right)\xi_0 + G = \frac{m}{Q}c^2 + a^1, \tag{5.4.27}$$

取 $G = 0$, 由式(5.4.25)～(5.4.27)解得

$$\xi_0 = 1, \xi_1 = \xi_2 = 0; \tag{5.4.28}$$

$$\xi_0 = 0, \xi_1 = a^2, \xi_2 = -\frac{Q}{m_0}\left(1 - \frac{(a^2)^2}{c^2}\right)^{\frac{3}{2}}. \tag{5.4.29}$$

二解与式(5.4.22),(5.4.23)相同,满足确定方程,都是与已知守恒量对应的 Lie 对称性变换.

5.4.4 主要结论

主要贡献:定义相对论性 Birkhoff 系统的无限小变换,给出相对论性 Birkhoff 系统的 Lie 对称性确定方程,结构方程和守恒量的形式.从已知的守恒量给出相对论性 Birkhoff 系统的逆问题.

创新之处:将 Lie 群分析引入相对论性 Birkhoff 系统,建立相对论性 Birkhoff 系统的 Lie 对称性理论.将近来力学系统中的 Lie 对称性理论提升到高速运动的相对论情况.为 Lie 对称性理论应用于近代物理作了初步工作.

5.5 相对论性 Birkhoff 系统的对称性摄动及其逆问题

本节研究在小干扰力作用下相对论性 Birkhoff 系统的对称性摄动问题.包括相对论性 Birkhoff 系统的对称性摄动的正问题和逆问题.研究相对论性 Birkhoff 系统和经典 Birkhoff 系统对称性摄动之间的关系.

5.5.1 相对论性 Birkhoff 系统的 Lie 对称性

5.2 节给出相对论性 Birkhoff 系统的运动方程为

$$\dot{a}^\mu = \widetilde{\Omega}^{*\mu\nu}\left(\frac{\partial \widetilde{B}^*}{\partial a^\nu} + \frac{\partial \widetilde{R}_\nu^*}{\partial t}\right), \widetilde{\Omega}^{*\mu\nu} = \left(\left|\frac{\partial \widetilde{R}_\beta^*}{\partial a^\alpha} - \frac{\partial \widetilde{R}_\alpha^*}{\partial \alpha^\beta}\right|^{-1}\right)$$

$$(\nu, \mu, \alpha, \beta = 1, \cdots, 2n). \tag{5.5.1}$$

对于时间 t 和变量 a^{μ} 的无限小变换

$$t^{*}=t+\varepsilon\tilde{\xi}_{0}^{0}(t,\boldsymbol{a}),\ a^{*\mu}=a^{\mu}+\varepsilon\tilde{\xi}_{\mu}^{0}(t,\boldsymbol{a}),\qquad(5.5.2)$$

其中 ε 为无限小参数，$\tilde{\xi}_{0}^{0}$，$\tilde{\xi}_{\mu}^{0}$ 为相对论性的无限小变换生成元

$$\tilde{\xi}_{0}^{0}(t,\boldsymbol{a})=\tilde{\xi}_{0}^{0}(m_{i}(t,\boldsymbol{a}),t,\boldsymbol{a}),\tilde{\xi}_{\mu}^{0}(t,\boldsymbol{a})=\tilde{\xi}_{\mu}^{0}(m_{i}(t,\boldsymbol{a}),t,\boldsymbol{a}).$$

基于微分方程在无限小变换下的不变性，方程(5.5.1)的不变性归结为如下确定方程

$$\dot{\tilde{\xi}}_{\mu}^{0}-\dot{\tilde{\xi}}_{0}^{0}\tilde{\omega}^{*\mu\nu}\left(\frac{\partial\tilde{B}^{*}}{\partial a^{\mu}}+\frac{\partial\tilde{R}_{\mu}^{*}}{\partial t}\right)$$

$$=X^{(0)}\left[\tilde{\omega}^{*\mu\nu}\left(\frac{\partial\tilde{B}^{*}}{\partial a^{\mu}}+\frac{\partial\tilde{R}_{\mu}^{*}}{\partial t}\right)\right]\quad(\mu,\nu=1,\cdots,2n),\qquad(5.5.3)$$

式(5.5.3)不同于非相对论的相应公式，$\partial\tilde{B}^{*}/\partial a^{\mu}$，$\partial\tilde{R}_{\nu}^{*}/\partial t$ 中含有相对论效应项. 在式(5.5.3)中

$$X^{(1)}=X^{(0)}+(\dot{\tilde{\xi}}_{\mu}^{0}-\dot{a}^{\mu}\dot{\tilde{\xi}}_{0}^{0})\frac{\partial}{\partial\dot{a}^{\mu}}.\qquad(5.5.4)$$

如果相对论性 Birkhoff 系统的无限小变换生成元 $\tilde{\xi}_{0}^{0}$,$\tilde{\xi}_{\mu}^{0}$ 满足确定方程(5.5.3)，则相应的对称性 $\tilde{\xi}_{0}^{0}$，$\tilde{\xi}_{\mu}^{0}$ 称为相对论性 Birkhoff 系统的 Lie 对称性.

相对论性 Birkhoff 系统的 Lie 对称性不一定导致守恒量. 对于满足相对论性 Birkhoff 系统确定方程(5.5.3)的无限小生成元 $\tilde{\xi}_{0}$,$\tilde{\xi}_{\mu}^{0}$，如果存在规范函数 $\tilde{G}^{0}=\tilde{G}^{0}(t,\boldsymbol{a})$ 满足结构方程

$$X^{(1)}(\tilde{R}_{\mu}^{*}\dot{a}^{\mu}-\tilde{B}^{*})+(\tilde{R}_{\mu}^{*}\dot{a}^{\mu}-\tilde{B}^{*})\dot{\tilde{\xi}}^{0}+\dot{\tilde{G}}^{0}=0,\ (5.5.5)$$

则

$$I^{*}=\widetilde{R}_{\mu}^{*}\ \widetilde{\xi}_{\mu}^{0}-\widetilde{B}^{*}\ \widetilde{\xi}_{0}^{0}+\widetilde{G}^{0}=\text{const.} \tag{5.5.6}$$

式(5.5.6)也称为 Lie 对称性的 Noether 型精确不变量.

5.5.2 相对论性 Birkhoff 系统的对称性摄动与绝热不变量

当系统受到小干扰力的作用时,系统的对称性要产生微小的变化,称之为系统的对称性摄动;同时与对称性相对应的守恒量也要发生相应的变化,我们用绝热不变量来描述.下面给出绝热不变量的定义.

定义 1 如果 $I_s(t,\boldsymbol{a},\varepsilon)$ 是力学系统的一个含有 ε 的最高次幂为 s 的物理量,其对时间 t 的一阶导数正比于 ε^{s+1},则称 I_s 为力学系统的 s 阶绝热不变量.

假设相对论 Birkhoff 系统受到一个小扰动 $\varepsilon Q_s(s=1,\cdots,n)$ 的作用,则系统的运动方程变为

$$\widetilde{\omega}_{\mu\nu}^{*}\dot{a}^{\nu}-\left(\frac{\partial\widetilde{B}^{*}}{\partial a^{\mu}}+\frac{\partial\widetilde{R}_{\mu}^{*}}{\partial t}\right)+\varepsilon Q_{\mu}=0\quad(\mu,\nu=1,\cdots,2n). \tag{5.5.7}$$

由于 εQ_{μ} 的影响,系统原有的对称性与不变量相应的会发生改变.假设这种变化是在系统无扰动的 Lie 对称性变换的基础上发生的小摄动.如果

$$\widetilde{\xi}_{0}(t,\boldsymbol{a})=\widetilde{\xi}_{0}(m_i(t,\boldsymbol{a}),t,\boldsymbol{a}),\widetilde{\xi}_{\mu}(t,\boldsymbol{a})=\widetilde{\xi}_{\mu}(m_i(t,\boldsymbol{a}),t,\boldsymbol{a})$$

表示与扰动后的时间和空间对应的无限小生成元.则

$$\widetilde{\xi}_{0}=\widetilde{\xi}_{0}^{0}+\varepsilon\widetilde{\xi}_{0}^{1}+\varepsilon^{2}\ \widetilde{\xi}_{0}^{2}+,\cdots,\widetilde{\xi}_{\mu}=\widetilde{\xi}_{\mu}^{0}+\varepsilon\widetilde{\xi}_{\mu}^{1}+\varepsilon^{2}\ \widetilde{\xi}_{\mu}^{2}+,\cdots, \tag{5.5.8}$$

式中 $\tilde{\xi}_0^1$, $\tilde{\xi}_0^2$, …, $\tilde{\xi}_\mu^1$, $\tilde{\xi}_\mu^2$, … 为无限小生成元的各阶小摄动项，它们也是相对论性的，无限小生成元向量及其一次扩展为

$$X^{(0)}=\tilde{\xi}_0\frac{\partial}{\partial t}+\tilde{\xi}_\mu\frac{\partial}{\partial a^\mu}, \tag{5.5.9}$$

和

$$X^{(1)}=X^{(0)}+(\dot{\tilde{\xi}}_\mu-\dot{a}^\mu\dot{\tilde{\xi}}_0)\frac{\partial}{\partial\dot{a}^\mu}, \tag{5.5.10}$$

满足

$$X^{(1)}(\tilde{R}_\mu^*\dot{a}^\mu-\tilde{B}^*)+(\tilde{R}_\mu^*\dot{a}^\mu-\tilde{B}^*)\dot{\tilde{\xi}}_0+\varepsilon Q_\mu(\tilde{\xi}_\mu-\dot{a}^\mu\tilde{\xi}_0)+\dot{\tilde{G}}=0, \tag{5.5.11}$$

式(5.5.11)中的 $\tilde{G}$ 为规范函数,记作

$$\tilde{G}=\tilde{G}^0+\varepsilon\tilde{G}^1+\varepsilon^2\tilde{G}^2+,\cdots, \tag{5.5.12}$$

并且

$$X^{(1)}=\varepsilon^k X_k^{(1)},(k=0,1,2\cdots). \tag{5.5.13}$$

其中

$$X_k^{(1)}=\tilde{\xi}_0^k\frac{\partial}{\partial t}+\tilde{\xi}_\mu^k\frac{\partial}{\partial a^\mu}+(\dot{\tilde{\xi}}_\mu^k-\dot{a}^\mu\dot{\tilde{\xi}}_0^k)\frac{\partial}{\partial\dot{a}^\mu}, \tag{5.5.14}$$

将式(5.5.8)、(5.5.12)、(5.5.13)、(5.5.14)代入(5.5.11)得到结构方程

$$X_k^{(1)}(\tilde{R}_\mu^*\dot{a}^\mu-\tilde{B}^*)+(\tilde{R}_\mu^*\dot{a}^\mu-\tilde{B}^*)\cdot\tilde{\xi}_0^k+$$
$$Q_\mu(\tilde{\xi}_\mu^{k-1}-\dot{a}^\mu\tilde{\xi}_0^{k-1})+\dot{\tilde{G}}^k=0. \tag{5.5.15}$$

式中 $k=0$ 时,约定 $Q_\mu=0$. 那么我们有

定理 1 对于受到小扰动 εQ_μ 作用的相对论性 Birkhoff 系统，如果存在规范函 $\widetilde{G}^k(t, \boldsymbol{a})$ 使得无限小变换的生成元 $\widetilde{\xi}_0^k(t, \boldsymbol{a})$，$\widetilde{\xi}_\mu^k(t, \boldsymbol{a})$ 满足结构方程(5.5.11)，则

$$I_s(t, \boldsymbol{a}, \varepsilon) = \varepsilon^k(\widetilde{R}_\mu^* \widetilde{\xi}_\mu^k - \widetilde{B}^* \widetilde{\xi}_0^k + \widetilde{G}^k). \qquad (5.5.16)$$

为该系统的 s 阶绝热不变量.

证明:

$$\frac{\mathrm{d}I_s}{\mathrm{d}t} = \varepsilon^k\left\{\left(\frac{\partial \widetilde{R}_\mu^*}{\partial t} + \frac{\partial \widetilde{R}_\mu^*}{\partial a^\nu}\dot{a}^\nu\right)\widetilde{\xi}_\mu^k + \widetilde{R}_\mu^* \dot{\widetilde{\xi}}_\mu^k - \left(\frac{\partial \widetilde{B}^*}{\partial t} + \frac{\partial \widetilde{B}^*}{\partial a^\nu}\dot{a}^\nu\right)\widetilde{\xi}_0^k - \right.$$

$$\widetilde{B}^* \dot{\widetilde{\xi}}_0^k - (\widetilde{R}_\mu^* \dot{a}^\mu - \widetilde{B}^*)\dot{\widetilde{\xi}}_0^k - Q_\mu(\widetilde{\xi}_\mu^{k-1} - \dot{a}^\mu \widetilde{\xi}_0^{k-1}) -$$

$$\left.\left(\frac{\partial \widetilde{R}_\mu^*}{\partial t}\widetilde{\xi}_0^k + \frac{\partial \widetilde{R}_\mu^*}{\partial a^\nu}\widetilde{\xi}_\nu^k\right)\dot{a}^\nu + \frac{\partial \widetilde{B}^*}{\partial t}\widetilde{\xi}_0^k + \frac{\partial \widetilde{B}^*}{\partial a^\mu}\widetilde{\xi}_\mu^k\right\}$$

$$= \varepsilon^k\left\{\left[\frac{\partial \widetilde{B}^*}{\partial a^\mu} + \frac{\partial \widetilde{R}_\mu^*}{\partial t} - \left(\frac{\partial \widetilde{R}_\nu^*}{\partial a^\mu} - \frac{\partial \widetilde{R}_\mu^*}{\partial a^\nu}\right)\dot{a}^\nu\right]\widetilde{\xi}_\mu^k - \right.$$

$$\left.\left(\frac{\partial \widetilde{B}^*}{\partial a^\mu} + \frac{\partial \widetilde{R}_\mu^*}{\partial t}\right)\dot{a}^\mu \widetilde{\xi}_0^k - Q_\mu(\widetilde{\xi}_\mu^{k-1} - \dot{a}^\mu \widetilde{\xi}_0^{k-1})\right\},$$

因为

$$\left(\frac{\partial \widetilde{B}^*}{\partial a^\mu} + \frac{\partial \widetilde{R}_\mu^*}{\partial t}\right)\dot{a}^\mu = \varepsilon \dot{a}^\mu Q_\mu - \left(\frac{\partial \widetilde{R}_\mu^*}{\partial a^\nu} - \frac{\partial \widetilde{R}_\nu^*}{\partial a^\mu}\right)\dot{a}^\nu \dot{a}^\mu = \varepsilon \dot{a}^\mu Q_\mu \qquad (5.5.17)$$

那么有

$$\frac{\mathrm{d}I_s}{\mathrm{d}t} = \varepsilon^k[\varepsilon Q_\mu(\widetilde{\xi}_\mu^k - \dot{a}^\mu \widetilde{\xi}_0^k) - Q_\mu(\widetilde{\xi}_\mu^{k-1} - \dot{a}^\mu \widetilde{\xi}_0^{k-1})],$$

展开后可得

$$\frac{\mathrm{d}I_s}{\mathrm{d}t}=\varepsilon^{s+1}Q_\mu(\tilde{\xi}^s_\mu-\dot{a}^\mu\tilde{\xi}^s_0)\quad(\mu=1,\cdots,2n;\ s=1,2,\cdots).\tag{5.5.18}$$

式(5.5.16)含有相对论性质量，不同于非相对论的相应公式.

5.5.3 相对论性 Birkhoff 系统的对称性摄动的逆问题

假设相对论性 Birkhoff 系统存在 s 阶绝热不变量

$$I_s=\varepsilon^k\lambda_k(t,a^\mu),\quad(k=0,1,2,\cdots;\mu=1,\cdots,2n),\tag{5.5.19}$$

由绝热不变量的定义，得

$$\frac{\mathrm{d}I_s}{\mathrm{d}t}=\varepsilon^k\left(\frac{\partial\lambda_k}{\partial t}+\frac{\partial\lambda_k}{\partial a^\mu}\dot{a}^\mu\right)=\varepsilon^{s+1}Q_\mu(\tilde{\xi}^s_\mu-\dot{a}^\mu\tilde{\xi}^s_0).\tag{5.5.20}$$

将方程(5.5.7)两端乘以 $(\tilde{\xi}_\mu-\dot{a}^\mu\tilde{\xi}_0)$ 并对 μ 求和，得

$$\left(\tilde{\omega}^*_{\mu\nu}\dot{a}^\nu-\left(\frac{\partial\tilde{B}^*}{\partial a^\mu}+\frac{\partial\tilde{R}^*_\mu}{\partial t}\right)+\varepsilon Q_\mu\right)(\tilde{\xi}_\mu-\dot{a}^\mu\tilde{\xi}_0)=0,\tag{5.5.21}$$

式(5.5.20)，(5.5.21)两端分别相加，得

$$\varepsilon^k\left(\frac{\partial\lambda_k}{\partial t}+\frac{\partial\lambda_k}{\partial a^\mu}\dot{a}^\mu\right)+\left(\tilde{\omega}^*_{\mu\nu}\dot{a}^\nu-\left(\frac{\partial\tilde{B}^*}{\partial a^\mu}+\frac{\partial\tilde{R}^*_\mu}{\partial t}\right)+\varepsilon Q_\mu\right)\cdot(\tilde{\xi}_\mu-\dot{a}^\mu\tilde{\xi}_0)=\varepsilon^{s+1}Q_\mu(\tilde{\xi}_\mu-\dot{a}^\mu\tilde{\xi}_0)$$

$$(k=0,1,2,\cdots;\mu,\nu=1,\cdots,2n).\tag{5.5.22}$$

式中

$$\tilde{\xi}_{\mu}=\tilde{\xi}_{\mu}^{0}+\varepsilon\tilde{\xi}_{\mu}^{1}+\cdots\varepsilon^{k}\tilde{\xi}_{\mu}^{k}+\cdots;\ \tilde{\xi}_{0}=\tilde{\xi}_{0}^{0}+\varepsilon\tilde{\xi}_{0}^{1}+\cdots+\varepsilon^{k}\tilde{\xi}_{0}^{k}+\cdots, \tag{5.5.23}$$

将式(5.5.22)展开并整理后，得

$$\frac{\partial\lambda_0}{\partial t}+\frac{\partial\lambda_0}{\partial a^{\mu}}\dot{a}^{\mu}+\left(\tilde{\omega}_{\mu\nu}^{*}\dot{a}^{\nu}-\left(\frac{\partial\tilde{B}^{*}}{\partial a^{\mu}}+\frac{\partial\tilde{R}_{\mu}^{*}}{\partial t}\right)\right)(\tilde{\xi}_{\mu}^{0}-\dot{a}^{\mu}\tilde{\xi}_{0}^{0})+$$

$$\varepsilon\left\{\frac{\partial\lambda_1}{\partial t}+\frac{\partial\lambda_1}{\partial a^{\mu}}\dot{a}^{\mu}+\left(\tilde{\omega}_{\mu\nu}^{*}\dot{a}^{\nu}-\left(\frac{\partial\tilde{B}^{*}}{\partial a^{\mu}}+\frac{\partial\tilde{R}_{\mu}^{*}}{\partial t}\right)+\varepsilon Q_{\mu}\right)\cdot\right.$$

$$\left.(\tilde{\xi}_{\mu}^{1}-\dot{a}^{\mu}\tilde{\xi}_{0}^{1})\right\}+\cdots\varepsilon^{k}\left\{\frac{\partial\lambda_k}{\partial t}+\frac{\partial\lambda_k}{\partial a^{\mu}}\dot{a}^{\mu}+\right.$$

$$\left.\left(\tilde{\omega}_{\mu\nu}^{*}\dot{a}^{\nu}-\left(\frac{\partial\tilde{B}^{*}}{\partial a^{\mu}}+\frac{\partial\tilde{R}_{\mu}^{*}}{\partial t}\right)+\varepsilon Q_{\mu}\right)(\tilde{\xi}_{\mu}^{k}-\dot{a}^{\mu}\tilde{\xi}_{0}^{k})\right\}+\cdots$$

$$=\varepsilon^{s+1}(\tilde{\xi}_{\mu}^{2}-\dot{a}^{\mu}\tilde{\xi}_{0}^{s}). \tag{5.5.24}$$

由式(5.5.24)中同次 ε^{k} 中$\dot{a}^{\nu}$ 的系数为零，得

$$\frac{\partial\lambda_0}{\partial a^{\nu}}+\tilde{\omega}_{\mu\nu}^{*}\tilde{\xi}_{\mu}^{0}+\left(\frac{\partial\tilde{B}^{*}}{\partial a^{\mu}}+\frac{\partial\tilde{R}_{\mu}^{*}}{\partial t}\right)\tilde{\xi}_{0}^{0}=0\quad(\mu,\nu=1,\cdots,2n), \tag{5.5.25}$$

$$\frac{\partial\lambda_1}{\partial a^{\nu}}+\tilde{\omega}_{\mu\nu}^{*}\tilde{\xi}_{\mu}^{1}+\left(\frac{\partial\tilde{B}^{*}}{\partial a^{\mu}}+\frac{\partial\tilde{R}_{\mu}^{*}}{\partial t}\right)\tilde{\xi}_{0}^{1}=0\quad(\mu,\nu=1,\cdots,2n), \tag{5.5.26}$$

$$\frac{\partial\lambda_2}{\partial a^{\nu}}+\tilde{\omega}_{\mu\nu}^{*}\tilde{\xi}_{\mu}^{2}+\left(\frac{\partial\tilde{B}^{*}}{\partial a^{\mu}}+\frac{\partial\tilde{R}_{\mu}^{*}}{\partial t}\right)\tilde{\xi}_{0}^{2}+$$

$$Q_{\mu}\tilde{\xi}_{0}^{1}=0\quad(\mu,\nu=1,\cdots,2n) \tag{5.5.27}$$

$\cdots, \cdots$

$$\frac{\partial \lambda_k}{\partial a^\nu} + \widetilde{\omega}^*_{\mu\nu} \widetilde{\xi}^k_\mu + \left(\frac{\partial \widetilde{B}^*}{\partial a^\mu} + \frac{\partial \widetilde{R}^*_\mu}{\partial t}\right)\widetilde{\xi}^k_0 +$$

$$Q_\mu \widetilde{\xi}^{k-1}_0 = 0 \quad (\mu, \nu = 1, \cdots, 2n) \tag{5.5.28}$$

因 $\widetilde{\omega}^*_{\mu\nu}$ 非退化,从方程(5.5.25)解得

$$\widetilde{\xi}^0_\mu = \widetilde{\omega}^{*\mu\nu} \left[\frac{\partial \lambda_0}{\partial a^\nu} + \left(\frac{\partial \widetilde{B}^*}{\partial a^\mu} + \frac{\partial \widetilde{R}^*_\mu}{\partial t}\right)\widetilde{\xi}^0_0\right] \quad (\mu, \nu = 1, \cdots, 2n), \tag{5.5.29}$$

令

$$\lambda_0 = \widetilde{R}^*_\mu \widetilde{\xi}^0_\mu - \widetilde{B}^* \widetilde{\xi}^0_0 + \widetilde{G}^0, \tag{5.5.30}$$

由此解得

$$\widetilde{\xi}^0_0 = \frac{1}{\widetilde{B}^*}(\widetilde{R}^*_\mu \widetilde{\xi}^0_\mu - \widetilde{\lambda}_0 + \widetilde{G}^0), \tag{5.5.31}$$

式(5.5.29),(5.5.31)确定了无扰动部分对应的时间和空间的生成元. 同理可以得到小扰动作用下生成元的各阶摄动项的结果为

$$\widetilde{\xi}^1_0 = \frac{1}{\widetilde{B}^*}(\widetilde{R}^*_\mu \widetilde{\xi}^1_\mu - \widetilde{\lambda}_1 + \widetilde{G}^1), \tag{5.5.32}$$

$$\widetilde{\xi}^1_\mu = \widetilde{\omega}^*_{\mu\nu} \left[\frac{\partial \lambda_1}{\partial a^\nu} + \left(\frac{\partial \widetilde{B}^*}{\partial a^\mu} + \frac{\partial \widetilde{R}^*_\mu}{\partial t}\right)\widetilde{\xi}^1_0\right] \quad (\mu, \nu = 1, \cdots, 2n), \tag{5.5.33}$$

$$\widetilde{\xi}^2_\mu = \widetilde{\omega}^*_{\mu\nu} \left[\frac{\partial \lambda_2}{\partial a^\nu} + \left(\frac{\partial \widetilde{B}^*}{\partial a^\mu} + \frac{\partial \widetilde{R}^*_\mu}{\partial t}\right)\widetilde{\xi}^2_0 + Q_\mu \widetilde{\xi}^1_0\right] \quad (\mu, \nu = 1, \cdots, 2n), \tag{5.5.34}$$

$$\tilde{\xi}_0^2 = \frac{1}{\tilde{B}^*}(\tilde{R}_\mu^* \tilde{\xi}_\mu^2 - \tilde{\lambda}_2 + \tilde{G}^2), \tag{5.5.35}$$

$$\cdots, \cdots$$

$$\tilde{\xi}_\mu^k = \tilde{\omega}_{\mu\nu}^* \left[\frac{\partial \tilde{\lambda}_k}{\partial a^\nu} + \left(\frac{\partial \tilde{B}^*}{\partial a^\mu} + \frac{\partial \tilde{R}_\mu^*}{\partial t}\right)\tilde{\xi}_0^k + Q_\mu \tilde{\xi}_0^{k-1}\right] \quad (\mu, \nu = 1, \cdots, 2n), \tag{5.5.36}$$

$$\tilde{\xi}_0^k = \frac{1}{\tilde{B}^*}(\tilde{R}_\mu^* \tilde{\xi}_\mu^k - \tilde{\lambda}_k + \tilde{G}^k). \tag{5.5.37}$$

由(5.5.32)～(5.5.37)式知，生成元的一阶摄动项 $\tilde{\xi}_\mu^1, \tilde{\xi}_0^1$ 与 $\tilde{\xi}_\mu^0, \tilde{\xi}_0^0$ 之间不迭代，由式(5.5.32)和(5.5.33)可直接求得；而生成元的高阶摄动项之间互相迭代，且具有形式相同的迭代关系，可以逐次求得.

定理 2 对于受到小干扰力 εQ_μ 作用的相对论性 Birkhoff 系统，若存在 s 阶绝热不变量

$$I_s = \varepsilon^k \lambda_k(t, a^\mu) \quad (\mu = 1, \cdots, 2n; k = 0, 1, 2 \cdots).$$

则存在相应的无限小对称变换(5.5.29)～(5.5.37).

5.5.4 相对论性 Birkhoff 系统与经典 Birkhoff 系统的对称性摄动之间的关系

在粒子的速度 $|\dot{\boldsymbol{r}}| \ll c$ 的经典近似下，取 $\sqrt{1-(\dot{\boldsymbol{r}}_i)^2/c^2}$ 关于幂级数展开式的前两项，则相对论性质量为

$$m_i = m_{0i}\left(1 - \frac{(\dot{\boldsymbol{r}}_i)^2}{c^2}\right)^{-\frac{1}{2}} \approx m_{0i}, \tag{5.5.38}$$

相对论性 Birkhoff 函数和相对论性 Birkhoff 函数组为

$$\tilde{B}^* = \tilde{B}(m_i(t, \boldsymbol{a}), t, \boldsymbol{a}) \approx B(t, \boldsymbol{a}),$$

$$\widetilde{R}_\nu^* = \widetilde{R}_\nu(m_i(t, \boldsymbol{a}), t, \boldsymbol{a}) \approx R_\nu(t, \boldsymbol{a}).$$

无限小变换生成元及其摄动项为

$$\widetilde{\xi}_0^0(t, \boldsymbol{a}) = \widetilde{\xi}_0^0(m_i(t, \boldsymbol{a}), t, \boldsymbol{a}) \approx \xi_0^0(t, \boldsymbol{a}), \quad (5.5.39a)$$

$$\widetilde{\xi}_\mu^0(t, \boldsymbol{a}) = \widetilde{\xi}_\mu^0(m_i(t, \boldsymbol{a}), t, \boldsymbol{a}) \approx \xi_\mu^0(t, \boldsymbol{a}), \quad (5.5.39b)$$

$$\widetilde{\xi}_0^1(t, \boldsymbol{a}) = \widetilde{\xi}_0^1(m_i(t, \boldsymbol{a}), t, \boldsymbol{a}) \approx \xi_0^1(t, \boldsymbol{a}), \quad (5.5.39c)$$

$$\widetilde{\xi}_\mu^1(t, \boldsymbol{a}) = \xi_\mu^1(m_i(t, \boldsymbol{a}), t, \boldsymbol{a}) \approx \xi_\mu^1(t, \boldsymbol{a}), \quad (5.5.39d)$$

$$\widetilde{\xi}_0^2(t, \boldsymbol{a}) = \widetilde{\xi}_0^2(m_i(t, \boldsymbol{a}), t, \boldsymbol{a}) \approx \xi_0^2(t, \boldsymbol{a}), \quad (5.5.39e)$$

$$\widetilde{\xi}_\mu^2(t, \boldsymbol{a}) = \widetilde{\xi}_\mu^2(m_i(t, \boldsymbol{a}), t, \boldsymbol{a}) \approx \xi_\mu^2(t, \boldsymbol{a}), \quad (5.5.39f)$$

…, …, …

$$\widetilde{\xi}_0^k(t, \boldsymbol{a}) = \widetilde{\xi}_0^k(m_i(t, \boldsymbol{a}), t, \boldsymbol{a}) \approx \xi_0^k(t, \boldsymbol{a}),$$

$$\widetilde{\xi}_\mu^k(t, \boldsymbol{a}) = \widetilde{\xi}_\mu^k(m_i(t, \boldsymbol{a}), t, \boldsymbol{a}) \approx \xi_\mu^k(t, \boldsymbol{a}). \quad (5.5.40)$$

本文导出经典 Birkhoff 系统的对称性摄动及其逆问题.

5.5.5 例子

系统的 Birkhoff 函数和 Birkhoff 函数组分别为

$$B^* = m((a^1)^2 + (a^2)^2),$$

$$R_1^* = R_2^* = 0,\ R_3^* = ma^1,\ R_4^* = ma^2, \quad (5.5.41)$$

式中

$$m = \frac{m_0}{\sqrt{1 - \dfrac{(a^1)^2 + (a^2)^2}{c^2}}}. \quad (5.5.42)$$

m 为相对论性质量，m_0 为静止质量，c 为光速. 若系统受到小扰动作用

$$\varepsilon Q_1 = -\frac{\varepsilon}{1+b^2t^2}, \varepsilon Q_2 = -\frac{\varepsilon bt}{1+b^2t^2}, \tag{5.5.43}$$

试研究该相对论系统的对称性摄动和绝热不变量.

首先研究系统的精确不变量. 结构方程(5.5.5)给出为

$$\begin{aligned}
&\tilde{\xi}_1^0 m \frac{c^2-(a^2)^2}{c^2-(a^1)^2-(a^2)^2}\dot{a}^3 + \tilde{\xi}_2^0 m \frac{a^1 a^2}{c^2-(a^1)^2-(a^2)^2}\dot{a}^3 + \\
&\tilde{\xi}_2^0 m \frac{c^2-(a^1)^2}{c^2-(a^1)^2-(a^2)^2}\dot{a}^4 + \tilde{\xi}_1^0 m \frac{a^1 a^2}{c^2-(a^1)^2-(a^2)^2}\dot{a}^4 + \\
&(\dot{\tilde{\xi}}_3^0 - \dot{a}^3\dot{\tilde{\xi}}_0^0) m a^1 + (\dot{\tilde{\xi}}_4^0 - \dot{a}^4\dot{\tilde{\xi}}_0^0) m a^2 - 2\tilde{\xi}_1^0 m a^1 - \\
&\tilde{\xi}_1^0 m a^1 \left(\frac{((a^1)^2+(a^2)^2)}{c^2-(a^1)^2-(a^2)^2}\right) - 2\tilde{\xi}_2^0 m a^2 - \\
&\tilde{\xi}_2^0 m a^2 \left(\frac{((a^1)^2+(a^2)^2)}{c^2-(a^1)^2-(a^2)^2}\right) + \\
&m(a^1\dot{a}^3 + a^2\dot{a}^4 - (a^1)^2 - (a^2)^2)\dot{\tilde{\xi}}_0^0 + \dot{\tilde{G}}^0 = 0.
\end{aligned} \tag{5.5.44}$$

方程(5.5.44)有解

$$\tilde{\xi}_0^0 = d_1, \tilde{\xi}_3^0 = d_2, \tilde{\xi}_4^0 = d_3, \tilde{\xi}_1^0 = \tilde{\xi}_2^0 = 0,$$

$$\tilde{G}^0 = \text{const.} \tag{5.5.45}$$

这里 d_1, d_2, d_3 为常数.

由方程(5.5.6)，可得到精确不变量

$$I_0 = d_2 m a^1 + d_3 m a^2 - d_1 m((a^1)^2 + (a^2)^2) + \tilde{G}^0 = \text{const.} \tag{5.5.46}$$

可见,该精确不变量(5.5.46)含有相对论性质量,不同于非相对论形式下的精确不变量.

其次研究该系统的绝热不变量.在小干扰力的作用下该系统的结构方程为

$$\begin{aligned}
&\tilde{\xi}_1^k m \frac{c^2-(a^2)^2}{c^2-(a^1)^2-(a^2)^2}\dot{a}^3+\tilde{\xi}_2^k m \frac{a^1 a^2}{c^2-(a^1)^2-(a^2)^2}\dot{a}^3+\\
&\tilde{\xi}_2^k m \frac{c^2-(a^1)^2}{c^2-(a^1)^2-(a^2)^2}\dot{a}^4+\tilde{\xi}_1^k m \frac{a^1 a^2}{c^2-(a^1)^2-(a^2)^2}\dot{a}^4+\\
&(\dot{\tilde{\xi}}_3^k-\dot{a}^3\dot{\tilde{\xi}}_0^k)ma^1+(\dot{\tilde{\xi}}_4^k-\dot{a}^4\dot{\tilde{\xi}}_0^k)ma^2-2\tilde{\xi}_1^k ma^1-\\
&\tilde{\xi}_1^k ma^1\left(\frac{(a^1)^2+(a^2)^2}{c^2-(a^1)^2-(a^2)^2}\right)-2\tilde{\xi}_2^k ma^2-\\
&\tilde{\xi}_2^k ma^2\left(\frac{(a^1)^2+(a^2)^2}{c^2-(a^1)^2-(a^2)^2}\right)+m(a^1\dot{a}^3+\\
&a^2\dot{a}^4-(a^1)^2-(a^2)^2)\dot{\tilde{\xi}}_0^k-\frac{1}{1+b^2t^2}(\tilde{\xi}_1^{k-1}-\\
&\dot{a}^1\tilde{\xi}_0^{k-1})-\frac{bt}{1+b^2t^2}(\tilde{\xi}_2^{k-1}-\dot{a}^1\tilde{\xi}_0^{k-1})+\dot{\tilde{G}}^0=0.
\end{aligned} \tag{5.5.47}$$

当 $k=1$ 时,方程(5.5.47)有解

$$\tilde{\xi}_0^1=d_4,\ \tilde{\xi}_3^1=d_5,\ \tilde{\xi}_4^1=d_6,\ \tilde{\xi}_1^1=\tilde{\xi}_2^1=0,\ \tilde{G}^1=\text{const}, \tag{5.5.48}$$

这里 d_4, d_5, d_6 为常数.在小干扰力的作用下,与该系统相应的一阶绝热不变量为

$$I_1=I_0+\varepsilon(d_5ma^1+d_6ma^2-d_4m((a^1)^2+(a^2)^2))+\tilde{G}^1=\text{const}. \tag{5.5.49}$$

当 $k=2$ 时，方程(5.5.47)有解

$$\tilde{\xi}_0^2 = d_7,\ \tilde{\xi}_3^2 = d_8,\ \tilde{\xi}_4^2 = d_9,\ \tilde{\xi}_1^2 = \tilde{\xi}_2^2 = 0,\ (d_7, d_8,\ d_9 = \mathrm{const});$$

$$\dot{\tilde{G}}^2 = -\frac{d_4}{1+b^2t^2}\dot{a}^1 - d_4\frac{bt}{1+b^2t^2}\dot{a}^1;\tilde{G}_2 = -d_4\int(1+bt)\dot{a}^1\mathrm{d}t, \tag{5.5.50}$$

在小干扰力的作用下，与该系统相应的 2 阶绝热不变量为

$$I_2 = I_1 + \varepsilon^2[d_8 ma^1 + d_9 ma^2 - d_7 m((a^1)^2 + (a^2)^2)] - d_4\int(1+bt)\dot{a}^1\mathrm{d}t. \tag{5.5.51}$$

同理我们可以求得在小干扰力的作用下，与该系统相应的 s 阶绝热不变量，它们都含有相对论性质量，不同于非相对论形式的 s 阶绝热不变量.

我们指出，当转动相对论性 Birkhoff 系统受到一个小干扰力矩作用时，系统的对称性也要发生微小的变化. 关于转动相对论 Birkhoff 系统的对称性摄动和绝热不变量问题，我们能得到类似于本节的一系列结论[184].

5.5.6 主要结论

主要贡献：引入含有各阶摄动项的关于时间和空间的无限小变换，给出相对论性 Birkhoff 系统的对称性摄动和绝热不变量的定义，确定方程、结构方程和绝热不变量的形式. 从已知的绝热不变量，得到相对论性 Birkhoff 系统对称性摄动的逆问题，给出无扰动情形的无限小生成元和有小扰动作用的生成元的各阶摄动项；指出生成元的高阶摄动项之间互相迭代，可以逐次求得.

创新之处：将对称性摄动理论引入相对论性 Birkhoff 系统，建立

相对论性 Birkhoff 系统的对称性摄动和绝热不变量理论，将力学系统的对称性摄动理论提升到高速运动的相对论情况.

5.6 小结

本章将 Lie 群分析引入相对论性 Birkhoff 系统，研究相对论性 Birkhoff 系统的 Noether 对称性和守恒量、Lie 对称性和守恒量以及对称性摄动和绝热不变量等问题. 分为四个部分；

(1) 定义相对论性 Pfaff 作用量，建立相对论性系统的 Pfaff-Birkhoff 原理和 Birkhoff 方程. 将 Birkhoff 系统动力学研究扩展到高速运动的相对论情况. (2) 引入关于时间和广义坐标的无限小变换，基于相对论性 Pfaff 作用量在无限小变换下的不变性，给出相对论性 Birkhoff 系统的 Noether 对称性理论，包括正问题和逆问题. 并给出相对论性 Birkhoff 系统的 Noether 恒等式和守恒量的形式. 将 Noether 对称性研究从力学系统提升到高速运动的相对论的情况，为 Noether 理论应用于近代物理作了初步工作. (3) 基于相对论性 Birkhoff 方程在无限小变换下的不变性，建立相对论性 Birkhoff 系统的 Lie 对称性理论，包括正问题和逆问题. 给出相对论性 Birkhoff 系统的 Lie 对称性确定方程，结构方程和守恒量的形式. 将近来力学系统中的 Lie 对称性理论提升到高速运动的相对论情况. 为 Lie 对称性理论应用于近代物理作了初步工作. (4) 引入含有各阶摄动项的关于时间和空间的无限小变换，建立相对论性 Birkhoff 系统的对称性摄动和绝热不变量理论. 给出对称性摄动的定义，确定方程、结构方程和绝热不变量的形式. 从已知的绝热不变量，研究相对论性 Birkhoff 系统对称性摄动的逆问题，给出无扰动情形的无限小生成元和有小扰动作用的生成元的各阶摄动项；指出生成元的高阶摄动项之间互相迭代，可以逐次求得. 将力学系统的对称性摄动理论提升到高速运动的相对论情况.

我们指出，对于转动相对论性 Birkhoff 系统，利用嵌入相对论性转动惯量的方法，类似于本章的讨论，我们得到了转动相对论性Pfaff-Birkhoff原理和Birkhoff方程，转动相对论性Birkhoff系统的Noether对称性理论，转动相对论性Birkhoff系统的Lie对称性理论，转动相对论性Birkhoff系统的对称性摄动和绝热不变量理论等.

第六章 总结与展望

6.1 本文得到的主要结果

本论文得到的主要结果有：

6.1.1 完整保守和完整非保守力学系统的对称性和守恒量

1. 研究有限自由度系统定域 Lie 对称性的正问题和逆问题. 引入关于时间和广义坐标的无限连续群的小变换，给出矢量微分算符及其一次扩展和二次扩展形式，建立有限自由度系统的定域 Lie 对称性理论；给出定域 Lie 对称性和定域 Noether 对称性之间的关系；将有限连续群的 Lie 对称性研究提高到无限连续群的定域 Lie 对称性研究，为定域 Lie 对称性的深入研究作了初步工作.

2. 研究 Hamilton 正则系统和非保守 Hamilton 正则系统的形式不变性. 给出该系统形式不变性的定义和判据；讨论形式不变性与 Noether 对称性、Lie 对称性的关系以及存在守恒量的形式和条件.

3. 研究非保守力学系统的非 Noether 守恒量. 给出非保守系统的运动、非保守力和 Lagrange 函数之间的关系以及非保守力满足的条件；直接导出非保守力学系统的非 Noether 守恒量；证明非 Noether 对称性导出 Noether 对称性的条件；指出非 Noether 对称性是 Lie 点对称性的完全集，非 Noether 守恒量是 Noether 守恒量的完全集.

4. 研究 Hamilton 正则系统和非保守 Hamilton 正则系统的动量依赖对称性的正问题和逆问题. 给出该系统的动量依赖对称性的定

义和结构方程；直接导出系统的形式简洁，便于计算的非 Noether 守恒量；证明结构方程中的函数 ψ 只需是对称群的不变量的重要结论，我们适当选择 ψ，得到 Hamilton 正则系统和非保守 Hamilton 正则系统的守恒量. 给出了寻求该系统非 Noether 守恒量的新方法. 将非 Noether 对称性的研究提高一个台阶.

6.1.2 非完整力学系统的对称性和守恒量

1. 研究非完整 Hamilton 正则系统的形式不变性. 给出非完整 Hamilton 正则系统形式不变性的定义和判据；讨论该系统的形式不变性与 Noether 对称性，形式不变性与 Lie 对称性之间的关系和导出守恒量的条件.

2. 研究准坐标下非完整 Hamilton 系统的形式不变性、Noether 对称性和 Lie 对称性. 将 Lie 的扩展群方法引入准坐标下非完整 Hamilton 正则系统，给出准坐标下非完整 Hamilton 系统的形式不变性、Noether 对称性和 Lie 对称性理论；讨论三种对称性之间的关系及其相应的守恒量；将非完整系统形式不变性，Noether 对称性和 Lie 对称性的研究从广义坐标形式提高到准坐标的形式，这个研究更为一般.

3. 研究非完整系统的非 Noether 守恒量. 给出系统的运动、非保守广义力、非完整约束力和 Lagrange 函数之间的关系以及非保守力和非完整约束力满足的条件；直接导出非完整系统的非 Noether 守恒量；证明从非 Noether 对称性导出 Noether 对称性的条件；指出非完整系统的非 Noether 对称性是 Lie 点对称性的完全集，非 Noether 守恒量是 Lie 不变量(Noether 守恒量)的完全集.

4. 研究非完整力学系统的速度依赖对称性和非 Noether 守恒量的正问题和逆问题. 给出非完整力学系统速度依赖对称性的确定方程，结构方程和限制方程；直接导出系统的非 Noether 守恒量的新形式；得到了结构方程中的函数 ψ 只需是对称群的不变量的重要结论. 我们适当选择函数 ψ，得到寻找非完整系统的守恒量的新方法. 将

Lutzky 最近给出的速度依赖对称性的研究从 Lagrange 系统提高到非完整力学系统.

5. 研究非完整 Hamilton 正则系统的动量依赖对称性和非 Nnoether 守恒量的正问题和逆问题. 建立了非完整 Hamilton 正则系统动量依赖对称性理论;给出该系统动量依赖对称性的定义,确定方程,结构方程;直接导出系统的非 Noether 守恒量;得到了结构方程中的 ψ 只需要是无限小对称群的不变量的重要结论,选择适当的 ψ,得到求解系统的非 Noether 守恒量的新方法.

6. 研究可控非线性非完整系统 Lie 对称性和守恒量的正问题和逆问题. 给出可控非完整系统 Lie 对称性的确定方程、限制方程和附加限制方程;给出导出 Noether 型守恒量的条件和守恒量的形式;将 Lie 对称性的研究提高到含有控制参数的可控非线性非完整系统.

6.1.3 机电系统的对称性和守恒量

将 Lie 群分析引入机电耦合动力系统,对时间、空间变量和电学变量取无限小变换,给出机电耦合系统的对称性和守恒量,包括:

1. 研究机电系统的 Noether 对称性和守恒量. 基于机电系统的 Hamilton 作用量在时间、空间坐标和广义电量无限小变换下的不变性,提出机电系统的变分原理;给出 Lagrange 机电系统和 Lagrange-Maxwell 机电系统的 Noether 对称性、Noether 准对称性和广义 Noether 准对称性的定义和判据;得到机电系统的 Noether 定理和 Killing 方程;建立了机电系统的 Noether 理论.

2. 研究机电系统的 Lie 对称性和守恒量. 基于机电系统的 Lagrange-Maxwell 方程关于时间,空间坐标和广义电量在无限小变换下的不变性,给出 Lagrange-Maxwell 机电系统 Lie 对称性的确定方程,结构方程和守恒量的形式. 将 Lie 对称性理论从力学系统扩展到机电系统,给出求解机电系统动力学问题的 Lie 对称性方法.

3. 研究机电系统的形式不变性. 将梅凤翔教授创立的形式不变性理论引入机电系统,给出 Lagrange 机电系统和 Lagrange-Maxwell

机电系统形式不变性的定义和判据;得到该系统形式不变性和Noether对称性,形式不变性和Lie对称性之间的关系;给出求解机电系统问题的一种新方法.为形式不变性理论应用于实际问题作了初步工作.

4. 研究Lagrange机电系统的非Noether对称性和非Noether守恒量.基于系统的运动和Lagrange函数之间的关系,直接导出Lagrange机电系统的非Noether守恒量;证明机电系统的非Noether对称性导出Noether对称性的条件;指出机电系统的非Noether守恒量可用Noether守恒的项来表示.将力学系统的非Noether对称性的研究应用到实际的Lagrange机电系统.

5. 研究Lagrange-Maxwell机电系统的非Noether守恒量.这个研究给出Lagrange-Maxwell机电系统的运动、非保守力和Lagrange函数之间的关系;给出非保守力和耗散力满足的条件;得到该系统的非Noether守恒量的形式;证明非Noether对称性导出Noether对称性的条件;指出非Noether守恒量是Noether守恒量的完全集.将非Noether对称性的研究从力学系统提升到机电耦合系统.

6.1.4 相对论性Birkhoff系统的对称性和守恒量

1. 介绍相对论性Birkhoff系统的基本理论.利用嵌入相对论性质量的方法,定义相对论性Pfaff作用量,建立相对论系统的Pfaff-Birkhoff原理和Birkhoff方程.将Birkhoff系统动力学研究扩展到高速运动的相对论情况.

2. 研究相对论性Birkhoff系统Noether对称性的正问题和逆问题.将Lie群分析引入相对论性Birkhoff系统,基于相对论性Pfaff作用量在无限小变换下的不变性,建立了相对论性Birkhoff系统的Noether对称性理论;给出系统相应的Noether守恒量.为Noether理论应用于近代物理作了初步工作.

3. 研究相对论性Birkhoff系统Lie对称性的正问题和逆问题.基于相对论性Birkhoff方程在无限小变换下的不变性,建立了相对论性 Birkhoff 系统的 Lie 对称性理论；给出系统的 Lie 对称性确定方程，结构方程和守恒量的形式. 将 Lie 对称性理论提升到高速运动的相对论情况，为 Lie 对称性理论应用于近代物理作了初步工作.

4. 研究相对论性 Birkhoff 系统的对称性摄动的正问题和逆问题. 引入含有各阶摄动项的关于时间和空间的无限小变换，建立了小扰动下相对论性 Birkhoff 系统的对称性摄动和绝热不变量理论；给出系统的对称性摄动的定义，确定方程、结构方程和绝热不变量的形式；得到有小扰动下的生成元的各阶摄动项；证明了生成元的低阶摄动项可以分别求得，高阶摄动项之间互相迭代，可以逐次求得. 将力学系统的对称性摄动理论提升到高速运动的相对论情况.

6.2 未来研究的设想

动力学系统对称性和守恒量的进一步研究可考虑以下几个方面：

1. 完整和非完整系统定域 Lie 对称性的进一步研究.

2. 完整和非完整系统定域形式不变性和守恒量研究.

3. 非完整机电系统的 Noether 对称性、Lie 对称性、形式不变性、非 Noether 对称性及其守恒量研究.

4. 经典场和量子约束系统的 Lie 对称性、形式不变性、非 Noether 对称性及其守恒量研究，将这几种对称性理论应用于流体力学、电磁场和量子力学中.

5. 机电系统的速度依赖对称性、动量依赖对称性和非 Noether 守恒量研究.

6. 相对论性 Birkhoff 系统的形式不变性、非 Noether 对称性及其守恒量研究.

7. 相对论性 Birkhoff 系统的速度依赖对称性、动量依赖对称性及其非 Noether 守恒量研究.

8. Noether 对称性、Lie 对称性、形式不变性和非 Noether 对称性在物理、工程科学和许多现代研究领域中的应用有广阔的前景.

参 考 文 献

1 Olver Petor J. Applications of Lie groups to differential equations[M]. New York: Springer-Verlag, 1993

2 Marsden J. E., Ratiu T. S. Introduction to mechanics and symmetry[M]. New York: Springer-Verlag, 1994

3 Greiner W., Müller B. Quantum mechanics symmetries[M]. Berlin Heidelberg: Springer-Verlag, 1989

4 Ludwig W., Falter C. Symmetries in physics [M]. Berlin Heidelberg: Springer-Verlag, 1996

5 梅凤翔. 李群和李代数对约束力学系统的应用[M]. 北京：科学出版社，1999

6 赵跃宇，梅凤翔. 力学系统的对称性质与不变量[M]. 北京：科学出版社，1999

7 李子平. 经典和量子约束系统及其对称性质[M]. 北京：北京工业大学出版社，1993

8 李子平. 约束哈密系统及其对称性质[M]. 北京：北京工业大学出版社，1999

9 Lie S. Vorlesungen über differentialgleichungen mit Bekannten infinitesimalen transformationen[M]. B. G. Teubner: Leipzig, 1891

10 Engel F. Über die zehn allegermeinen integrale der klassischen mechanik. Nachr Kônig. Gesell. Wissen Gôttingen[J]. *Math. Phys.* 1916; **KI**: 270 - 275

11 Noether E. Invariante Variationspobleme [J]. *Nachr Kônig. Gesell. Wissen Gôttingen*, *Math. Phys.* 1918; **KI**: 235 - 257

12 Baker T. W., Tavel M. A. The application of Noether's theorem to optical systems[J]. *Amer T. Phys.* 1974; **42**: 857-861

13 Djukić Dj. A procedure for finding first integrals of mechanical systems with gauge-variant Lagrangians[J]. *Int. J. Nonlinear Mech.* 1973; **8**: 479-486

14 Rosen J. Noether's theorem in classical field theory[J]. *Ann. Phys.* 1972; **69**: 349-363

15 Djukić Dj. A contribution to the generalized Noether's theorem [J]. *Archives of Mech.* 1974; **26**: 243-248

16 Sarlet W., Bahar L. Y. A direct construction of first integrals for certain Nonlinear dynamical systems [J]. *Int. Nonlinear Mech.* 1976; **16**: 133-146

17 Djukić Dj., Vujanović B. Noether's theory in classical nonconservative mechanics [J]. *Acta Mechanica.* 1975; **23**: 17-27

18 Vujanović B. Conservation laws of dynamical systems via D'Alembert's principle [J]. *Int. Nonlinear Mech.* 1978; **13**: 185-197

19 Sarlet W. and Cantrijn F. Generalizations of Noether's theorem in classical mechanics [J]. *SIAM Rev.* 1981; **23**: 467-494

20 Sarlet W. and Cantrijn F. Higher-order Noether symmetries and constants of the motion [J]. *J. Phys. A: Math. Gen.* 1981; **14**: 479-492

21 Vujanović B. Conservation laws of dynamical systems by means of the differential variational principles of Jourdain and Gauss [J]. *Acta Mechanica*, 1986; **65**: 63-80

22 Sarlet W. Cantrijn F., Crampint M. Pseudo-symmetries, Noether's theorem and the adjoint equation [J]. *J. Phys. A:*

Math. Gen. 1987; **20**: 1365 - 1376

23 Damianou P. A., Sophocleous C. Classification of Noether symmetries for Lagrangians with degree of freem [J]. *Nonlinear Dynamicas* (5270116), 2004

24 Giovanni Giachetta. First integrals of nonholonomic systems and their generators [J]. *J. Phys. Math. Gen.* 2000; **33**: 3569 -3589

25 Bogdana Georgieva, Ronald Guenther, Theodore Bodurov. Generalized variational principle of Herglotz for several independent variables. First Noether-type theorem [J]. *J. Math. Phys.* 2003; **44**(9): 3911 - 3927

26 Rosenhaus J. V. Infinite symmetries and conservation laws [J]. *J. Math. Phys.* 2002; **43**(12): 6129 - 6150

27 Jedrzej Śniatychi. Nonholonomic Noether theorem and reduction of symmetries [J]. *Reports on Math*, *Phys.* 1998; **42** (1 - 2): 5 - 23

28 Jeffrey M. Wendlandt Jerrold E. Marsden. Mechanical integrators derived from a discrete variational principle [J]. *Physics D*, 1997; **106**: 223 - 246

29 George Jaroszkiewicz and Keith Norton. Principles of discrete time mechanics, Classical field theory Ⅱ [J]. *J. Math. A: Math. Gen.* 1997, **30**: 3145 - 3163

30 李子平. 约束系统的变换性质[J]. 物理学报, 1981; **20**(12): 1659 - 1671

31 Bahar L. Y., Kanty H. G. Extension of Noether's theorem to constrained nonconservative dynamical systems [J]. *Int. J. Nonlinear Mech.* 1987; **22**: 125 - 138

32 Li Ziping, Generalized Noether identities and application to Yang-Mills field theory [J]. *Int. J. Theor. Phys.* 1987; **26**:

853 - 860

33 Li Ziping, and Li Xin. Generalized Noether theorem and Poincare invariant for nonconservative nonholonomic systems [J]. *Int. J. Theor. Phys.* 1990; **29**(7): 765 - 771

34 李子平. 非完整保守系统正则形式的广义 Noether 定理及其逆定理[J]. 科学通报,1992; **37**(23): 2204 - 2205

35 Li Ziping, The symmetry transformation of the constrained systems with high-order derivatives [J]. *Acta Mathematica Scientica*, 1985; **5**(4): 379 - 388

36 Li Ziping, Symmetries in a constrained Hamilton system with singular high-order Lagrangian[J]. *J. Phys. A: Math. Gen.* 1991; **24**: 4261 - 4274

37 李子平. 高阶微商场论中奇异系统正则形式的 Noether 定理和 Poincare-Cartan 积分不变量[J]. 中国科学, A 辑,1992; **9**: 977-986

38 Mei Fengxiang. On the integration method of nonholonomic dynamics[J]. *J. Nonlinear Mech.* 2000; **35**(2): 229 - 238

39 Mei Fengxiang. Nonholonomic mechanics[J]. *Appl. Mech. R ev.* 2000; **53**(11): 283 - 305

40 Mei Fengxiang. On the Birkhoffian mechanics[J]. *Nonlinear Mech.* 2001; **36**: 817 - 834

41 Mei Fengxiang. Noether theory of the Birkhoffian systems[J]. *Sci Chin. series A*, 1993; **36**: 1456 - 1467

42 赵跃宇. 一般动力学系统的守恒律(1)[J]. 湘潭大学学报,1989; **11**(2): 26 - 30

43 Liu Duan, Noether's theorem and its inverse problem of nonholonomic nonconservative dynamical system [J]. *Sci. Chin. series A*, 1991; **34**(4): 420 - 429

44 Zhang Yi. Mei Fengxiang, Noether theory of mechanical

systems with unilateral constraints[J]. *Appl. Math. Mech.* 1999; **18**(1): 59-67

45 傅景礼,陈向炜,罗绍凯. 相对论 Birkhoff 系统的 Noether 理论[J]. 固体力学学报,2001; **22**: 263-269

46 王吉伟,匡震邦. 热释电体非保守动力系统的守恒律[J]. 力学季刊,2001; **22**(2): 154-161

47 Soh C. W., Mahomed F. M. Noether symmetries of $y''=f(x)y^n$ with applications to non-static spherically symmetric perfect fluid solution [J]. *Class. Quantum Grav*, 1999; **16**: 3553-3566

48 Stéphane Fay. Noether symmetry of the hyper extended Scalar-tensor-theory for the FLRW models[J]. *Cass. Quantum Grav*, 2001; **18**: 4863-4870

49 Mircea Crasmãreanu. A Noether symmetries for spinning particle[J]. *J. Nonlinear Mechanics*, 2000; **35**: 947-951

50 Bagarello F. Nonstandarad variational calculus with applications to classical mechanics 2. The inverse problem and more[J]. *Int. Theor. Phys.* 1999; **38**: 5-10

51 Zegzhda S. A., Yushkov M. P. A geometrical interpretation of the Poincaré-Chetayev-Rumyantsev equations[J]. *J. Appl. Mech.* 2001; **65**(5): 723-730

52 Lie S. Die Diffeentialinvarianten, its ein Korollar der theorie der differentialinvarianten [J]. *Leipz Berichte*, 1897; **49**: 342-257

53 Bluman G. W. Symmetries and differential equations[M]. New York: Springer-Verlag, 1989

54 Ibragimov N. H. Methods of group analysis for ordinary differential equations [M]. Moscow: Znanie Publ. 1991 (in Russian)

55 Bluman G. W. , Cole J. D. Similarity methods for differential equations [M]. Appl. Math. Sci. New York: Springer-Verlag, 1974

56 Olver P. J. Symmetry groups and group invariant solution of partial differential equations[J]. *J. Diff. Geom*, 1979; **14**: 497 - 542

57 Ovsiannikov L. V. Group analysis of differential equation[M]. New York: Academic Press, 1982

58 Sarlet W. Mahomed F. M. and Leach P. G. L. Symmetriesof nonlinear differential equations and linearisation[J]. *J. Phys. A: Math. Gen.* 1987; **20**: 277 - 292

59 Barbara Abraham-Shrauner. Lie group symmetries and invariants of the Hénon-Heiles equations[J]. *J. Math. Phys.* 1990; **31**(7): 1627 - 1631

60 Aguirre M and Krause J. Finite point transformation and linearisation of $\ddot{x}=f(t, x)$ [J]. *J. Phys. A: Math Gen.* 1988; **21**: 2841 - 2845

61 Leach P. G. L. First integrals for the modified Emden equation $\ddot{q}+\alpha(t)\dot{q}+q^n=0$ [J]. *J. Math. Phys.* 1985; **26**(10): 2510 - 2514

62 Lutzky M. Symmetry groups and conserved quantities for the harmonic oscillator[J]. *J. Phys. A: Math. Gen.* 1978; **11**(2): 249 - 258

63 Lutzky M. Dynamical symmetries and conserved quantities[J]. *J. Phys. A: Math. Gen.* 1979; **12** (7): 973 - 981

64 Prince G. E. , Eliezer C. J. On the Lie symmetries of the classical Kepler problem [J]. *J. Phys. A: Math. Gen.* 1981; **14**: 588 - 596

65 Leach P. G. L. An exact invariant for a class of time-dependent

anharmonic oscillators with cubi anharmonicity[J]. *J. Math. Phys*. 1981; **22**(3): 465-470

66 Prince G. E. Toward A classification of dynamical symmetries in classical mechanics[J]. Bull, *Austral Math. Soc*. 1983; **27**: 53-71

67 Abraham-Shrauner B. Lie transformation group solution of the nonlinear one-dimensional Vlasov equation [J]. *J. Math. Phys*. 1985; **26**(6): 1428-1435

68 Ferrario C., Passerini A. Dynamical symmetries in constrained systems: a Lagrangian analysis[J]. *J. Geom. Phy*. 1992; **9**: 121-148

69 Laksmanan M. and M Santhil. Velan, Direct integration of generalized Lie symmetries of nonlinear Hamiltonian systems with two degree of freedom: integrability and separability[J]. *J. Phys. A: Math. Gen*. 1992; **25**: 1259-1272

70 Haas F., Goedert J. Lie symmetries for two-dimensional charged-particle motion [J]. *J. Phys. A: Math. Gen*. 2000; **33**: 4661-4677

71 Chavarriga J. Garc ía I. A. and Giné J. On Lie's symmetries for planar polynomial differential systems[J]. *Nonlinearity*, 2001; **14**: 863-880

72 Mark E Fds and Charles G Torre. The principle of symmetric criticality in general relativity[J]. *Class. Quantum Grav*. 2002; **19**: 647-675

73 Nobuyoshi Takahashi. Log mirror symmetry and local mirror symmetry[J]. *Commun. Math. Phys*. 2001; **220**: 293-299

74 R Hernández Heredero, Levi D and Winternitz P. Symmetries of the discrete Burgers equation[J]. *J. Phys. A: Math. Gen*. 1999; **32**: 2685-2695

75 Yulia Yu Bagderina. Approximate Lie group analysis and solutions of 2D diffusion-convection equations[J]. *J. Phys. A: Math. Gen.* 2003; **36**: 753-764

76 Levi D and Winternitz P. Lie point symmetries and commuting flows for equations on Lattics[J]. *J. Phys. A: Math. Gen.* 2002; **35**: 2249-2262

77 Marcelli M., Nucci M. C. Lie point symmetries and first integrals: The Kowalevskitop[J]. *J. Math. Phys.* 2003; **44** (5): 2111-2132

78 Aleynikov D. V., Tolkackev E. A. Lie symmetries and particular solutions of Seiberg-Witten equations in $\boldsymbol{R}^3$ [J]. *J. Phys. A: Math. Gen.* 2003; **36**: 2251-2260

79 Chein-Shan Liu. Lie symmetries of finite strain elastic-perfectly plastic models and exactly consistent schemes for numerical integrations[J]. *Int. J. Solids and Structures* 2004; **41**: 1823-1853

80 Levi, D S Tremblay and P Winternitz. Lie symmetries of multidimensional difference equations[J]. *J. Phys. A: Math. Gen.* 2001; **34**: 9507-9524

81 Roman Cherniha and John R King. Lie symmetries of nonlinear multidimensional rection-diffusion systems Ⅱ[J]. *J. Phys. A: Math. Gen.* 2003; **36**: 405-425

82 Gazanfer ünal and Jian-Qiao Sun. Symmetries and conserved quanties of stochastic dynamical control systems[J]. *Nonlinear Dynamics* (5270124), 2004

83 Levi D. S. T., Winternitz P. Lie point symmetries of difference equations and Lattices[J]. *J. Phys. A: Math. Gen.* 2000; **33**: 8507-8523

84 赵跃宇,梅凤翔. 关于力学系统的对称性与不变量[J]. 力学进

展，1993,**23**(3)：360－372

85 赵跃宇. 非保守力学系统的Lie对称性和守恒量[J]. 力学学报，1994；**26**(3)：380－384

86 Mei Fengxiang. Lie symmetries and conserved quantities of Birkhoffian systems[J]. *Chinese Science Bulletin*，1998；**43**(18)：1937－1939

87 Wu Runheng，Mei Fengxiang. On the symmetries of the nonholonomic mechanical systems[J]. *Journal of Beijing Institute of Technology*，1997；**6**(3)：229－235

88 Fu Jingli，Liu Rongwan and Mei Fengxiang. Lie symmetries and conserved quantities of holonomic dynamical systems in quasi-coordinates [J]. *Journal of Beijing Institute of Technology*，1998；**7**(3)：215－220

89 Liu Rongwan and Fu Jingli. Lie symmetries and conserved quantities of nonholonomic systems in phase space[J]. *Appl. Math. Phys.* 1999；**20**(6)：635－640

90 傅景礼,刘荣万. 准坐标下非完整力学系统的Lie对称性和守恒量[J]. 数学物理学报,2000；**20**(1)：63－69

91 傅景礼,陈向炜,罗绍凯. Lagrange-Maxwell系统的Lie对称性与守恒量[J]. 固体力学学报,2000；**21**(2)：157－160

92 傅景礼,王新民. 相对论性Birkhoff系统的Lie对称性和守恒量[J]. 物理学报,2000；**49**(6)：1023－1027

93 Fu Jingli，Chen Xiangwei and Luo Shaokai. Lie symmetries and conserved quantities of rotational relativistic system[J]. *Appl. Math. Mech.* 2000；**21**(5)：549－556

94 梅凤翔,吴润衡,张永发. 非Cheteav型非完整系统的Lie对称性与守恒量[J]. 力学学报,1998；**30**(4)：468－473

95 Mei Fengxiang，Zhang Yongfa and Shang Mei. Lie symmetries and conserved quantities of Birkhoffian system[J]. *Mechanics R*

esearch Communication，1999；**26**(1)：7－12

96 张毅. 非保守力和非完整约束对 Hamilton 系统的 Lie 对称性的影响[J]. 物理学报,2003；**52**(6)：1326－1331

97 梅凤翔. 包含伺服约束的非完整系统的 Lie 对称性与守恒量[J]. 物理学报,2000；**49**(7)：1207－1211

98 Lutzky M. Non-invariance symmetries and constants of motion[J]. *Phys. Lett. A*，1979；**72**(2)：86－88

99 Lutzky M. Origin of non-Noether invariants[J]. *Phys. Lett. A* 1979；**75**(1－2)：8－10

100 Lutzky M. New classes of conserved quantities associated with non-Noether symmetries[J]. *J. Phys. A: Math. Gen.* 1982；**15**：L87－L91

101 Hojman S.，Harheston H. Equivalent Lagrangian multi-dimensional case[J]. *J. Math. Phys.* 1981；**22**：1414－1419

102 Hojman S. Symmetries of Lagrangian and their equations of motion [J]. *J. Phys. A: Math. Gen.* 1984，**17**：2399－2412

103 Crampin M. A note on non-Noether constants of motion[J]. *Phys. Lett. A*，1983；**95**(5)：209－212

104 José F Cariñena and Luis A Ibort. Non-Noether constants of motion[J]. *J. Phys. A: Math. Gen.* 1983；**16**：1－7

105 Hojman S. A new conserved law constructed without using either Lagrangians or Hamiltonians[J]. *J. Phys. A: Math. Gen.* 1992；**25**：L291－L295

106 Pillay T.，Leach P. G. L. Comment on a theorem of Hojman and its generalization[J]. *J. Phys. A: Math. Gen.* 1996；**29**：6999－7002

107 Lutzky M. R emarks on a recent theorem about conserved quantities [J]. *J. Phys. A: Math. Gen.* 1995；**28**：L637－L638

108 Lutzky M. Conserved quantities and velocity-dependent symmetries in Lagrangian dynamics[J]. *Tnt. J. Nonlinear Mech*. 1997; **33**(2): 393 - 396

109 Lutzky M. Conserved quantities from non-Noether symmetries without alternative Lagrangians[J]. *Tnt. J. Nonlinear Mech*. 1999; **34**: 387 - 390

110 梅凤翔. 相空间中运动微分方程的非 Noether 守恒量[J]. 科学通报, 2002; **47**(20): 1544 - 1545

111 梅凤翔. 广义 Hamilton 系统的 Lie 对称性与守恒量[J]. 物理学报, 2003; **52**(5): 1048 - 1052

112 张毅. Birkhoff 系统的一类 Lie 对称性守恒量[J]. 物理学报, 2002; **51**(3): 461 - 464

113 张毅. 广义经典力学的 Hojman 定理[J]. 物理学报, 2003; **52**(10): 1832 - 1835

114 Mei Fengxiang. Form invariance of Lagrangian systems[J]. *Journal of Beijing Institute of Technology*, 2000; **9**(2): 120 -124

115 Mei Fengxiang. Form invariance of Appell equation[J]. *Chin. Phys*. 2001; **10**(3): 177 - 180

116 梅凤翔. 关于 Noether 对称性、Lie 对称性和形式不变性[J]. 北京理工大学学报, 2000; **21**: 535 - 537

117 陈向炜. Birkhoff 系统的全局分析[J]. 北京: 北京理工大学博士论文, 2000

118 Chen Xiangwei, Luo Shaokai and Mei Fengxiang. A form invariance of constrained Birkhoffian system[J]. *Appl. Math. Mech*. 2002; **23**(1): 53 - 57

119 Wang Shuyong and Mei Fengxiang. On the form invariance of Nielsen equation[J]. *Chin. Phys*. 2000; **10**(5): 373 - 375

120 Wang Shuyong and Mei Fengxiang. On the form invariance

and Lie symmetries of equation of nonholonomic systems[J]. *Chin. Phys.* 2002; **11**(5): 5 - 9

121 乔永芬,张耀良,韩广才. 非完整系统 Hamilton 正则方程的形式不变性[J]. 物理学报,2003; **52**(5): 1051 - 1056

122 葛伟宽. Chaplygin 系统的 Noether 对称性与形式不变性[J]. 物理学报,2002; **51**(15): 939 - 942

123 Zhang Yi and Mei Fengxiang. Form invariance for system of generalized classical mechanics[J]. *Chin. Phys.* 2003; **12**(10): 1058 - 1061

124 方建会,陈培胜,张军等. 相对论力学系统的 Mei 对称性与 Lie 对称性[J]. 物理学报,2003; **52**(12): 2945 - 2948

125 Kruskal M. Asymptotic theory of Hamiltonian and other system with all solutions nearly periodic[J]. *J. Math. Phys.* 1962; **3**(4): 806 - 828.

126 Djukić Dj. Adiabatic invariants for dynamical systems with one degree of freedom[J]. *Int. J. Nonlinear Mech.* 1981; **16**: 489 - 494

127 Borovsky J. E., Hansen P. J. An examination of the first adiabatic invariant for particles in time-dependent magnetic fields[C]. TEEE International Conference on Plasma Science, 1990

128 Bulanov S. V., Shasharina S. G. Behaviour of the adiabatic invariant near the eparatrix in a stellarator[J]. *Nuclear Fusion*, 1992; **32**(9): 1531 - 1543

129 Liu Dengyun. Berry phases in the quantum state of the isotropic harmonic oscillator with time-dependent frequency and boundary condition[J]. *Acta Phys. Sin.* (overseas Edition), 1995; **44**(8): 1 - 7

130 Sommariva A. M. Averaging perturbation method for the

dominant behavior analysis of adiabatic single-controlled oscillators[J]. *Int J. Circuit Theory and Applications*, 1993; **21** (5): 425－436

131 Mikhailov A. V., Novikov V. S. Perturbation symmetries approach[J]. *J. Phys. A: Math. Gen.* 2002; **35**: 4775－4790

132 Francisco M Fernández. On a perturbation method for partial differential equation[J]. *J. Phys. A: Math. Gen.* 2001; **34**: 4683－4686

133 赵跃宇,梅凤翔. 一般动力学系统的精确不变量和绝热不变量[J]. 力学学报,1996; **28**(2): 707－716

134 Chen Xiangwei, Zhang Ruichao and Mei Fengxiang. Peturbation of the symmetries of Birkhoffian system and adiabatic invariants [J]. *Acta Mech.* Sin. 2000; **16** (3): 282－288

135 Chen Xiangwei and Mei Fengxiang. Perturbation of the symmetries and adiabatic invariants of holonomic variable mass systems[J]. *Chin. Phys.* 2000; **9**(10): 721－726

136 张毅. 单面约束 Birkhoff 系统的对称性摄动和绝热不变量[J]. 物理学报,2002; **51**(6): 1156－1158

137 张毅. 约束 Hamilton 系统在相空间中的精确不变量和绝热不变量[J]. 物理学报,2002; **51**(11): 2417－2422

138 张毅,梅凤翔. 广义经典力学系统的对称性摄动与绝热不变量[J]. 物理学报,2003; **52**(10): 2368－2373

139 Woodson H. H. 机电动力学[M],第一卷. 林金铭主译,北京: 机械工业出版社,1982

140 邱家俊. 机电分析动力学[M]. 北京: 科学出版社,1992

141 梅凤翔,刘端,罗勇. 高等分析力学[M]. 北京: 北京理工大学出版社,1991

142 刘延柱. 高等动力学[M]. 北京: 高等教育出版社,2001

143 邱家俊. 机电耦合动力学系统的非线性振动[M]. 科学出版社,1996
144 邱家俊. 交流电机由电磁力所激发的参,强联合共振[J]. 力学学报,1989; **5**(1): 49-57
145 邱家俊,杨志安. 发电机转子轴系扭转摸化系统的三重共振[J]. 力学学报,1997; **29**(6): 734-739
146 Li Wenlan, Qiu Jiajun and Yang Zhian. The double resonances of magnectism and solid coupling of hydroel electric-generator stator system [J]. *Appl. Math. Mech.* 2000; **21**(10): 1187-1196
147 Jia Qife, Qiu Jiajun, Yu Wen. Stabilities analysis of electromechanical nonlinear vibration of electric machine[J]. *Transaction of Tianjin University*, 2002; **8**(3): 170-173
148 贾启芬,邱家俊,牛西泽. 电磁力激发的电机参数振动的分岔研究[J]. 振动工程学报,2003; **18**(1): 129-132
149 邱家俊,卿光辉,胡宇达. 叠层板结构 Hamilton 正则方程理论及其在发电机铁芯振动分析中的应用[J]. 振动工程学报,2002; **15**(4): 468-470
150 邱家俊. 电机的机电耦联与磁固耦合非线性振动研究. 中国电机工程学报,2002; **22**(5): 110-115
151 Birkhoff G. D. Dynamical systems [M]. Providence RI: AMS College Publ. 1927
152 Santilli R. M. Foundation of theoretical mechanics Ⅱ [M]. New York: Spring-Verlag, 1983
153 Галиуллин А С. Аналитинеска Динамика [М]. Москвас: Наук, 1989
154 梅凤翔,史荣昌,张永发等. Birkhoff 系统动力学[M]. 北京:北京理工大学出版社,1996
155 Mei Fengxiang. On the Birkhoffian mechanics[J]. *Int. J.*

Nonlinear Mech. 2001; **36**: 817 - 834

156 傅景礼,郑世旺. 相对性约束力学系统的 Birkhoff 表示[M]. 云南大学学报,2000; **22**(3): 194 - 198

157 傅景礼,陈向炜,罗绍凯. 相对论性 Birkhoff 系统动力学方程[C]. 陈滨,动力学、振动与控制. 长沙: 湖南大学出版社,1998: 52 - 54

158 傅景礼,陈立群,罗绍凯等. 相对论 Birkhoff 系统的动力学研究[J]. 物理学报,2000; **50**(12): 2279 - 2284

159 傅景礼. 相对论性非线性非完整系统的 Birkhoff 表示[J]. 江西科学, 1999; **17**(3): 137 - 144

160 傅景礼,罗绍凯. 相对论 Chaplygin 系统的 Birkhoff 表示[J]. 商丘师专学报,2000; **16**(4): 10 - 15

161 傅景礼,陈向炜,罗绍凯. 相对论性 Birkhoff 系统的几何理论[J]. 江西科学,2000; **18**(2): 68 - 72

162 傅景礼,陈立群,薛纭等. 相对论 Birkhoff 系统的平衡稳定性[J]. 物理学报,2002; **51**(12): 2283 - 2289

163 Fu Jingli, Chen Liqun, Luo Yi and Luo Shaokai. Stability for the equilibrium state manifold of relativistic Birkhoffian systems[J]. *Chin. Phys*. 2003; **12**(4): 351 - 356

164 傅景礼. 相对论性 Birkhoff 系统的代数结构和 Poisson 积分方法[J]. 数学物理学报,2001; **21**(1): 70 - 78

165 傅景礼,陈向炜. 积分相对论性 Birkhoff 动力学方程的场方法[J]. 商丘师专学报,2000; **16**(2): 10 - 14

166 Vujanović B. A field and its application to the theory of vibrations[J]. *Int. J. Nonlinear Mech*. 1984; **19**: 383 - 396

167 傅景礼. 转动系统相对论性动力学方程的 Birkhoff 表示[J]. 商丘师专学报,1999; **15**(6): 15 - 20

168 Luo Shaokai, Chen Xiangwei, Fu Jingli. Birkhoff's equations and geometrical theory of rotational relativistic system[J].

Chin. Phys. 2001；**10**(4)：271－276

169 傅景礼,陈立群,薛纭. 转动相对论Birkhoff系统的平衡稳定性[J]. 物理学报,2003；**52**(2)：256－261

170 罗绍凯,傅景礼,陈向炜. 转动相对论Birkhoff动力学的基本理论[J]. 物理学报,2001；**51**(3)：383－389

171 Fu Jingli，Chen Liqun and Bai Jing-hua. Localized Lie symmetries and conserved quantities of the finite degree of freedom systems[J]. *Chin. Phys.* 2004；**13**(12)

172 Fu Jingl，Chen Liqun. Form invariance，Noether symmetry and Lie symmetry of Hamilton systems in phase space[J]. *Mechanics Research Communications*，2004；**31**(1)：9－19

173 Fu Jingli，Chen Liqun. Non-Noether symmetries and conserved quantities of nonconservative dynamical systems[J]. *Phys. Lett. A*，2003；**317**(3－4)：255－259

174 Fu Jingli，Chen Liqun，Xie Fengping. Momentum-dependent Symmetries and Non-Noether Conserved Quantities for Hamiltonian Canonical Equations[J]. *Chin. Phys.* 2004；**13**(10)

175 Fu Jingli，Chen Liqun，Yang Xiaodong. Velocity-dependent symmetries and conserved quantities of the constrained dynamical systems[J]. *Chin. Phys.* 2004；**13**(3)：287－291

176 Fu Jingli，Chen Liqun，Bai Jinghua，Yang Xiaodong. Lie symmetries and conserved quantities of controllable nonholonomic systems[J]. *Chin. Phys.* 2003；**12**(7)：695－699

177 傅景礼,陈向炜,罗绍凯. Lagrange-Maxwall系统的Lie对称性和守恒量[J]. 固体力学学报，2000；**21**(2)：157－160

178 Fu Jingli，Chen Liqun. On Noether symmetries and form invariance of mechanico-electrical systems [J]. Phys. Lett. A，2004 (pla13764)

179 Chen Liqun，Fu Jingli，Liu Rongwan. Lutzky type Non-

Noether Symmetries and Conserved Quantities of the Mechanico-Electrical Systems[J]. *Sci. Chin.* (revised)

180 Fu Jingli, Chen Liqun, Liu Rongwan. Non-Noether Symmetries and Conserved Quantities of the Lagrangian Mechanico-Electrical Systems[J]. *Chin. Phys.* 2004; **13**(11):

181 傅景礼,陈向炜,罗绍凯. 相对论 Birkhoff 系统的 Noether 理论[J]. 固体力学学报. 2000; **22**(3): 263-267

182 傅景礼,王新民,相对论 Birkhoff 系统的 Lie 对称性和守恒量[J]. 物理学报,2000; **49**(6): 1023-1028

183 傅景礼, 陈立群, 谢凤萍. 相对论 Birkhoff 系统的对称性摄动及其逆问题[J]. 物理学报, 2003; **52**(11): 2664-2670

184 Fu Jingli, Chen Liqun. Perturbation of symmetries of rotational relativistic Birkhoffian systems and its inverse problem[J]. *Phys. Lett. A*, 2004; **324**(2-3): 95-103

185 陈滨. 分析动力学[M]. 北京: 北京大学出版社,1987

186 李子平,广义 Noether 恒等式及其应用[J]. 物理学报. 1986; **35**(4): 553-555

187 Li Ziping. Generalized Noether identities and application to Yang-Mills field theory[J]. *Int. J. Theor. Phys.* 1987; **26**: 853-860

188 李子平. 广义 Noether 恒等式与守恒荷[J]. 高能物理和核物理,1988; **12**: 782-785

189 Li Ziping, Zheng W. L. Quantal symmetry for a system with a singular higher-order Lagrangian[J]. *J. Phys. A: math. Gen*, 1999; **32**: 6391-6407

190 Ibragimov N. H. CRC Handook of Lie group analysis of differentialequations[M]. Boca Raston: CRC Press, 1994

191 梅凤翔. 非完整系统力学基础[M]. 北京: 北京工业学院出版社,1985

致　谢

衷心感谢导师陈立群教授三年来对我学业上的精心指导和生活上的悉心关照.论文的选题和其中若干关键问题的解决都倾注了导师的心血.导师渊博的学识、敏锐的洞察力以及富于启发性的分析使我受益匪浅;导师实事求是的严谨治学态度以及不断创新的进取精神永远激励着我.

北京理工大学教授梅凤翔先生在我进修期间(1997～1998年)带我进行了力学中的数学方法和对称性方面的研究,并给以精心指导,在读博期间对论文的选题和写作都给予了许多指导和帮助,梅凤翔先生多年来对我的研究工作一直给以关心指导并在许多方面给予帮助.在此向梅凤翔先生表示衷心的感谢!

上海交通大学教授刘延柱先生非常关心我的学业,给予了许多支持和帮助,同时刘先生渊博的学识和严谨的治学态度对我产生了极大的影响.在此表示深切的谢意.

北京航空航天大学教授陆启韶先生对我的学业给予了大力支持和帮助,多年来一直关心支持我的研究工作.在此表示深切的谢意!

长沙大学罗绍凯教授对我进入一般力学研究领域起了重要作用,在学业上给予了支持和帮助.在此致以诚挚的谢意!

上海大学戴士强教授、郭兴明教授等也经常关心我的学业,在此向他们表示感谢!上海应用数学和力学研究所董力耘博士、麦穗一老师、秦志强老师等曾给予不少帮助.谨向他们表示深切的谢意!

非常感谢本课题组博士生杨晓东、薛纭、戈新生、赵维加、张伟、张宏彬、刘荣万、郑春龙和硕士生吴俊、刘芳、李晓军同学,他们给予我许多无私的支持与帮助,与他们的学术探讨曾使我深受启发.愿他们不断取得进步!

博士学习期间，我所在的工作单位商丘师范学院的各位院领导、物理系的各位领导和同事在工作、学业及生活等各方面给予我大力支持与关心. 在此谨向他们致以真诚的感谢.

我家乡的亲朋好友们，多年来对我一直关心、鼓励、支持和帮助，使我能顺利完成学业，在此向他们表示衷心的感谢！

我特别感谢我尊敬的父亲、母亲，我的妻子和儿子对我的学业的支持和帮助，非常感谢哥哥、姐姐、弟弟对我经济上的帮助，精神上的鼓励和支持！

本文工作受到河南省自然科学基金资助(批准号：0311011400；984053100)，在此鸣谢！